人人都能学会的
网络爬虫技术

PYTHON WEB CRAWLER AND
DATA COLLECTION

Python
网络爬虫与数据采集

吕云翔 张扬◎主编 韩延刚 谢吉力 王渌汀 杜予同 王志鹏◎副主编

人民邮电出版社
北 京

图书在版编目（CIP）数据

Python网络爬虫与数据采集 / 吕云翔，张扬主编
. —— 北京 ：人民邮电出版社，2021.8（2024.6 重印）
ISBN 978-7-115-56208-1

Ⅰ．①P… Ⅱ．①吕… ②张… Ⅲ．①软件工具-程序
设计 Ⅳ．①TP311.561

中国版本图书馆CIP数据核字(2021)第054117号

内 容 提 要

本书从 Python 的基础知识入手，详细介绍 Python 爬虫程序开发的相关知识，涉及 HTTP、HTML、JavaScript、正则表达式、自然语言处理、数据科学等不同领域的内容。本书共 15 章，内容包括 Python 与网络爬虫、数据采集、文件与数据存储、JavaScript 与动态内容、表单与模拟登录、数据的进一步处理、更灵活的爬虫、模拟浏览器与网站测试、更强大的爬虫，以及 6 个实战案例。本书内容覆盖网络抓取与爬虫编程的主要知识和技术，在重视理论基础的前提下，从实用性和丰富度出发，结合实例演示爬虫编程的核心过程。

本书适合 Python 初学者、网络爬虫技术爱好者、数据分析从业人士以及高等院校计算机科学与技术、软件工程、数据科学与大数据技术等相关专业的师生阅读。

◆ 主　编　吕云翔　张　扬

副主编　韩延刚　谢吉力　王渌汀　杜予同　王志鹏

责任编辑　刘　博

责任印制　王　郁　马振武

◆ 人民邮电出版社出版发行　　北京市丰台区成寿寺路 11 号
邮编　100164　电子邮件　315@ptpress.com.cn
网址　https://www.ptpress.com.cn
山东华立印务有限公司印刷

◆ 开本：787×1092　1/16
印张：16.75　　　　　　　　 2021 年 8 月第 1 版
字数：428 千字　　　　　　 2024 年 6 月山东第 7 次印刷

定价：59.80 元

读者服务热线：(010)81055256　印装质量热线：(010)81055316
反盗版热线：(010)81055315
广告经营许可证：京东市监广登字 20170147 号

前　言

党的二十大报告中提到："教育、科技、人才是全面建设社会主义现代化国家的基础性、战略性支撑。"在教育改革、科技变革等背景下，信息技术领域的教学发生着翻天覆地的变化。

互联网上的信息每天都在爆炸式增长，无论是科研还是生活，人们都有批量获取网络上的信息的需求，网络爬虫是获取网络信息的一种新型方式，各种网络爬虫工具也不断涌现出来。网络爬虫（Web Crawler）是指一类能够自动化访问网络并抓取某些信息的程序，有时候也被称为"网络机器人"，被广泛用于互联网搜索引擎及各种网站的开发中，同时也在大数据和数据分析领域中起着重要的作用。

Python 是一种解释型、面向对象、动态数据类型的高级程序设计语言。Python 语言方便、高效的特点使其成为爬虫编写时最为流行的编程语言之一。Python 功能强大的第三方库无疑降低了编写爬虫程序的难度和获取信息的成本。本书将以 Python 为基础，由浅入深地探讨网络爬虫技术，同时，通过具体的程序编写实战来帮助读者了解和学习 Python 网络爬虫。全书共 15 章。第 1、2 章介绍 Python 和编写爬虫的基础知识。第 3 章讨论 Python 中文件与数据存储、涉及数据库的相关知识。第 4、5 章介绍相对复杂的爬虫抓取任务，主要着眼于动态内容、表单与模拟登录等方面。第 6 章介绍如何对抓取的原始数据进行深入的处理和分析。第 7～9 章旨在从不同视角讨论爬虫，基于爬虫介绍多个不同主题的内容。第 10～15 章通过一些实战的例子来深入讨论如何应用爬虫编程的理论知识。

本书的主要特点如下。

● 内容全面，结构清晰。本书详细介绍网络爬虫技术的方方面面，讨论数据抓取、数据处理和数据分析的整个过程。全书结构清晰，坚持理论知识与实践操作相结合。

● 循序渐进，生动简洁。从简单的 Python 程序示例开始，在网络爬虫的核心主题下一步步深入，兼顾内容的广度与深度。在行文方面，使用生动简洁的阐述方式，详略得当。

● 示例丰富，实战性强。网络爬虫的实践性、操作性非常强，本书将提供丰富的代码供读者参考，同时对必要的术语和代码进行解释。从生活实际出发，选取实用性与趣味性兼具的主题进行网络爬虫实战。

- 内容新颖，不落窠臼。本书的代码均采用 Python 3，并使用各种 Python 框架和库来编写，注重内容的时效性。网络爬虫需要动手实践才能真正理解，本书最大限度地保证代码与程序示例的易用性和易读性。

本书由吕云翔、张扬任主编，韩延刚、谢吉力、王渌汀、杜予同、王志鹏任副主编，杨云飞、曾洪立等参与了部分内容的编写和资料整理工作。

由于编者的水平有限，疏漏之处在所难免，我们希望和广大读者进行交流，联系方式：yunxianglu@hotmail.com。

编者

2022 年 12 月

目　录

1

第 1 章
Python 与网络爬虫

网络爬虫（Web Crawler），也叫网络蜘蛛（Web Spider），是指这样一类程序——它们可以自动连接到互联网站点，读取网页中的内容或者存放在网络上的各种信息，并按照某种策略对目标信息进行采集（如对某个网站的全部页面进行抓取）。实际上，Google 搜索引擎本身就建构在爬虫技术之上，像 Google、百度这样的搜索引擎会通过爬虫程序来不断更新自身的网站内容和对其他网站的网络索引。在某种意义上，我们每次通过搜索引擎查询一个关键词，就是在搜索引擎的爬虫程序所"爬"到的信息中进行查询。当然，搜索引擎使用的技术十分复杂，其爬虫技术通常不是一般个人开发的小型程序所能比拟的。不过，爬虫程序本身其实并不复杂，只要懂一些编程知识，了解一些 HTTP 和 HTML，就可以写出属于自己的爬虫程序，实现很多有意思的功能。

在众多编程语言中，我们选择 Python 来编写爬虫程序。Python 不仅语法简洁，便于上手，而且拥有庞大的开发者社区和浩如烟海的模块库，对于普通的程序编写而言有极大的便利。虽然 Python 与 C/C++等语言相比可能在性能上有所欠缺，但毕竟瑕不掩瑜，它是目前较好的选择。

1.1 Python 简介

Python 是目前最流行的编程语言之一。我们对它的历史和发展做一些简单介绍，然后看看 Python 的基本语法。对于没有 Python 编程经验的读者而言，可以借此对 Python 有一个初步的了解。

1.1.1 什么是 Python

吉多·范罗苏姆（Guido van Rossum），在 1989 年发明了 Python，而 Python 的第一个公开发行版发行于 1991 年。因为吉多是电视剧 *Monty Python's Flying Circus* 的爱好者，所以他将这种新的脚本语言命名为 Python。

Python 是一种解释型、面向对象、动态数据类型的高级程序设计语言。值得注意的是，Python 是开源的，源代码遵循 GNU 通用公共许可协议（GNU General Public License，GPL），这就意味着它对所有个人开发者是完全开放的，这也使得 Python 在开发者中迅速流行，来自全球各地的 Python 使用者为这门语言的发展贡献了很多力量。Python 的"哲学"是优雅、明确和简单。著名的"The Zen of Python"（Python 之禅）这样说道：

"

优美胜于丑陋，

明了胜于晦涩，

简洁胜于复杂，

复杂胜于凌乱，

扁平胜于嵌套，

间隔胜于紧凑，

可读性很重要，

即便假借特例的实用性之名，也不可违背这些规则。

不要包容所有错误，除非你确定需要这样做，

当存在多种可能，不要尝试去猜测，

而是尽量找一种，最好是唯一一种明显的解决方案。

虽然这并不容易，因为你不是 Python 之父。

做也许好过不做，但不假思索就动手还不如不做。

如果你无法向人描述你的方案，那肯定不是一个好方案；反之亦然。

命名空间是一种绝妙的理念，我们应当多加利用。

"

Python 2.0 于 2001 年发布，Python 3.0 则于 2009 年发布，这一新版本不完全兼容之前的 Python 源代码。Python 3 在 Python 2 的基础上做出了不少很有价值的改进，本书完全使用 Python 3 作为开发工具。

1.1.2　Python 的应用现状

Python 的应用范围十分广泛，典型的应用案例如下所示。

- Dropbox，文件分享服务。
- Pylons，Web 应用框架。
- TurboGears，Web 应用快速开发框架。
- Fabric，用于管理 Linux 主机的程序库。
- Mailman，使用 Python 编写的邮件列表软件。
- Blender，以 C 与 Python 开发的开源 3D 绘图软件。

此外，豆瓣网（一家受年轻人欢迎的社交网站）和知乎（一家问答网站）都大量使用了 Python 进行开发。可见，Python 在业界的应用十分广泛。总结起来，在系统编程、图形处理、科学计算、数据库、网络编程、Web 应用、多媒体应用等各个方面都有它的身影。在 IEEE Spectrum Ranking 中，Python 成为最流行的编程语言之一。众所周知，学习一门程序语言最有效的方法就是边学边用，边用边学。通过对 Python 爬虫的逐步学习，相信我们能够很好地提高自己对整个 Python 语言的理解和应用。

为什么要使用 Python 来编写爬虫程序？简明的语法和各式各样的开源库使得 Python 在网络爬虫方面"得天独厚"，对于个人开发者而言，一般对性能的要求不会太高。虽然我们一般认为 Python 在性能上难以与 C/C++和 Java 相比，但总的来说，使用 Python 有助于更好、更快地实现我们需要的功能。另外，考虑到 Python 社区贡献了很多各有特色的库，很多库都能直接拿来编写我们的爬虫程序，因此，Python 的确是目前较好的选择。

1.2　Python 的安装与开发环境配置

在开始探索 Python 的世界之前，我们需要在自己的计算机上安装 Python。值得高兴的是，Python 不仅免费、开源，而且坚持轻量级，安装过程并不复杂。Linux 操作系统中已经内置了 Python（虽然版本有可能是较旧的），而苹果计算机（macOS 操作系统）中一般也已经安装了命令行版本的 Python。在 Linux 或 macOS 操作系统上检测 Python 3 是否安装的最简单办法是使用终端命令，即在 Terminal 中输入"python3"命令并按 Enter 键执行，观察是否有对应的提示出现。至于 Windows 操作系统，在目前最新的 Windows 10 上并没有内置 Python，因此我们必须手动安装。

1.2.1　在 Windows 操作系统上安装

访问 Python 官网并下载与计算机操作系统对应的 Python 3 安装程序，一般而言只要有最新的版本，就应该选择最新的版本。这里需要注意的是，选择对应操作系统的版本时，我们首先需要搞清楚自己的操作系统是 32 位还是 64 位的。Python 下载页面如图 1-1 所示。

Windows x86-64 embeddable zip file	Windows	for AMD64/EM64T/x64	04cc4f6f6a14ba74f6ae1a8b685ec471	7190516	SIG
Windows x86-64 executable installer	Windows	for AMD64/EM64T/x64	9e96c934f5d16399f860812b4ac7002b	31776112	SIG
Windows x86-64 web-based installer	Windows	for AMD64/EM64T/x64	640736a3894022d30f7babff77391d6b	1320112	SIG
Windows x86 embeddable zip file	Windows		b0b099a4fa479fb37880c15f2b2f4f34	6429369	SIG
Windows x86 executable installer	Windows		2bb6ad2ecca6088171ef923bca483f02	30735232	SIG
Windows x86 web-based installer	Windows		596667cb91a9fb20e6f4f153f3a213a5	1294096	SIG

图 1-1　Python 下载页面（部分）

根据安装程序的导引，我们一步步进行就能完成安装。如果最终看到图 1-2 所示的提示，就说明安装成功。

图 1-2　Python 安装成功的提示

这时检查我们的"开始"菜单，就能看到 Python 3 的应用程序，如图 1-3 所示。其中有一个"IDLE"（集成开发环境，Integrated Development Environment）程序，我们可以单击它开始在交互式窗口中使用 Python Shell，其界面如图 1-4 所示。

图 1-3　安装成功后的"开始"菜单

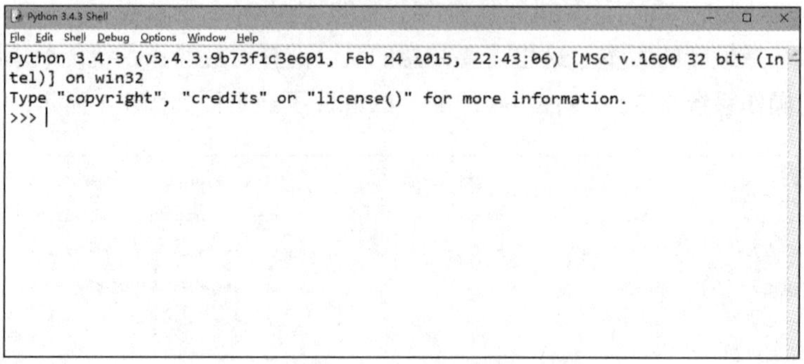

图 1-4　IDLE 的界面

1.2.2　在 Ubuntu 和 macOS 操作系统上安装

Ubuntu 是诸多 Linux 发行版中受众较多的一个系列。我们可以通过应用程序（Applications）中的添加应用程序进行安装，即在其中搜索 Python 3，并在结果中找到对应的包下载并安装。如果安装成功，我们可在 Applications 中找到 Python IDLE，进入 Python Shell。

在 macOS 上可以访问 Python 官网并下载与 macOS 对应的安装程序，根据提示进行操作，我们最终将看到图 1-5 所示的安装成功提示。

图 1-5　macOS 上的安装成功提示

关闭该窗口，并进入 Applications（或者从 Launchpad 页面打开），我们就能找到 Python Shell。启动该程序，看到的结果应该和 Windows 操作系统上的结果类似。

1.2.3　PyCharm 的使用

虽然 Python 自带 Shell 是绝大多数人对 Python 的第一印象，但如果通过 Python 语言编写程序、开发软件，它并不是唯一的工具，很多人更愿意使用一些特定的编辑器或者由第三方提供的集成开发环境（IDE）软件。借助 IDE 的力量，我们可以提高开发的效率。但对开发者而言，只有最适合自己的，没有"最好的"，习惯一种工具后再接受另一种总是不容易的。这里我们简单介绍一下 PyCharm—— 一个由 JetBrains 公司出品的 Python 开发工具，谈谈它的安装和配置。我们可以在官网中下载该软件。

PyCharm 支持 Windows、macOS、Linux 三大操作系统，并提供 Professional 和 Community Edition 两种版本供选择（见图 1-6）。其中前者需要购买（提供免费试用），后者可以直接下载使用。前者功能更为丰富，但后者也足以满足一些普通的开发需求。

图 1-6　PyCharm 的下载页面

选择对应的版本并下载后，安装程序（见图 1-7）将引导我们完成安装。安装完成后，从"开始"菜单中（对于 macOS 和 Linux 操作系统是从 Applications 中）打开 PyCharm，我们就可以创建自己的第一个 Python 项目了（见图 1-8）。

图 1-7　PyCharm 安装程序（Windows 操作系统）

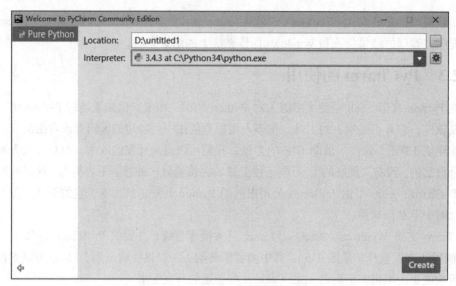

图 1-8　PyCharm 创建新项目

创建项目后，我们还需要进行一些基本的配置，可以在菜单栏中通过 File→Settings 打开 PyCharm 设置。

首先是修改一些 UI 上的设置，如修改界面主题，如图 1-9 所示。

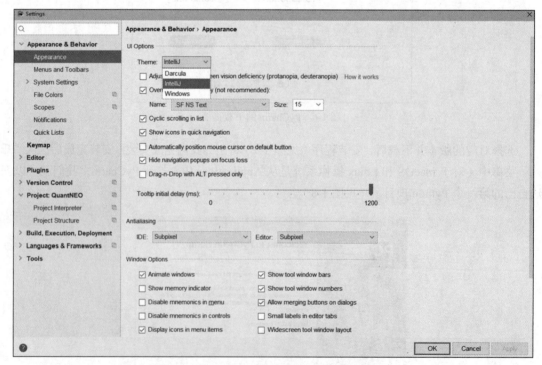

图 1-9　PyCharm 修改界面主题

设置编辑界面中的代码行号，如图 1-10 所示。

设置编辑界面中代码的字体和大小，如图 1-11 所示。

如果想要设置软件 UI 中的字体和大小，可在 Appearance & Behavior 中设置，如图 1-12 所示。

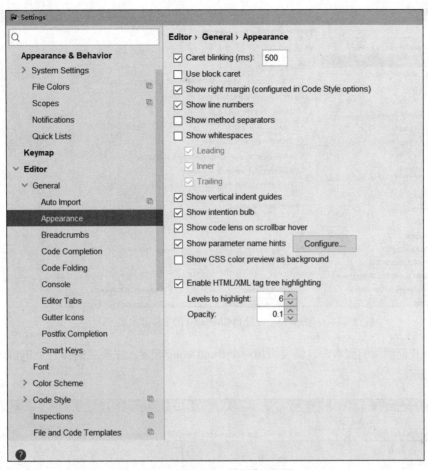

图 1-10　PyCharm 设置代码行号

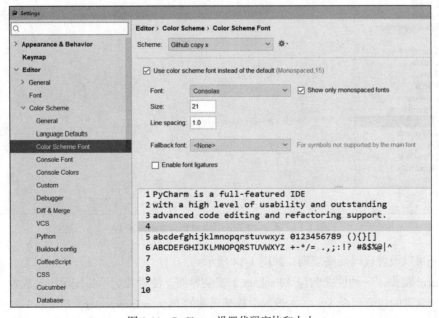

图 1-11　PyCharm 设置代码字体和大小

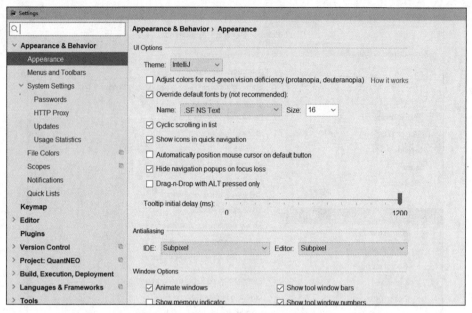

图 1-12　设置 PyCharm UI 的字体和大小

在运行我们编写的脚本前，需要添加一个 Run/Debug 配置，主要是选择一个 Python 解释器，如图 1-13 所示。

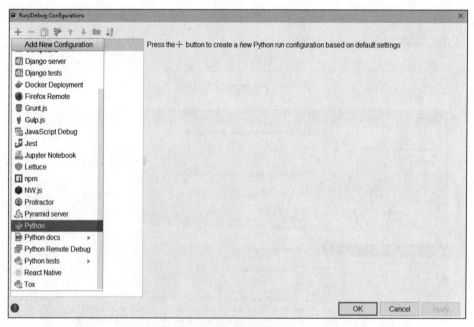

图 1-13　在 PyCharm 中添加 Run/Debug 配置

我们还可以设置代码高亮规则，如图 1-14 所示。

PyCharm 提供了一种便捷的包（Package）安装界面，使得我们不必使用 pip 或者 easyinstall 命令（两个常见的包管理命令）。在设置中找到当前的 Python Interpreter，单击右侧的"+"按钮（见图 1-15），搜索想要安装的包名，单击即可安装。

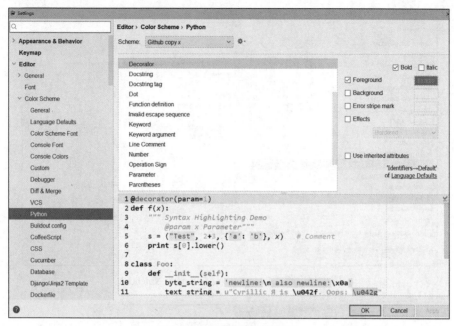

图 1-14　设置代码高亮规则

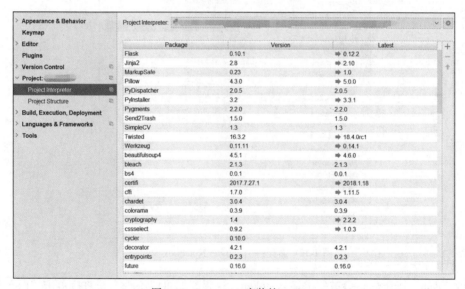

图 1-15　Interpreter 安装的 Package

1.2.4　Jupyter Notebook

Jupyter Notebook 并不是一个 IDE 工具，正如它的名字，它是一个类似于"笔记本"的辅助工具。Jupyter 是面向编程过程的，而且由于其独特的"笔记"功能，代码和注释会显得非常整齐直观。我们可以使用 pip install jupyter 命令来安装。在 PyCharm 中也可以通过 Interpreter 管理来安装，如图 1-16 所示。

如果在安装过程中碰到了问题，可访问 Jupyter 的官网获取帮助信息。

在 PyCharm 中新建一个 Jupyter Notebook 文件，如图 1-17 所示。

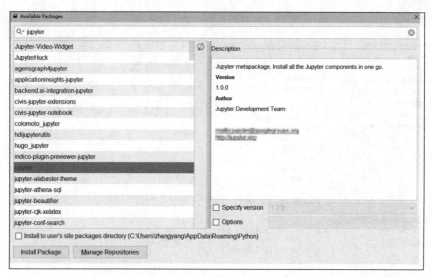

图 1-16　通过 Interpreter 安装 Jupyter Notebook

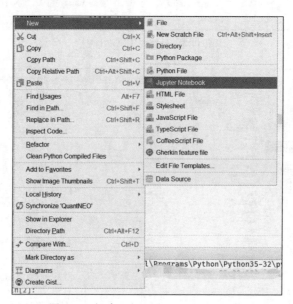

图 1-17　新建一个 Jupyter Notebook 文件

单击"Run"按钮后，会被要求输入 token，这里我们可以不输入，直接单击"Run Jupyter Notebook"，按照提示进入界面（见图 1-18）。

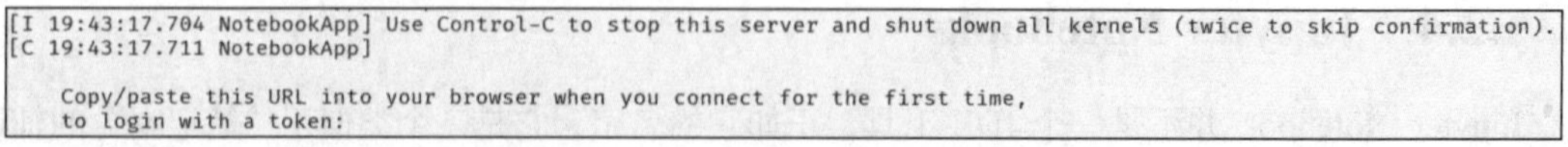

```
[I 19:43:17.704 NotebookApp] Use Control-C to stop this server and shut down all kernels (twice to skip confirmation).
[C 19:43:17.711 NotebookApp]

    Copy/paste this URL into your browser when you connect for the first time,
    to login with a token:
```

图 1-18　Run Jupyter Notebook 后的提示

Notebook 界面由一系列单元（Cell）构成，主要有两种形式的单元：代码单元和 MarkDown 单元。其中，代码单元用于编写代码，代码运行的结果显示在本单元下方。MarkDown 单元用于文本编辑，采用 MarkDown 的语法规范，可以设置文本格式、插入链接、图片甚至数学公式，如图 1-19 所示。

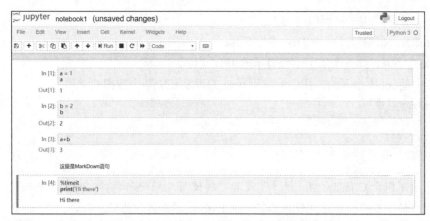

图 1-19 Jupyter Notebook 的编辑界面

Jupyter Notebook 还支持插入数学公式、制作演示文稿、输入特殊关键字等。也正因如此，Jupyter Notebook 在创建代码演示、数据分析等方面非常受欢迎，掌握这个工具会使我们的学习和开发工作更为轻松快捷。

1.3 Python 基本语法

我们先讲解一下 Python 的基本语法。如果有其他语言编程的基础，理解这些内容会非常容易。但由于 Python 本身的简洁设计，这些内容也十分容易掌握。

1.3.1 HelloWorld 与数据类型

输出一行 "Hello, World!"，在 C 语言中的程序语句是这样的：

```c
#include <stdio.h>
int main()
{
    printf("Hello, World!");
    return 0;
}
```

而在 Python 里，可以用一行完成：

```python
print('Hello, World!')
```

在 Python 中，每个值都有一种数据类型，但和一些强类型语言不同。我们并不需要直接声明变量的数据类型。Python 会根据每个变量的初始赋值情况分析其类型，并在内部对其进行跟踪。在 Python 中内置的主要数据类型如下。

● number、数值。可以是 int 类型（如 1、如 2）、float 类型（如 1.1、如 1.2）、Fractions 类型（如 1/2、如 2/3），或者是 Complex Number（数学中的复数）。

● string：字符串，主要描述文本。

● list：列表，一个包含元素的序列。

● tuple：元组，和列表类似，但是它是不可变的。

● set：一个包含元素的集合，其中的元素是无序的。

- dict：字典，由一些键值对构成。
- boolean：布尔值，可为 True 或为 False。
- byte：字节，如一个以字节流表示的 JPG 文件。

从数值中的 int 类型开始，我们可使用 type 关键字获取某个数据的类型：

```
print(type(1)) # <class 'int'>
a = 1 + 2//3 # "//"表示整除
print(a) # 1
print(type(a)) # <class 'int'>
```

 不同于 C 语言使用 "/*..*/" 或者 C++ 使用 "//" 进行注释，Python 中注释通过以 "#" 开头的字符串体现。注释内容不会被 Python 解释器作为程序语句。

int 类型和 float 类型之间，Python 一般会使用是否有小数点来区分：

```
a = 9**9 # "**"表示幂次
print(a) # 387420489
print(type(a)) #<class 'int'>

b = 1.0
print(b) # 1.0
print(type(b)) # <class 'float'>
```

这里需要注意的是，将一个 int 类型的数与一个 int 类型的数相加将得到一个 int 类型的数。但将一个 int 类型的数与一个 float 类型的数相加将得到一个 float 类型的数。这是因为 Python 会把 int 类型强制转换为 float 类型以进行加法运算：

```
c = a + b
print(c)
print(type(c))
# 输出：
# <class 'float'>
# 387420490.0
# <class 'float'>
```

使用内置的关键字进行 int 类型与 float 类型之间的强制转换是经常用到的：

```
int_num = 100
float_num = 100.1
print(float(int_num))
print(int(float_num))
# 输出：
# 100.0
# 100
```

Python 2 中有 int 类型和 long 类型（长整数类型）的区分，但在 Python 3 中，int 类型吸收了 Python 2 中的 int 类型和 long 类型，不再对较大的整数和较小的整数做区分。有了数值，就有了数值运算：

```
a, b, c = 1, 2, 3.0
# 一种赋值方法，此时 a 为 1, b 为 2, c 为 3.0

print(a+b) # 加法
print(a-b) # 减法
print(a*c) # 乘法
```

```
print(a/c) # 除法
print(a//b) # 整除
print(b**b) # 求幂次
print(b%a) # 求余
# 输出
# 3
# -1
# 3.0
# 0.3333333333333333
# 0
# 4
# 0
```

Python 中还有比较特殊的分数和复数。分数可以通过 fractions 模块中的 Fraction 对象构造：

```
import fractions # 导入分数模块
a = fractions.Fraction(1,2)
b = fractions.Fraction(3,4)
print(a+b) # 输出: 5/4
```

复数可以用函数 complex(real, imag) 或者是带有 "j" 的数来创建：

```
a = complex(1,2)
b = 2 + 3j
print(type(a),type(b)) # <class 'complex'> <class 'complex'>
print(a+b) # (3+5j)
print(a*b) # (-4+7j)
```

布尔值本身非常简单，Python 中的布尔值以 True 和 False 两个常量为值：

```
print(1<2) # True
print(1>2) # False
```

不过 Python 中对布尔值和 if...else 判断的结合比较灵活，这些可以等到我们在实际编程中再详细探讨。

在介绍字符串之前，我们先对列表和元组做一个简单的了解，因为列表涉及 Python 中一个非常重要的概念：可迭代对象。对于列表而言，序列中的每一个元素都在一个固定的位置上（称之为索引），索引从 "0" 开始。列表中的元素可以是任何数据类型，Python 中列表对应的是方括号 "[]" 的表示形式：

```
l1 = [1,2,3,4]
print(l1[0]) # 通过索引访问元素，输出: 1
print(l1[1]) # 输出: 2
print(l1[-1]) # 输出: 4
# 使用负索引值可从列表的尾部向前计数访问元素。
# 任何非空列表的最后一个元素总是 list[-1]
```

列表切片（slice）可以简单地描述为从列表中取一部分的操作。通过指定两个索引值，可以从列表中获取被称作"切片"的某个部分。返回值是一个新列表，从第一个索引开始，直到第二个索引结束（不包含第二个索引的元素），列表切片的使用非常灵活：

```
l1 = [ i for i in range(20)] # 列表解析语句
# l1 中的元素为 0~20 (不含 20) 的所有整数
print(l1)
print(l1[0:5]) # 取 l1 中的前 5 个元素
```

```
# 输出: [0, 1, 2, 3, 4]
print(l1[15:-1])  # 取索引为 15 的元素到最后一个元素（不含最后一个）
# 输出: [15, 16, 17, 18]
print(l1[:5]) #取前 5 个, "0"可省略
# 如果左切片索引为零, 可以将其留空而将零隐去。如果右切片索引为列表的长度, 也可以将其留空
# [0, 1, 2, 3, 4]
print(l1[1:]) #取除了索引为 0（第一个）之外的所有元素
# [1, 2, 3, 4, 5, 6, 7, 8, 9, 10, 11, 12, 13, 14, 15, 16, 17, 18, 19]
l2 = l1[:] # 取所有元素, 其实是复制列表
print(l1[::2]) # 指定步数, 取所有偶数索引
# 输出: [0, 2, 4, 6, 8, 10, 12, 14, 16, 18]
print(l1[::-1]) # 倒着取所有元素
# 输出: [19, 18, 17, 16, 15, 14, 13, 12, 11, 10, 9, 8, 7, 6, 5, 4, 3, 2, 1, 0]
```

向一个列表中添加新元素的方法也很多样, 常见的包括:

```
l1 = ['a']
l1 = l1 + ['b']
print(l1)
# ['a', 'b']
l1.append('c')
l1.insert(0,'x')
l1.insert(len(l1),'y')
print(l1)
# ['x', 'a', 'b', 'c', 'y']
l1.extend(['d','e'])
print(l1)
#['x', 'a', 'b', 'c', 'y', 'd', 'e']
l1.append(['f','g'])
print(l1)
# ['x', 'a', 'b', 'c', 'y', 'd', 'e', ['f', 'g']]
```

这里要注意的是 extend()方法接受一个列表, 并把其元素分别添加到原有的列表, 类似 "扩展"。而 append()方法是把参数（参数有可能也是一个列表）作为一个元素整体添加到原有的列表中。insert()方法会将单个元素插入列表中, 第一个参数是列表中将插入的位置（索引）。

从列表中删除元素, 可使用的方法也不少:

```
# 从列表中删除元素
del l1[0]
print(l1)
# ['a', 'b', 'c', 'y', 'd', 'e', ['f', 'g']]
l1.remove('a') #remove()方法接受一个 value 参数, 并删除列表中该值的第一次出现
print(l1)
# ['b', 'c', 'y', 'd', 'e', ['f', 'g']]
l1.pop() # 如果不带参数调用, pop() 方法将删除列表中最后的元素, 并返回所删除的值
print(l1)
# ['b', 'c', 'y', 'd', 'e']
l1.pop(0) # 可以给 pop()一个特定的索引值
print(l1)
# ['c', 'y', 'd', 'e']
```

元组与列表非常相似, 最大的区别在于: 元组是不可修改的, 定义之后就 "固定" 了; 元组在形式上是用 "()" 这样的圆括号标注的。由于元组是 "冻结" 的, 所以不能插入或删除元素。

其他一些操作与列表类似：

```
t1 = (1,2,3,4,5)
print(t1[0]) # 1
print(t1[::-1]) # (5, 4, 3, 2, 1)
print(1 in t1) # 检查"1"是否在 t1 中，True
print(t1.index(5)) #返回某个值对应的元素索引，输出: 4
```

　　元素可修改与不可修改是列表与元组最大（或者说唯一）的区别，基本上除了修改内部元素的操作，其他列表适用的操作都可以用于元组。

　　在创建一个字符串时，我们将其用引号标注，引号可以是单引号"'"或者双引号""""，两者没有区别。字符串也是一个可迭代对象，因此，与列表中的元素一样，也可以通过索引取得字符串中的某个字符，一些适用于列表的方法同样适用于字符串：

```
str1 = 'abcd'
print(str1[0]) # 索引访问
# a

print(str1[:2]) # 切片
# ab
str1 = str1 + 'efg'
print(str1)
# abcdefg
str1 = str1 + 'xyz'*2
print(str1) # abcdefgxyzxyz
# 格式化字符串
print('{} is a kind of {}.'.format('cat','mammal'))
# cat is a kind of mammal

# 显式指定字段
print('{3} is in {2}, but {1} is in {0}'.format('China','Shanghai','US','New York'))
# new york is in us, but shanghai is in china

# 以三个引号标记多行字符串
long_str = '''I love this girl,
but I don't know if she likes me,
what I can do is to keep calm and stay alive.
'''
print(long_str)
```

集合的特点是无序且值唯一，创建集合和操作集合的常见方式包括：

```
set1 = {1,2,3}
l1 = [4,5,6]
set2 = set(l1)
print(set1) # {1,2,3}
print(set2) # {4,5,6}

# 添加元素
set1.add(10)
print(set1)
# {10, 1, 2, 3}
set1.add(2) # 无效语句，因为"2"在集合中已经存在
```

```
print(set1)
# {10, 1, 2, 3}
set1.update(set2) # 类似于 list 的 extend 操作
print(set1)
# {1, 2, 3, 4, 5, 6, 10}


# 删除元素
set1.discard(4)
print(set1)
# {1, 2, 3, 5, 6, 10}
set1.remove(5)
print(set1)
# {1, 2, 3, 6, 10}
set1.discard(20) # 无效语句, 不会报错
# set1.remove(20), 使用 remove()去除一个并不存在的值时会报错
set1.clear()
print(set1) # 清空集合


set1 = {1,2,3,4}
# 并集、交集与差集
print(set1.union(set2)) # 在 set1 或者 set2 的元素
# {1, 2, 3, 4, 5, 6}
print(set1.intersection(set2)) # 同时在 set1 和 set2 中的元素
# {4}
print(set1.difference(set2)) # 在 set1 中但不在 set2 中的元素
# {1, 2, 3}
print(set1.symmetric_difference(set2)) # 只在 set1 或只在 set2 中的元素
# {1, 2, 3, 5, 6}
```

相对于列表、元组和集合，字典会显得稍微复杂一点。Python 中的字典是键值对（key-value）的无序集合。在形式上也和集合类似，创建字典和操作字典的基本方式如下：

```
d1 = {'a':1,'b':2} # 使用"{}"创建
d2 = dict([['apple','fruit'],['lion','animal']]) # 使用 dict 关键字创建
d3 = dict(name = 'Paris', status='alive', location='Ohio')
print(d1) # {'a': 1, 'b': 2}
print(d2) # {'apple': 'fruit', 'lion': 'animal'}
print(d3) # {'status': 'alive', 'location': 'Ohio', 'name': 'Paris'}


#访问元素
print(d1['a']) # 1
print(d3.get('name')) # Paris
# 使用 get()方法获取不存在的键值的时候不会触发异常


# 修改字典——添加或更新键值对
d1['c'] = 3
print(d1) # {'a': 1, 'b': 2, 'c': 3}
d1['c'] = -3
print(d1) # {'c': -3, 'a': 1, 'b': 2}
d3.update(name='Jarvis',location='Virginia')
print(d3) # {'location': 'Virginia', 'name': 'Jarvis', 'status': 'alive'}
```

```
# 修改字典——删除键值对
del d1['b']
print(d1) # {'c': -3, 'a': 1}
d1.pop('c')
print(d1) # {'a': 1}

# 获取 keys 或 values
print(d3.keys()) # dict_keys(['status', 'name', 'location'])
print(d3.values()) # dict_values(['alive', 'Jarvis', 'Virginia'])
for k,v in d3.items():
  print('{}:\t{}'.format(k,v))
# name:    Jarvis
# location:    Virginia
# status: alive
```

Python 中的列表、元组、集合和字典是最基本的几种数据结构，但使用起来非常灵活，与 Python 的一些语法配合使用会更简洁高效。这些基本知识和操作是我们后续进行开发的基础。

1.3.2　逻辑语句

与很多其他语言一样，Python 也有自己的条件语句和循环语句。不过 Python 中的这些表示程序结构的语句并不需要用括号（如 "{}"）标注，而是以一个冒号作为结尾，以缩进作为语句块。if、else、elif 关键词是条件语句的关键：

```
a = 1
if a > 0:
  print('Positive')
else:
  print('Negative')
# 输出: Positive

b = 2
if b < 0:
  print('b is less than zero')
elif b < 3:
  print('b is not less than zero but less than three')
elif b < 5:
  print('b is not less than three but less than five')
else:
  print('b is equal to or greater than five')
# 输出: b is not less than zero but less than three
```

熟悉 C/C++语言的人们可能很希望 Python 提供 switch 语句，但 Python 中并没有这个关键词，也没有这个语句结构。不过可以通过 if…elif…elif…else 这样的语句代替，或者使用字典实现。如：

```
d = {
  '+': lambda x, y: x + y,
  '-': lambda x, y: x - y,
  '*': lambda x, y: x * y,
  '/': lambda x, y: x / y
}
op = input()
x = input()
y = input()
print(d[op](int(x), int(y)))
```

这段代码实现的功能是：输入一个运算符，再输入两个数字，返回其计算的结果。如输入"+12"，输出"3"。这里需要说明的是，input()是读取输入的方法（在 Python 2 中常用的 raw_input()方法不是一个好选择），lambda 关键字代表了 Python 中的匿名函数。

Python 中的循环语句主要是两种，一种的标志是关键词 for，另一种的标志是关键词 while。

Python 中的 for 语句接受可迭代对象（如列表或迭代器）作为其参数，每次迭代其中一个参数：

```
for item in ['apple','banana','pineapple','watermelon']:
    print(item,end='\t')
# 输出: apple banana pineapple  watermelon
```

for 语句还经常与 range()方法和 len()方法一起使用：

```
l1 = ['a','b','c','d']
for i in range(len(l1)):
    print(i,l1[i])
# 输出
# 0 a
# 1 b
# 2 c
# 3 d
```

如果想要输出列表中的索引和对应的元素，除了上面这样的方法之外，还有更符合 Python 风格的方法，如 enumerate()方法等，有兴趣的读者可自行了解。

while 循环的形式如下：

```
while expression:
    while_suit_codes...
```

以上语句 while_suit_codes 会被连续不断地循环执行，直到表达式的值为 False，接着 Python 会执行下一句代码。在 for 循环和 while 循环中，我们也会使用到 break 和 continue 关键字，分别代表终止循环和跳过当前循环开始下一次循环：

```
i = 0
while True:
    i += 1
    if i % 2 == 0:
        continue # 当 i 为偶数, 跳过当前循环并开始下一次循环
    print(i, end='\t')
    if i > 10:
        break
# 输出: 1 3 5 7 9 11
```

说到循环，就不能不提列表解析（或者称为列表推导），在形式上，它将循环和条件判断放在了列表的"[]"初始化中。举个例子，构建一个包含 10 以内所有奇数的列表，使用 for 循环添加元素：

```
l1 = []
for i in range(11):
    # range()函数省略 start 参数时, 自动认为从 0 开始
    if i % 2 == 1:
        l1.append(i)
print(l1) # [1, 3, 5, 7, 9]
```

使用列表解析：

```
l1 = [i for i in range(11) if i % 2 == 1]
print(l1)  # [1, 3, 5, 7, 9]
```

这种解析也适用于字典和集合。这里我们没有讨论元组，是因为元组的括号（圆括号）表示推导时会被 Python 识别为生成器，关于生成器的具体概念，可以见本书 6.1.2 节。一般如果需要快速构建一个元组，可以选择先进行列表推导，再使用 tuple()将列表"冻结"为元组：

```
# 使用推导快速反转一个字典的键值对
d1 = {'a': 1, 'b': 2, 'c': 3}

d2 = {v: k for k, v in d1.items()}
print(d2)  # {1: 'a', 2: 'b', 3: 'c'}

# 下面的语句并不是元组推导
t1 = (i ** 2 for i in range(5))
print(type(t1))  # <class 'generator'>
print(tuple(t1))  # (0, 1, 4, 9, 16)
```

Python 中的异常处理也比较简单，核心语句是 try…except…结构，可能触发异常的代码会放到 try 语句块里，而处理异常的代码会在 except 语句块里实现：

```
try:
    dosomething..
except Error as e:
    dosomething..
```

异常处理语句也可以非常灵活，如同时处理多个异常：

```
# 处理多个异常
try:
    file = open('test.txt', 'rb')
except (IOError, EOFError) as e:  # 同时处理这两个异常
    print("An error occurred. {}".format(e.args[-1]))

# 另一种处理这两个异常的方式
try:
    file = open('test.txt', 'rb')
except EOFError as e:
    print("An EOF error occurred.")
    raise e
except IOError as e:
    print("An IO error occurred.")
    raise e

# 处理所有异常的方式
try:
    file = open('test.txt', 'rb')
except Exception:  # 捕获所有异常
    print("Exception here.")
```

有时候，在异常处理中我们会使用 finally 语句，而在 finally 语句下的语句块不论异常是否被触发都会被执行：

```
try:
    file = open('test.txt', 'rb')
except IOError as e:
```

```
    print('An IOError occurred. {}'.format(e.args[-1]))
finally:
    print("This would be printed whether or not an exception occurred!")
```

1.3.3　Python 中的函数与类

在 Python 中，声明和定义函数使用 def（代表 "define"）语句，在语句块中编写函数体，函数的返回值用 return 语句返回：

```
def func(a, b):
    print('a is {},b is {}'.format(a, b))
    return a + b

print(func(1, 2))
# a is 1,b is 2
# 3
```

如果没有显式的 return 语句，函数会自动 return None。另外，我们也可以使函数一次返回多个值（实质上是一个元组）：

```
def func(a, b):
    print('a is {},b is {}'.format(a, b))
    return a + b, a-b

c = func(1,2)
# a is 1,b is 2
print(type(c)) # <class 'tuple'>
print(c) # (3, -1)
```

对于我们暂时不想实现的函数，可以使用 pass 作为占位符，否则 Python 会对缩进的语句块报错：

```
def func(a, b):
    pass
```

pass 也可用于其他地方，如 if 语句和 for 循环：

```
if 2 < 3:
    pass
else:
    print('2 > 3')

for i in range(0,10):
    pass
```

在函数中可以设置默认参数：

```
def power(x,n=2):
    return x**n

print(power(3)) # 9
print(power(3,3)) # 27
```

当有多个默认参数时会自动按照顺序逐个传入，我们也可以在调用时指定参数名：

```
def powanddivide(x,n=2,m=1):
    return x**n/m

print(powanddivide(3,2,5)) # 1.8
print(powanddivide(3,m=1,n=2)) # 9.0
```

在 Python 中，类使用 class 关键字定义：

```python
class Player:
    name = ''
    def __init__(self,name):
        self.name = name

pl1 = Player('PlayerX')
print(pl1.name) # PlayerX
```

定义好类后，就可以根据类创建实例。在类中的函数一般称为方法，简单地说，方法就是与实例绑定的函数，和普通函数不同，方法可以直接访问或操作实例中的数据。

　　　Python 中的方法有实例方法、类方法、静态方法之分，这是 Python 面向对象编程中的一个重点概念。但是为了简化说明，统一称之为"方法"或者"函数"。

类是 Python 编程的核心概念之一，这主要是因为"Python 中的一切都是对象"，一个类可以写得非常复杂，下面的代码就是 requests 模块中 Request 类及其__init__()方法（部分代码）：

```python
class Request(RequestHooksMixin):
    """A user-created :class:`Request <Request>` object.

    Used to prepare a :class:`PreparedRequest <PreparedRequest>`, which is sent to the
server.

    :param method: HTTP method to use.
    :param url: URL to send.
    :param headers: dictionary of headers to send.
    :param files: dictionary of {filename: fileobject} files to multipart upload.
    :param data: the body to attach to the request. If a dictionary is provided,
form-encoding will take place.
    :param json: json for the body to attach to the request (if files or data is not
specified).
    :param params: dictionary of URL parameters to append to the URL.
    :param auth: Auth handler or (user, pass) tuple.
    :param cookies: dictionary or CookieJar of cookies to attach to this request.
    :param hooks: dictionary of callback hooks, for internal usage.

    Usage::

      >>> import requests
      >>> req = requests.Request('GET', 'http://httpbin.org/get')
      >>> req.prepare()
      <PreparedRequest [GET]>
    """

    def __init__(self,
            method=None, url=None, headers=None, files=None, data=None,
            params=None, auth=None, cookies=None, hooks=None, json=None):

        # Default empty dicts for dict params
        ......
```

1.3.4　Python 从 0 到 1

Python 简洁而明快，涵盖范围广泛却又不显烦琐，随着其受到越来越多的开发者的欢迎，关于 Python 的入门学习和基础知识资料也越来越多。如果读者想系统地打好 Python 基础，可以阅

读 *Dive Into Python*、*Learn Python the Hard Way* 等书籍。如果读者已经有了不错的掌握，想要获得一些相对高深复杂的内容介绍，可以参考 *Python Cookbook* 和 *Fluent Python* 等书。但无论选择哪些书作为参考，不要忘了 "learn by doing"。俗话说 "光说不练假把式"，一切从代码出发，从实践出发，动手学习，这样往往能取得更快的进步。

1.4　互联网与 HTTP、HTML

1.4.1　互联网与 HTTP

互联网（Internet），是指网络与网络串连成的庞大网络，这些网络以一组标准的网络协议族 TCP/IP 相连，连接全世界几十亿台甚至更多的设备，形成逻辑上单一的、巨大的国际网络。它由从地方到全球范围内成千上万个私人的、学术界的、企业的以及政府的网络所构成，通过电子、无线和光纤网络等一系列技术联系在一起。这种将计算机网络互相联接在一起的方法可称作 "网络互联"，在这基础上发展出覆盖全世界的全球性互联网络称互联网，即互相联接的网络。

 互联网并不等于万维网（World Wide Web，WWW）。万维网只是一个基于超文本技术、相互链接而成的全球性系统，并且是互联网所能提供的服务之一。互联网有范围广泛的信息资源和服务，如有相互关系的超文本文件，还有万维网的应用、支持电子邮件的基础设施、点对点网络、文件共享，以及 IP 电话服务等。

HTTP 是一个客户端（用户）和服务器（网站）请求和应答的标准。通过使用网页浏览器、网络爬虫或者其他的工具，客户端可以发起 HTTP 请求到服务器上指定端口（默认端口为 80）。我们称这个客户端为用户代理（User Agent）。应答的服务器上存储着一些资源，如 HTML 文件和图像。我们称这个应答服务器为源服务器（Origin Server）。在用户代理和源服务器中间可能存在多个中间层，如代理服务器、网关或者隧道（Tunnel）。尽管 TCP/IP 是互联网上最流行的协议之一，但在 HTTP 中，并没有规定必须使用它或它支持的层。

事实上，HTTP 可以在任何互联网协议或其他网络上实现。HTTP 假定其下层协议提供可靠的传输。因此，任何能够提供这种保证的协议都可以被使用，也就是在 TCP/IP 族中使用 TCP 作为传输层。通常，由 HTTP 客户端发起一个请求，创建一个到服务器指定端口（默认是 80 端口）的 TCP 连接。HTTP 服务器在这个端口监听客户端的请求。一旦收到请求，服务器会向客户端返回一个状态，如"HTTP/1.1 200 OK"，以及返回的内容，如请求的文件、错误消息或者其他信息。

HTTP 的请求方法有很多种。

- GET，向指定的资源发出显示请求。GET 应该只用于读取数据，而不应当被用于产生 "副作用" 的操作中（如在 Web Application 中）。其中一个原因是 GET 可能会被网络爬虫等随意访问。

- HEAD，与 GET 一样向服务器发出指定资源的请求，只不过服务器将不传回资源的内容部分。它的好处在于，使用这个方法可以在不必传输全部内容的情况下，获取其中 "关于该资源的信息"（元信息或元数据）。

- POST，向指定资源提交数据，请求服务器进行处理（如提交表单或者上传文件）。数据被包含在请求文本中。这个请求可能会创建新的资源或修改现有资源，或二者皆有。

- PUT，向指定资源位置上传其最新内容。
- DELETE，请求服务器删除 Request-URI 所标识的资源。
- TRACE，回显服务器收到的请求，主要用于测试或诊断。
- OPTIONS，这个方法可使服务器传回该资源支持的所有 HTTP 请求方法。用 "*" 来代替资源名称，向 Web 服务器发送 OPTIONS 请求，可以测试服务器是否正常运作。
- CONNECT，HTTP/1.1 中预留给能够将连接改为管道方式的代理服务器。通常用于 SSL 加密服务器的链接（经由非加密的 HTTP 代理服务器）。方法名称是区分大小写的。当某个请求针对的资源不支持对应的请求方法的时候，服务器应当返回状态码 405（Method Not Allowed）；当服务器不认识或者不支持对应的请求方法的时候，应当返回状态码 501（Not Implemented）。

1.4.2　HTML

超文本标记语言（HyperText Markup Language，HTML）是一种用于创建网页的标准标记语言。与 HTTP 不同的是，HTML 是一种基础技术，常与 CSS、JavaScript 一起被用于设计令人赏心悦目的网页、网页应用程序以及移动应用程序的用户界面。网页浏览器可以读取 HTML 文件，并将其渲染成可视化网页。HTML 描述一个网站的结构语义随着线索的呈现方式，是一种标记语言而非编程语言。HTML 元素是构建网站的基石。HTML 允许嵌入图像与对象，并且可以用于创建交互式表单。它可用于结构化信息——如标题、段落和列表等，也可用于在一定程度上描述文档的外观和语义。HTML 的语言形式为尖括号包围的 HTML 元素（如<html>），浏览器使用 HTML 标签和脚本来诠释网页内容，但不会将它们显示在页面上。HTML 可以嵌入如 JavaScript 的脚本语言，它们会影响 HTML 网页的行为。网页浏览器也可以引用层叠样式表（CSS）来定义文本和其他元素的外观与布局。维护 HTML 和 CSS 标准的组织万维网联盟（W3C）鼓励人们使用 CSS 替代一些用于表现的 HTML 元素。

HTML 包含标签及其属性、基于字符的数据类型、字符引用和实体引用等几个关键部分。HTML 标签是比较常见的，通常成对出现，如<h1>与 </h1>。这些成对出现的标签中，第一个标签是开始标签，第二个标签是结束标签。两个标签之间为元素的内容，有些标签没有内容，为空元素，如 <img>。HTML 另一个重要组成部分为文档类型声明，这会触发标准模式渲染。

HTML 文档由嵌套的 HTML 元素构成。它们用 HTML 标签表示，包含于尖括号中，如 <p>。在一般情况下，一个元素由一对标签表示：开始标签<p>与结束标签</p>。元素如果有文本内容，就被放置在这些标签之间。在开始标签与结束标签之间也可以封装另外的标签，包括标签与文本的混合。这些嵌套元素是父元素的子元素。开始标签也可包含标签属性。这些属性有诸如标识文档区段、将样式信息绑定到文档演示和为一些如<img>等的标签嵌入图像、引用图像来源等作用。一些元素如换行符
，不允许嵌入任何内容，无论是文字或其他标签。这些元素只需一个单一的空标签（类似于一个开始标签），无须结束标签。许多标签是可选的，尤其是那些很常用的段落元素<p>的闭合端标签。浏览器或其他媒介可以从上下文识别元素的闭合端和由 HTML 标准所定义的结构规则，这些规则非常复杂。

因此，一个 HTML 元素的一般形式为<标签 属性 1="值 1" 属性 2="值 2">内容</标签>。一个 HTML 元素的名称即标签使用的名称。注意，结束标签的名称前面有一个分隔号 "/"，但空元素不需要也不允许结束标签。如果元素属性未标明，则使用其默认值。

HTML 文档的页眉：<head>…</head>。标题被包含在头部。如：

```
<head>
    <title>Title</title>
</head>
```

标题：HTML 标题由<h1>～<h6>6 个标签构成，字体由大到小递减如：

```
<h1>标题 1</h1>
<h2>标题 2</h2>
<h3>标题 3</h3>
<h4>标题 4</h4>
<h5>标题 5</h5>
<h6>标题 6</h6>
```

段落：

```
<p>第一段</p>
<p>第二段</p>
```

换行：
。
与<p>之间的差异在于，
换行但不改变页面的语义结构，而<p>截取部分的页面成段。如：

```
<p>
这是一个<br>使用 br<br>换行<br>的段落。
</p>
```

链接：使用<a>标签来创建链接。href=的属性包含链接的 URL 地址。如：

```
<a href="http://www.baidu.com">一个指向百度的链接</a>
```

注释：

```
<!--这是一行注释-->
```

大多数元素的属性以"名称-值"的形式成对出现，由"="分隔并写在开始标签元素名之后。值一般由单引号或双引号包围，有些值的内容包含特定字符，在 HTML 中可以去掉引号（在 XHTML 中不行）。不加引号的属性值被认为是不安全的。有些属性无须成对出现，仅存在于开始标签中即可影响元素，如 img 元素的 ismap 属性。要注意的是，许多元素存在一些共通的属性。

• id 属性为元素提供在全文档内的唯一标识。它用于识别元素，以便样式表可以改变其表现属性，脚本可以改变、显示或删除其内容或格式化。对于添加到页面的 URL，它为元素提供了一个全局唯一标识，通常为页面的子章节。

• class 属性提供一种类似元素分类的方式，常用于语义化或格式化。如，一个 HTML 文档可指定 class="标记"来表明所有具有这一类值的元素都从属于文档的主文本。格式化后，这样的元素可能会聚集在一起，并作为页面脚注而不会出现在 HTML 代码中。类属性也被用于微格式的语义化。类值也可进行多声明。如 class="标记 重要"将元素同时放入"标记"与"重要"两类中。

• style 属性可以将表现性质赋予一个特定元素。比起使用 id 或 class 属性从样式表中选择元素，style 被认为是一个更好的做法，尽管有时这对一个简单、专用或特别的样式显得太烦琐。

• title 属性用于给元素一个附加的说明。大多数浏览器中这一属性显示为工具提示。

1.5　Hello, Spider!

在掌握了编写 Python 爬虫所需的准备知识后，我们就可以上手编写第一个爬虫程序了。在这里，我们分析一个再简单不过的爬虫程序，并由此展开进一步的讨论。

1.5.1　第一个爬虫程序

在各大编程语言中，初学者要学会编写的第一个简单程序一般就是 "Hello, World!"，即通过程序在屏幕上显示一行 "Hello, World!" 这样的文字。在 Python 中，只需一行代码就可以做到。我们把这第一个爬虫程序就称之为 "HelloSpider"，见例 1-1。

【例 1-1】HelloSpider.py，一个简单的 Python 网络爬虫。

```
import lxml.html,requests
url = 'https://www.python.org/dev/peps/pep-0020/'
xpath = '//*[@id="the-zen-of-python"]/pre/text()'
res = requests.get(url)
ht = lxml.html.fromstring(res.text)
text = ht.xpath(xpath)
print('Hello,\n'+''.join(text))
```

执行这个脚本，在终端运行如下命令（也可以直接在 IDE 中单击 "Run" 按钮）：

```
python HelloSpider.py
```

很快就能看到输出如下：

```
Hello,

Beautiful is better than ugly.
Explicit is better than implicit.
Simple is better than complex.
Complex is better than complicated.
Flat is better than nested.
Sparse is better than dense.
Readability counts.
Special cases aren't special enough to break the rules.
Although practicality beats purity.
Errors should never pass silently.
Unless explicitly silenced.
In the face of ambiguity, refuse the temptation to guess.
There should be one-- and preferably only one --obvious way to do it.
Although that way may not be obvious at first unless you're Dutch.
Now is better than never.
Although never is often better than *right* now.
If the implementation is hard to explain, it's a bad idea.
If the implementation is easy to explain, it may be a good idea.
Namespaces are one honking great idea -- let's do more of those!
```

不错，这正是 "Python 之禅" 的内容。我们的程序完成了一个网络爬虫程序最普遍的过程：访问站点；定位所需的信息；得到并处理信息。接下来不妨看看每一行代码都做了什么：

```
import lxml.html,requests
```

这里我们使用 import 导入了两个模块，分别是 HTML 中的 lxml 库和 Python 中的 requests 库。lxml 库是解析 XML 和 HTML 的工具，可以使用 xpath 和 css 来定位元素；而 requests 库是典型的

Python HTTP 库，其口号是"给人类用的 HTTP"。相比 Python 自带的 urllib 库而言，requests 库有着不少优点，使用起来十分简单，接口设计也非常合理。实际上，对 Python 比较熟悉就会知道，在 Python 2 中一度存在着 urllib、urllib2、urllib3、httplib、httplib2 等一堆让人易于混淆的库，可能官方也察觉到了这个缺点，Python 3 中的新标准库 urllib 就比 Python 2 好用一些。曾有人在网上问："urllib、urllib2、urllib3 的区别是什么？怎么用？"有人回答："为什么不去用 requests 呢？"可见 requests 库的确有着十分突出的优点。同时也建议读者，尤其是刚刚接触网络爬虫的读者使用 requests 库，省时省力。

```
url = 'https://www.python.org/dev/peps/pep-0020/'
xpath = '//*[@id="the-zen-of-python"]/pre/text()'
```

这里我们定义了两个变量，Python 不需要声明变量的类型，url 和 xpath 会被自动识别为字符串类型。url 是一个网页的链接，可以直接在浏览器中打开，页面中包含了"Python 之禅"的文本信息。xpath 则是一个路径表达式。我们刚才提到，lxml 库可以使用 xpath 来定位元素。当然，定位网页中元素的方法不止 xpath 一种，以后我们会介绍更多的定位方法。

```
res = requests.get(url)
```

这里我们使用了 requests 中的 get()方法，对 url 发送了一个 GET 请求，返回值被赋给 res，于是我们得到了一个名为 res 的 Response 对象，接下来就可以从这个 Response 对象中获取我们想要的信息。

```
ht = lxml.html.fromstring(res.text)
```

lxml.html 是 lxml 下的一个模块，顾名思义，主要负责处理 HTML。Fromstring()方法传入的参数是 res.text，即刚才我们提到的 Response 对象的 text 内容。在 fromstring()方法的 doc string 中（文档字符串，即此方法的说明）提到，这个方法可以"Parse the html, returning a single element/document."即 fromstring 可以根据这段文本来构建一个 lxml 中的 HtmlElement 对象。

```
text = ht.xpath(xpath)
print('Hello,\n'+''.join(text))
```

这两行代码使用 xpath 来定位 HtmlElement 中的信息，并输出。text 就是我们得到的结果，join()是一个字符串方法，用于将序列中的元素以指定的字符连接并生成一个新的字符串。因为我们的 text 是一个列表对象，所以使用"''"这个空字符来连接。如果不进行这个操作而直接输出：

```
print('Hello,\n'+text)
```

程序会报错，出现"TypeError: Can't convert 'list' object to str implicitly"这样的错误。当然，对于列表序列而言，我们还可以通过一段循环来输出其中的内容。

值得一提的是，如果不使用 requests 而使用 Python 3 的 urllib 来完成以上操作，需要把其中的两行代码改为：

```
res = urllib.request.urlopen(url).read().decode('utf-8')
ht = lxml.html.fromstring(res)
```

其中的 urllib 包含了很多基本功能，如向网络请求数据、处理 cookie、自定义 headers 等。urlopen()方法用来通过网络打开并读取远程对象，包括 HTML、媒体文件等。显然，就代码量而言，它比 requests 大，而且看起来也不甚简洁。

---

　　urllib 是 Python 3 的标准库。虽然在本书中主要使用 requests 来代替 urllib 的某些功能，但作为官方工具，urllib 仍然值得我们进一步了解，在爬虫程序实践中，也可能会用到 urllib 中的有关功能。有兴趣的读者可阅读 urllib 的官方文档，其中给出了详尽的说明。

1.5.2 思考我们的爬虫

通过刚才这个十分简单的爬虫示例，我们不难发现，爬虫的核心任务就是访问某个站点（一般为一个 URL 地址），然后提取其中的特定信息，再对数据进行处理（在这个例子中只是简单地输出）。当然，根据具体的应用场景，爬虫可能还需要很多其他的功能，如自动抓取多个页面、处理表单、对数据进行存储或者清洗等。

其实，如果我们只是想获取特定网站提供的关键数据，而每个网站都提供了自己的应用程序接口（Application Programming Interface，API），那么我们对于网络爬虫的需求可能就没有那么大了。毕竟，如果网站已经为我们准备好特定格式的数据，只需要访问 API 就能够得到所需的信息，那么又有谁愿意费时费力地编写复杂的程序抽取信息呢？现实情况是，虽然很多网站都提供了可供普通用户使用的 API，但其中的很多功能往往是面向商业的收费服务。另外，API 毕竟是官方定义的，免费的格式化数据不一定能够满足我们的需求。掌握一些网络爬虫编写，不仅能够做出只属于自己的功能，还能在某种程度上拥有一个高度个性化的"浏览器"，因此，学习爬虫相关知识还是很有必要的。

对于个人编写的爬虫而言，一般不会存在法律和道德问题。但随着与互联网知识产权相关的法律法规逐渐完善，我们在使用自己的爬虫时，还是需要特别注意遵守网站的规定和社会公序良俗的。最新出台的《网络安全法》也对企业使用爬虫技术来获取网络上用户的特定信息这一行为做出了一些规定。可以说，爬虫程序方兴未艾。而随着互联网的发展，对于爬虫程序的秩序也提出了新的要求。对于普通个人开发者而言，一般需要注意以下几点。

- 不应访问和抓取某些带有不良信息的网站，包括一些充斥暴力、色情，或反动信息的网站。
- 始终注意版权意识。如果你想抓取的信息是其他作者的原创内容，未经作者或版权所有者的授权，请不要将这些信息用作其他用途，尤其是商业方面。
- 保持对网站的善意。爬虫程序对目标网站的性能是有影响的，会造成服务器资源的浪费。如果你没有经过网站运营者的同意，那么且不说法律层面，这本身就是不道德的。你的出发点应该是一个爬虫技术的爱好者，而不是一个试图攻击网站的攻击者。尤其是分布式大规模爬虫，更需要注意这点。
- 请遵循 Robots 协议和网站服务协议。虽然 Robots 协议只是一个"君子协议"，并没有强制约束爬虫程序的能力，只是表达了"请不要抓取本网站的这些信息"的意向。但在实际的爬虫程序编写过程中，我们应该尽可能遵循 Robots 协议的内容，尤其是你的爬虫程序无节制地抓取网站内容时，应该查询并牢记网站服务协议中的相关说明。

关于 Robots 协议的具体内容，我们会在 1.6 节调研网站的过程中继续介绍。

1.6　调研网站

1.6.1　网站的 robots.txt 与 Sitemap

一般而言，网站都会提供自己的 robots.txt 文件。正如前文所说，Robots 协议旨在让网站访问者（或访问程序）了解该网站的信息抓取限制。在我们的爬虫程序抓取网站信息之前，检查这一文件中的内容可以降低爬虫程序被网站的反爬虫机制封禁的风险。下面是百度的 robots.txt 中的部分内容，可以在官方网址后加 "/robots.txt" 访问获取：

```
User-agent: Googlebot
Disallow: /baidu
Disallow: /s?
Disallow: /shifen/
Disallow: /homepage/
Disallow: /cpro
Disallow: /ulink?
Disallow: /link?
Disallow: /home/news/data/

User-agent: MSNBot
Disallow: /baidu
Disallow: /s?
Disallow: /shifen/
Disallow: /homepage/
Disallow: /cpro
Disallow: /ulink?
Disallow: /link?
Disallow: /home/news/data/
```

robots.txt 文件没有标准的 "语法"，但网站一般都遵循业界共有的习惯。文件第一行内容是 user-agent:，表明哪些机器人（程序）需要遵守下面的规则，后面是一组 Allow:或 Disallow:，决定是否允许该 user-agent 访问网站的这部分内容。星号 "*" 为通配符。如果一个规则后面跟着一个与之矛盾的规则，则以后一条为准。可见，百度的 robots.txt 对 Googlebot 和 MSNBot 给出了一些限制。robots.txt 可能还会规定 Crawl-delay，即爬虫抓取延迟。如果你在 robots.txt 中发现有 "Crawl-delay:5" 的字样，那么说明网站希望你的程序能够在两次下载请求中给出 5s 的下载间隔。

我们可以使用 Python 3 自带的 robotparser 工具来解析 robots.txt 文件并指导我们的爬虫程序，从而避免下载 Robots 协议不允许抓取的 URL。只要在代码中用 import urllib.robotparser 导入这个模块即可使用，详见例 1-2。

【例 1-2】robotparser.py，使用 robotparser 工具。

```python
import urllib.robotparser as urobot
import requests

url = "https://www.taobao.com/"
rp = urobot.RobotFileParser()
rp.set_url(url + "/robots.txt")
rp.read()
user_agent = 'Baiduspider'
if rp.can_fetch(user_agent, 'https://www.taobao.com/product/'):
    site = requests.get(url)
    print('seems good')
else:
    print("cannot scrap because robots.txt banned you!")
```

在上面的程序中，我们打算抓取淘宝网。先看看它的 robots.txt 文件中的内容，在淘宝官网后加 "/robots.txt" 即可获取（由于商业性网站更新频率很高，网站的 robots.txt 文件地址可能与此处不同）：

```
user-agent: baiduspider
Disallow: /
...
```

对于 baiduspider 这个用户代理，淘宝网限制不允许抓取网站页面。因此，我们执行刚才的示例程序，输出的结果会是：

```
cannot scrap because robots.txt banned you!
```

而如果淘宝网的 robots.txt 中的内容是：

```
User-agent: Baiduspider
Allow: /article
Allow: /wenzhang
Disallow: /product/
```

那么若将程序代码中的：

```
"https://www.taobao.com/product/"
```

改为

```
"https://www.taobao.com/article"
```

则输出结果就变为：

```
seems good
```

这说明我们的程序运行成功。

Python 3 中的 robotparser 是 urllib 的一个模块，因此我们先导入它。在上面的代码中，首先创建一个名为 rp 的 RobotFileParser 对象，然后 rp 加载对应网站的 robots.txt 文件，我们将 user_agent 设为 baiduspider 后，使用 can_fetch() 方法测试该用户代理是否可以抓取 URL 对应的网页。当然，为了把这个功能在真正的爬虫程序中实现，我们需要一个循环语句不断检查新的网页，类似这样的形式：

```
for i in urls:

  try:
    if rp.can_fetch("*", newurl):
      site = urllib.request.urlopen(newurl)
      ...
  except:
    ...
```

有时候 robots.txt 文件还会定义一个 Sitemap，即站点地图。站点地图（或者叫网站地图）可以是一个任意形式的文档，一般而言，站点地图中会列出该网站中的所有页面，通常采用一定的格式（如分级形式）。这有助于访问者和搜索引擎的爬虫找到网站中的各个页面，因此，网站地图在搜索引擎优化（Search Engine Optimization，SEO）领域扮演了很重要的角色。

 什么是 SEO？SEO 是指在搜索引擎的自然排名机制的基础上，对网站进行某些调整和优化，从而改进该网站在搜索引擎结果中的关键词排名，使得网站能够获得更多用户流量的过程。而 Sitemap 能够帮助搜索引擎更智能、高效地抓取网站内容，因此完善和维护 Sitemap 是 SEO 的基本方法。对于国内网站而言，SEO 是站长做好网站运营和管理的重要一环。

我们可以进一步检查这个文件。下面是豆瓣网的 robots.txt 文件中定义的 Sitemap，可访问豆瓣官网的/robots.txt 来获取（由于豆瓣官方可能对 robots.txt 文件更新，我们使用的 Sitemap 地址也可能发生变动。读者也可尝试其他网站的 Sitemap。

```
Sitemap: https://www.douban.com/sitemap_index.xml
Sitemap: https://www.douban.com/sitemap_updated_index.xml
```

Sitemap 可帮助爬虫程序定位网站的内容，我们打开其中的链接，内容如图 1-20 所示。

```
▼<sitemapindex xmlns="http://www.sitemaps.org/schemas/sitemap/0.9">
  ▼<sitemap>
      <loc>https://www.douban.com/sitemap_updated.xml.gz</loc>
      <lastmod>2017-10-09T22:00:22Z</lastmod>
    </sitemap>
  ▼<sitemap>
      <loc>https://www.douban.com/sitemap_updated1.xml.gz</loc>
      <lastmod>2017-10-09T22:00:22Z</lastmod>
    </sitemap>
  ▼<sitemap>
      <loc>https://www.douban.com/sitemap_updated2.xml.gz</loc>
      <lastmod>2017-10-09T22:00:22Z</lastmod>
    </sitemap>
  ▼<sitemap>
      <loc>https://www.douban.com/sitemap_updated3.xml.gz</loc>
      <lastmod>2017-10-09T22:00:22Z</lastmod>
    </sitemap>
```

图 1-20　豆瓣网 Sitemap 链接中的部分内容

由于网站规模较大，Sitemap 以多个文件的形式给出，我们下载其中的一个文件（sitemap_updated.xml）并查看其中内容，如图 1-21 所示。

```
<?xml version="1.0" encoding="utf-8"?>
<urlset xmlns="http://www.sitemaps.org/schemas/sitemap/0.9">
  <url>
    <loc>https://www.douban.com/</loc>
    <priority>1.0</priority>
    <changefreq>daily</changefreq>
  </url>
  <url>
    <loc>https://www.douban.com/explore/</loc>
    <priority>0.9</priority>
    <changefreq>daily</changefreq>
  </url>
  <url>
    <loc>https://www.douban.com/online/</loc>
    <priority>0.9</priority>
    <changefreq>daily</changefreq>
  </url>
```

图 1-21　豆瓣网 sitemap_updated.xml 中的内容

观察可知，在这个文件中提供了豆瓣网最近更新的所有网页的链接地址，如果我们的程序能够有效地使用其中的信息，那么这无疑会成为抓取网站的有效策略。

1.6.2　查看网站所用技术

目标网站所用的技术会成为影响我们爬虫程序策略的一个重要因素，俗话说"知己知彼，百战不殆"。我们可以使用 wad 模块来检查网站所使用的技术类型（请注意，由于操作系统及其版本的不同，读者安装和运行该 wad 模块时的输出可能也有所不同。如果出现运行报错，可能是操作系统版本不兼容所致，读者可使用其他方法来对网站进行分析，如调查后台 JavaScript 代码或联系网站管理员等），可以十分简便地使用 pip 来安装这个库：

```
pip install wad
```

安装完成后，在终端中使用 wad -u url 这样的命令就能够查看网站的分析结果。如我们来看看 www.baidu.com 的技术类型：

```
wad -u 'https://www.baidu.com'
```

输出结果如下，数据使用的是 JSON 格式：

```
{
    "https://www.baidu.com/": [
        {
            "app": "PHP",
            "type": "programming-languages",
```

```
            "ver": ""
        },
        {
            "app": "jQuery",
            "type": "javascript-frameworks",
            "ver": "1.10.2"
        }
    ]
}
```

从上面的结果中不难发现，该网站使用了 PHP 语言和 jQuery 技术（jQuery 是一个十分受欢迎的 JavaScript 框架）。由于对百度的分析结果有限，我们可以再试试其他网站，这一次直接编写一个 Python 脚本，见例 1-3（由于 wad 版本的更新，下方的示例代码输出可能会有所不同）。

【例 1-3】wad_detect.py。

```python
import wad.detection
det = wad.detection.Detector()
url = input()
print(det.detect(url))
```

这几行代码接受一个 url 输入并返回 wad 分析的结果，我们输入 12306 购票网站，输出结果如下：

```
{'http://www.12306.cn/': [{'app': 'Java Servlet',
                           'type': 'web-frameworks',
                           'ver': '2.5'},
                          {'app': 'Java Server Pages',
                           'type': 'web-frameworks',
                           'ver': '2.1'},
                          {'app': 'Java',
                           'type': 'programming-languages',
                           'ver': None}]}
```

从上面的结果可以看到，12306 购票网站使用 Java 编写，并使用了 Java Servlet 等框架。

　　　　JS 对象简谱（JavaScript Object Notation，JSON）是一种轻量级数据交换格式，便于人们阅读和编写，同时也易于计算机进行解析和生成。另外，JSON 采用完全独立于语言的文本格式，因此成了一种被广泛使用的数据交换语言。JSON 的诞生与 JavaScript 密切相关，不过目前很多语言（当然，也包括 Python）都支持对 JSON 数据的生成和解析。JSON 数据的书写格式：名称/值。一对名称/值包括字段名称（双引号中），后面写一个冒号，然后是值。如："firstName" : "Allen"。JSON 对象在花括号中书写，可以包含多对名称/值。JSON 数组则在方括号中书写，数组可包含多个对象。我们在以后的网络爬虫中可能还会遇到 JSON 格式数据的处理，因此有必要对它做一些了解。有兴趣的读者可以在 JSON 的官方文档上阅读更详细的说明。

1.6.3　查看网站所有者信息

如果我们想要知道网站所有者的相关信息，除了在网站中的"关于"或者"about"页面中查看之外，还可以使用 WHOIS 协议来查询域名。WHOIS 协议就是一个用来查询互联网上域名的 IP 和所有者等信息的传输协议。其雏形是 1982 年互联网工程任务组（Internet Engineering Task Force，IETF）的一个有关 ARPANET 用户目录服务的协议。

WHOIS 协议使用十分方便，我们可以通过 pip 安装 python-whois 库，在终端运行命令：

```
pip install python-whois
```

安装完成后使用 "whois domain" 这样的格式查询即可，如我们查询 yale.edu（耶鲁大学官网）的结果，执行命令 whois yale.edu：

```
Domain Name: YALE.EDU
```

输出结果如下（部分结果）：

```
Registrant:
    Yale University
    25 Science Park
    150 Munson St
    New Haven, CT 06520
    UNITED STATES

Administrative Contact:
    Franz Hartl
    Yale University
    25 Science Park
    150 Munson St
    New Haven, CT 06520
    UNITED STATES
    (203) 436-9885
    webmaster@yale.edu

…

Name Servers:
    SERV1.NET.YALE.EDU          130.132.1.9
    SERV2.NET.YALE.EDU          130.132.1.10
    SERV3.NET.YALE.EDU          130.132.1.11
    SERV4.NET.YALE.EDU          130.132.89.9
    SERV-XND.NET.YALE.EDU       68.171.145.173
```

不难看出，这里给出了域名的注册信息（包括地址）、网站管理员信息以及域名服务器等相关信息。不过，如果你在抓取某个网站时需要联系网站管理员，一般网站上都会有特定的页面给出联系方式（E-mail 或者电话），这可能会是一个更为直接方便的选择。

1.6.4　使用开发者工具检查网页

如果你想编写一个抓取网页内容的爬虫程序，在动手编写之前，最重要的准备工作可能就是检查目标网页了。一般我们会先在浏览器中输入一个 URL 地址并打开这个网页，接着浏览器会将 HTML 渲染出美观的界面效果。如果你的目标只是浏览或者单击网页中的某些内容，正如一个普通的网站用户那样，那么做到这里就足够了。但遗憾的是，对于爬虫编写者而言，你还需要更好地研究一下手头的工具——你的浏览器，这里建议读者使用 Chrome 或 Firefox 浏览器。这不仅是因为它们合起来瓜分了 73% 的浏览器市场，流行程度毋庸置疑，更是因为它们都为开发者提供了强大的功能，是编写爬虫程序的不二之选。

我们以 Chrome 为例，看看如何使用开发者工具。可以单击"菜单"→"更多工具"→"开发者工具"，也可以直接在网页内容中右键单击"检查"元素。效果如图 1-22 所示。

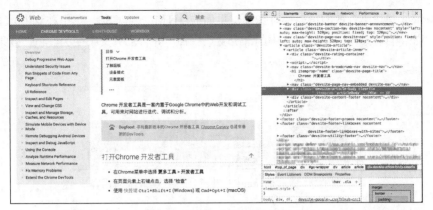

图 1-22　Chrome 开发者工具

Chrome 的开发者模式为我们提供了下面几组工具。

- Elements：允许我们从浏览器的角度来观察网页，我们可以借此看到 Chrome 渲染页面所需要的 HTML、CSS 和文档对象模型（Document Object Model，DOM）。
- Console：控制台可以显示各种警告与错误信息。在开发期间，你可以使用控制台面板记录诊断信息，或者使用它作为 Shell 在页面上与 JavaScript 交互。
- Sources：源代码面板主要用来调试 JavaScript。
- Network：可以看到页面向服务器请求了哪些资源、资源的大小以及加载资源的相关信息。此外，还可以查看 HTTP 的请求头、返回内容等。
- Performance：使用这个模块可以记录和查看网站生命周期内发生的各种事件来提高页面的运行时性能。
- Memory：这个面板可以提供比 Performance 更多的信息，如跟踪内存泄漏。
- Application：检查加载的所有资源。
- Security：安全面板可以用来处理证书问题等。
- Audits：对当前网页进行网络利用情况、网页性能方面的诊断，并给出优化建议。

另外，通过切换设备模式可以观察网页在不同设备上的显示效果，如图 1-23 所示。

图 1-23　在 Chrome 开发者模式中将设备切换为 iPhone 6 后的显示

在 Element 模块下，我们可以检查和编辑页面的 HTML 与 CSS，选中并双击元素就可以编辑元素了。如将百度贴吧首页导航栏中的部分文字去掉，并将部分文字变为红色，效果如图 1-24 所示。

图 1-24　通过 Chrome 开发者工具更改贴吧首页内容

当然，也可以选中某个元素后单击右键查看更多操作，如图 1-25 所示。

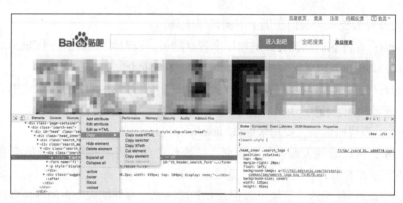

图 1-25　通过 Chrome 开发者工具选中元素后的快捷菜单

值得一提的是上面快捷菜单中的"Copy XPath"选项。由于 XPath 是解析网页的有效工具，因此 Chrome 中的这个功能对于我们的爬虫程序编写而言就显得十分实用方便。

使用 Network 工具可以清楚地查看网页加载网络资源的过程和相关信息，请求的每个资源在 Network 面板中显示为一行，对于某个特定的网络请求，可以进一步查看请求头、响应头以及已经返回的内容等信息。对于需要填写并发送表单的网页而言（如执行用户登录操作），在 Network 面板中单击"Preserve log"，然后进行我们的登录，就可以记录 POST 信息，查看发送的表单信息详情。我们在百度贴吧首页开启开发者工具后再登录，就可以看到这样的信息（见图 1-26）。

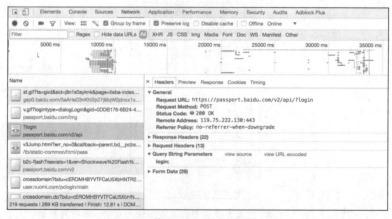

图 1-26　使用 Network 查看登录表单

其中的 Form Data 包含向服务器发送的表单信息详情。

在 HTML 中，<form> 标签用于为用户输入创建一个 HTML 表单。表单能够包含 input 元素，如文本字段、单选/复选框、提交按钮等，一般用于向服务器传输数据。表单是用户与网站进行数据交互的基本方式。

当然，Chrome 等浏览器的开发者工具还包含着很多更为复杂的功能，我们在这里就不一一赘述了，等需要用的时候再学习即可。

1.7　本章小结

在这一章里我们介绍了 Python 语言的基本知识，同时通过一个简洁的例子为读者展示了网络爬虫的基本概念。此外，我们也介绍了一些用来调研和分析网站的工具，以 Chrome 开发者工具为例，说明了网页分析的基本方法，我们可以借此形成对网络爬虫的初步印象。

在第 2 章中，我们会更详细地讨论网页抓取和网络数据采集的方法。

第2章
数据采集

网络爬虫程序的核心任务就是获取网络上（很多时候就是指某个网站上）的数据，并对特定的数据做一些处理。因此，如何"采集"所需的数据往往成为我们爬虫成功与否的关键。使用排除法显然是不现实的，我们需要某种方式来直接"定位"到我们想要的东西，这个过程有时候也被称为"选择"。数据采集中常见的任务就是从网页中抽取数据，一般我们所谓的"抓取"就是指这个动作。

在第1章中我们已经初步讨论了分析网页的基本方法，接下来我们将正式进入"庖丁解牛"的阶段，使用各种工具来获取网页信息。不过，值得一提的是，网络上的信息不一定是以网页（HTML）的形式来呈现的，我们将在本节的结尾介绍网站API及其使用方法。

2.1　从抓取开始

在了解了网页结构的基础上，我们接下来将介绍几种工具，分别是正则表达式（Python的正则表达式库——re模块）、XPath、BeautifulSoup模块以及lxml模块。

在展开讨论之前，需要说明的是，在解析速度上正则表达式和lxml是比较突出的。lxml是基于C语言的，而BeautifulSoup是使用Python编写的，因此BeautifulSoup在性能上略逊一筹也不奇怪。BeautifulSoup使用起来更方便一些，且支持CSS选择器，这也能够弥补其性能上的缺憾，另外，最新版的bs4也已经支持lxml。在使用lxml时我们主要是根据XPath来解析，如果熟悉XPath的语法，那么lxml和BeautifulSoup都是很好的选择。

不过，由于正则表达式本身并非特地为网页解析设计，加上语法也比较复杂，因此一般不会经常使用纯粹的正则表达式解析HTML内容。在爬虫编写中，正则表达式主要作为字符串处理（包括识别URL、关键词搜索等）的工具，解析网页内容则主要使用BeautifulSoup和lxml两个模块，正则表达式可以配合这些工具一起使用。

严格地说，正则表达式、XPath、BeautifulSoup和lxml并不是平行的4个概念。正则表达式和XPath是"规则"或者"模式"，而BeautifulSoup和lxml是两个Python模块，但后面我们会发现，在爬虫程序的编写中，人们往往不会只使用一种网页元素抓取方法，因此这里将这四者暂且放在一起介绍。

2.2　正则表达式

2.2.1　初见正则表达式

正则表达式对于程序编写而言是一个复杂的话题，它为了更好地"匹配"或者"寻找"某一种字符串而生。正则表达式常常用来描述一种规则，通过这种规则，我们就能够更方便地查找邮箱地址或者筛选文本内容。如"[A-Za-z0-9\._+]+@[A-Za-z0-9]+\.(com|org|edu|net)"就是一个描述电子邮箱地址的正则表达式。当然，需要注意的是，在使用正则表达式时，不同语言之间可能也存在着一些细微的不同之处，具体应该结合当时的程序上下文来看。

正则表达式的规则比较繁杂，这里我们直接通过 Python 来进行正则表达式的应用。在 Python 中有一个名为 re 的模块（实际上是 Python 标准库），提供了一些实用的内容。同时，另外一个 regex 库也是关于正则表达式的，我们这里就先用标准库来进行一些初步的探索。re 模块的主要方法如下，接下来我们将分别介绍：

```
re.compile(string[,flag])
re.match(pattern, string[, flags])
re.search(pattern, string[, flags])
re.split(pattern, string[, maxsplit])
re.findall(pattern, string[, flags])
re.finditer(pattern, string[, flags])
re.sub(pattern, repl, string[, count])
re.subn(pattern, repl, string[, count])
```

首先导入 re 模块并使用 match()方法进行我们的首次匹配：

```
import re
ss = 'I love you, do you?'

res = re.match(r'((\w)+(\W))+',ss)
print(res.group())
```

使用 re.match()方法，默认从字符串起始位置开始匹配一个模式，这个方法一般用于检查目标字符串是否符合某一规则，又叫模式（Pattern）。返回的 res 是一个 match 对象，可以通过 group()方法来获取匹配到的内容。group()将返回整个匹配的子串，而 group(n)返回第 n 个组对应的字符串，从 1 开始。在这里 group()返回"I love you,"，而 group(1)返回"you,"。

search()方法与 match()方法类似，区别在于 match()方法会检测是不是在字符串的开头位置匹配，而 search()方法会扫描整个 string 查找匹配，search()方法也将返回一个 match 对象，匹配不成功则返回 None：

```
import re
ss = 'I love you, do you?'
res = re.search(r'(\w+)(,)',ss)
# print(res)
print(res.group(0))
print(res.group(1))
print(res.group(2))
```

输出：

```
you,
```

split()方法按照能够匹配的子串将字符串分割，返回一个分割结果的列表：

```
ss_tosplit = 'I love you, do you?'
res = re.split('\W+',ss_tosplit)
print(res)
```

输出：

```
['I', 'love', 'you', 'do', 'you', '']
```

我们还可以为之指定最大分割次数：

```
ss_tosplit = 'I love you, do you?'
res = re.split('\W+',ss_tosplit,maxsplit=1)
print(res)
```

这一次，输出：

```
['I', 'love you, do you?']
```

sub()方法用于字符串的替换，替换 string 中每一个匹配的子串后返回替换后的字符串：

```
res= re.sub(r'(\w+)(,)','her,',ss)
print(res)
```

输出：

```
I love her, do you?
```

subn()方法与 sub()方法几乎一样，但是它会返回一个替换的次数：

```
res= re.subn(r'(\w+)(,)','her,',ss)
print(res)
```

输出：

```
('I love her, do you?', 1)
```

findall()方法听起来很像是 search()方法，这个方法将搜索整个字符串，用列表形式返回全部能匹配的子串。我们可以把它与 search()方法做个对比：

```
ss = 'I love you, do you?'

res1 = re.search(r'(\w+)',ss)
res2 = re.findall(r'(\w+)',ss)
print(res1.group())
print(res2)
```

输出：

```
I
['I', 'love', 'you', 'do', 'you']
```

可见，search()只"找到"了一个单词，而 findall "找到"了句子中的所有单词。

除了直接使用 re.search()这种形式的调用，我们还可以使用另外一种调用形式，即通过 pattern.search()这样的形式调用，这种方法避免了将 pattern 直接写在函数参数列表里，但是要事先进行"编译"：

```
pt = re.compile(r'(\w+)')
ss = 'Another kind of calling'
res = pt.findall(ss)
print(res)
```

输出：

```
['Another', 'kind', 'of', 'calling']
```

2.2.2 正则表达式的简单使用

正则表达式的具体应用当然不仅仅是在一个句子中找单词这么简单，我们可以用它寻找 ping

信息中的时间结果（此处 220.181.57.216 的 IP 地址仅为举例，读者可自行选取其他 IP 地址进行下面的字符串处理实验，如百度搜索的一个 IP 地址：14.215.177.39）：

```
ping_ss = 'Reply from 220.181.57.216: bytes=32 time=3ms TTL=47'
res = re.search(r'(time=)(\d+\w+)+(.)+TTL',ping_ss)
print(res.group(2))
```

输出：

```
3ms
```

在编写爬虫程序时，我们也可以用正则表达式来解析网页。如对于百度，我们想要获得其 title 信息，先观察网页源代码，下面是百度首页的部分源代码：

```
<meta http-equiv=Content-Type content="text/html;charset=utf-8"><meta http-equiv=X-
UA-Compatible content="IE=edge,chrome=1"><meta content=always name=referrer> <link
rel="shortcut icon" href=/favicon.ico type=image/x-icon> <link rel=icon sizes=any mask
href=//www.baidu.com/img/baidu_85beaf5496f291521eb75ba38eacbd87.svg><title>百度一下，你就
知道 </title><style
```

显然，只要能匹配到一个左边是"<title>"，右边是"</title>"（这些都是所谓的 HTML 标签）的字符串，我们就能够"挖掘"到百度首页的标题文字：

```
import re,requests
r = requests.get('https://www.baidu.com').content.decode('utf-8')
print(r)
pt = re.compile('(\<title\>)([\S\s]+)(\<\/title\>)')
print(pt.search(r).group(2))
```

输出：

```
百度一下，你就知道
```

如果厌烦了那么多的转义符"\"，在 Python 3 中还可以使用 r 来提高效率：

```
pt = re.compile(r'(<title>)([\S\s]+)(</title>)')
print(pt.search(r).group(2))
```

同样能够得到正确的结果。

当然，我们一般不会这样单凭正则表达式来解析网页，一般总会将它与其他工具配合使用，比如 BeautifulSoup 中的 find()方法就可以配合正则表达式使用。假设我们的目标网页是百度百科的一条关于广东省的页面：

https://baike.baidu.com/item/%E5%B9%BF%E4%B8%9C/207811?fromtitle=%E5%B9%BF%E4%B8%9C%E7%9C%81&fromid=132473&fr=aladdin，可以看到，这个页面上有一些我们会感兴趣的图片，它们的网页源代码如下：

```
<a nslog-type="10002401" href="/pic/%E5%B9%BF%E4%B8%9C/207811/1/f636afc379310a55b31
991efd00f54a98226cffcbadc?fr=lemma&amp;ct=single" target="_blank">
<img src="https://bkimg.cdn.bcebos.com/pic/f636afc379310a55b31991efd00f54a98226cff
cbadc?x-bce-process=image/resize,m_lfit,w_268,limit_1/format,f_jpg">
<button class="picAlbumBtn"><em></em><span>图集</span></button>
<div>广东的概述图（1 张）</div>
</a>
```

如果我们想要获得这些图片（的链接），首先会想到的方法就是使用 findAll（"img"）去抓取。但是网页中的"img"却不仅仅包括我们想要的这些关于广东省概况的照片，网站中通用的一些图片——logo、标签等，这些也会被我们抓到。设想一下，我们编写了一个通过 URL 下载图片的函数，执行完之后却发现本地文件夹多了一堆我们不想要的与广东省没有任何关系的图片，这种情况是必须避免的，而为了有针对性的抓取，我们可以配合正则表达式：

```
from bs4 import BeautifulSoup
import requests
import re
base_url = 'https://baike.baidu.com/item/%E5%B9%BF%E4%B8%9C/207811?fromtitle=%E5%
B9%BF%E4%B8%9C%E7%9C%81&fromid=132473&fr=aladdin'
header={'User-Agent':'Mozilla/5.0 (Windows NT 6.1; Win64; x64) AppleWebKit/537.36
(KHTML, like Gecko) Chrome/68.0.3440.106 Safari/537.36'}#请求头，模拟浏览器登录

r = requests.get(base_url,headers=header)
soup = BeautifulSoup(r.content, 'html.parser')
img_links = soup.find_all('img',src = re.compile('x-bce-process'))
for i in img_links:
    if i.has_attr('src'):
        print(i['src'])
    else:
        print(i['data-src'])
```

我们使用一个比较简单的正则表达式去寻找想要的图片：re.compile('x-bce-process')

这个规则将帮助我们过滤掉一些网页中的装饰性图片和与词条内容无关的图片，比如：
https://pic.rmb.bdstatic.com/203510d04e22d3ebee02ec27f3369e8a.jpeg，这是一个网站中使用的小
logo 图片的地址，最终的图片地址输出如图 2-1 所示。

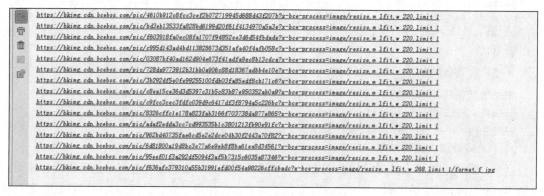

图 2-1　抓取结果示意

re.compile('x-bce-process')则作为一次"字符串清洗"，将图片地址部分清理出来，去掉无关
的内容。

使用 BeautifulSoup 时，获取标签的属性是十分重要的一个操作。比如获取<a>标签
的 href 属性（这就是网页中文本对应的超链接）或<img>标签的 src 属性（代表着图片
的地址）。对于一个标签对象（在 BeautifulSoup 中的名字是 "<class 'bs4.element.Tag'>"），
我们可以这样获得它所有的属性：tag.attrs，这是一个字典（dict）对象。

最后要说明的是，在比较新的 BeautifulSoup 版本上，运行上面的代码可能会出现一个系统
提示：

```
UserWarning: No parser was explicitly specified, so I'm using the best available HTML
parser for this system ("html5lib").
```

这实际上是说我们没有明确地为 BeautifulSoup 指定一个 HTML\XML 解析器。指定之后便不会
出现这个警告：BeautifulSoup(..., "html.parser")，除了 html.parser 还可以指定为 lxml、html5lib 等。

提示　Python 中处理正则表达式的模块不止 re 一个，非内置模块的 regex 是更为强大的正则表达式工具（可以使用 pip 安装来体验）。

2.3　BeautifulSoup

BeautifulSoup 是一个很流行的 Python 库，名字来源于《爱丽丝梦游仙境》中的一首诗。作为网页解析（准确地说是 XML 和 HTML 解析）的有效工具，BeautifulSoup 提供了定位内容的人性化接口。如果说使用正则表达式来解析网页无异于自找麻烦，那么 BeautifulSoup 至少能够让人感到心情舒畅，"简便" 正是它的设计理念。

2.3.1　BeautifulSoup 的安装

由于 BeautifulSoup 并不是 Python 内置的，因此我们仍需要使用 pip 来安装。这里我们安装目前最新的版本（BeautifulSoup 4，也叫 bs4）：

```
pip install beautifulsoup4
```

另外，你也可以这样安装：

```
pip install bs4
```

Linux 用户也可以使用 apt-get 工具来安装：

```
apt-get install Python-bs4
```

注意，如果计算机上 Python 2 和 Python 3 两种版本同时存在，那么可以使用 pip2 或者 pip3 命令来指明是为哪个版本的 Python 来安装，执行这两种命令是有区别的，如图 2-2 所示。

```
xxxxx xxx-xxx xxx-x:- xxxxxxx$ pip2 install numpy
Requirement already satisfied: numpy in /Library/Python/2.7/site-packages
xxxx xxx xxxxxx xxxx xxxxxx$ pip3 install numpy
Requirement already satisfied: numpy in /Library/Frameworks/Python.framework/Ver
sions/3.5/lib/python3.5/site-packages
```

图 2-2　pip2 与 pip3 命令的区别

这里我们演示如何使用 PyCharm IDE 来更轻松地安装这个库（其他库的安装方法也类似）。首先打开 PyCharm 设置中的 Project Interpreter 选项卡，如图 2-3 所示。

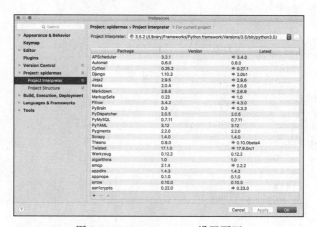

图 2-3　Project Interpreter 设置页面

选中你想要安装的 Interpreter（选择一个 Python 版本，也可以是你之前设置的虚拟环境），然后单击"+"，打开搜索页面，如图 2-4 所示，

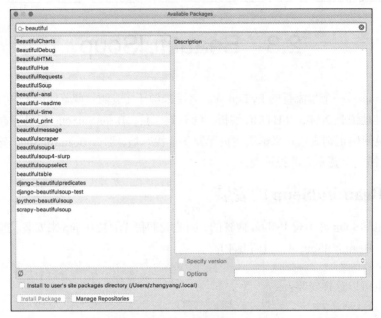

图 2-4　搜索页面

搜索再安装即可，如果安装成功，就会弹出图 2-5 所示的提示。

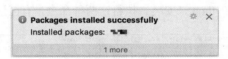

图 2-5　安装成功的提示

BeautifulSoup 中的主要工具就是 BeautifulSoup 对象，这个对象的意义是指一个 HTML 文档的全部内容，我们先来看看 BeautifulSoup 对象能干什么：

```python
import bs4,requests
from bs4 import BeautifulSoup

ht = requests.get('https://www.douban.com')
bs1 = BeautifulSoup(ht.content)
print(bs1.prettify())
print('title')
print(bs1.title)
print('title.name')
print(bs1.title.name)
print('title.parent.name')
print(bs1.title.parent.name)
print('find all "a"')
print(bs1.find_all('a'))
print('text of all "h2"')
for one in bs1.find_all('h2'):
  print(one.text)
```

这段示例程序的输出是这样的（由于豆瓣官方的反爬虫机制，程序可能也会由于被屏蔽而得

不到类似下方的输出。这时我们也可尝试其他网站，如百度官网。

```
<!DOCTYPE HTML>
<html class="" lang="zh-cmn-Hans">
 <head>
…
        10 月 28 日 周六 19:30 - 21:30
      </div>
…

</html>
title
<title>豆瓣</title>
title.name
title
title.parent.name
head
find all "a"
[<a class="lnk-book" href="https://book.douban.com" target="_blank">豆瓣读书</a>, <a
…
]
text of all "h2"


      热门话题
              ……
豆瓣时间
```

可以看出，使用 BeautifulSoup 来定位和获取内容是非常方便的，一切看上去都很和谐，但是我们有可能会遇到这样一个提示：

```
UserWarning: No parser was explicitly specified
```

这意味着我们没有指定 BeautifulSoup 的解析器，指定解析器需要把原来的代码变为这样：

```
bs1 = BeautifulSoup(ht.content,'parser')
```

BeutifulSoup 本身支持 Python 标准库中的 HTML 解析器，另外还支持一些第三方的解析器，其中最有用的就是 lxml。根据操作系统不同，安装 lxml 的方法包括：

```
$ apt-get install Python-lxml
$ easy_install lxml
$ pip install lxml
```

Python 标准库 html.parser 是 Python 内置的解析器，性能过关。而 lxml 的性能和容错能力都是比较好的，缺点是安装时可能碰到一些麻烦（其中一个原因是 lxml 需要 C 语言库的支持），lxml 既可以解析 HTML 也可以解析 XML。上面提到的三种解析器分别对应下面的指定方法：

```
bs1 = BeautifulSoup(ht.content,'html.parser')
bs1 = BeautifulSoup(ht.content,'lxml')
bs1 = BeautifulSoup(ht.content,'xml')
```

除此之外，还可以使用 html5lib，这个解析器支持 HTML5 标准，不过目前还不是很常用。我们主要使用的是 lxml 解析器。

2.3.2　BeautifulSoup 的基本使用方法

使用 find() 方法获取的结果都是 tag 对象，这也是 BeautifulSoup 库中的主要对象之一，tag 对象在逻辑上与 XML 或 HTML 文档中的 tag 相同，可以使用 tag.name 和 tag.attrs 来访问 tag 的名字和属性，获取属性的操作方法类似字典：tag['href']。

在定位内容时，最常用的就是 find() 和 find_all() 方法，find_all() 方法的定义：

```
find_all( name , attrs , recursive , text , **kwargs )
```

该方法搜索当前这个 tag（这时 BeautifulSoup 对象可以被视为一个 tag，是所有 tag 的根）的所有 tag 子节点，并判断是否符合搜索条件。name 参数可以查找所有名字为 name 的 tag：

```
bs.find_all('tagname')
```

keyword 参数在搜索时支持把该参数当作指定名字 tag 的属性来搜索，就像这样：

```
bs.find(href='https://book.douban.com').text
```

其结果应该是"豆瓣读书"。当然，同时使用多个属性来搜索也是可以的，我们可以通过 find_all() 方法的 attrs 参数定义一个字典参数来搜索多个属性：

```
bs.find_all(attrs={"href": re.compile('time'),"class":"title"})
```

搜索结果：

```
    <a class="title" href="https://m.douban.com/time/column/41?dt_time_source=douban-
web_anonymous">歌词时光——姚谦写词课</a>,
    <a class="title" href="https://m.douban.com/time/column/53?dt_time_source=douban-
web_anonymous">一碗茶的款待——日本茶道的形与心</a>,
    <a class="title" href="https://m.douban.com/time/column/25?dt_time_source=douban-
web_anonymous">白先勇细说红楼梦——从小说角度重解"红楼"</a>,
    <a class="title" href="https://m.douban.com/time/column/61?dt_time_source=douban-
web_anonymous">拍张好照片——10 分钟搞定旅行摄影</a>,
    <a class="title" href="https://m.douban.com/time/column/62?dt_time_source=douban-
web_anonymous">丹青贵公子——艺苑传奇赵孟頫</a>,
    <a class="title" href="https://m.douban.com/time/column/16?dt_time_source=douban-
web_anonymous">醒来——北岛和朋友们的诗歌课</a>,
    <a class="title" href="https://m.douban.com/time/column/39?dt_time_source=douban-
web_anonymous">古今——杨照史记百讲</a>,
    <a class="title" href="https://m.douban.com/time/column/59?dt_time_source=douban-
web_anonymous">笔落惊风雨——你不可不知的中国三大名画</a>]
```

这行代码里出现了 re.compile()，也就是说我们使用了正则表达式。如果传入正则表达式作为参数，BeautifulSoup 会通过正则表达式的 match() 方法来匹配内容。

最后，BeautifulSoup 还支持根据 CSS 来搜索，不过这时要使用"class_="这样的形式，因为 class 在 Python 中是一个保留关键词：

```
bs1.find(class_='video-title')
```

recursive 参数设置默认为 True，BeautifulSoup 会检索当前 tag 的所有子孙节点。如果只想搜索 tag 的直接子节点，可以设置为 recursive=False。

通过 text 参数可以搜索文档中的字符串内容：

```
bs1.find(text=re.compile('银翼杀手')).parent['href']
```

输出结果是'https://movie.douban.com/subject/10512661/'，这是电影《银翼杀手 2049》的豆瓣电影主页。查找的结果是一个可以遍历的字符串（NavigableString，就是指一个 tag 中的字符串），我们所做的是使用 parent 访问其所在的 tag 然后获取 href 属性，text 也支持正则表达式搜索。

find_all() 方法会返回全部的搜索结果，因此如果文档树结构很大，那么我们很可能并不需要全部结果，limit 参数可以限制返回结果的数量。当搜索数量达到 limit 就会停止搜索。find() 方法实际上就是当 limit=1 时的 find_all() 方法。

由于 find_all() 方法如此常用，因此在 BeautifulSoup 中，BeautifulSoup 对象和 tag 对象可以被

当作一个 find_all()方法来使用，也就是说下面两行代码是等效的：

```
bs.find_all("a")
bs("a")
```

下面两行依然等效：

```
soup.title.find_all(text="abc")
soup.title(text="abc")
```

最后要指出的是，除了 tag、NavigableString、BeautifulSoup 对象，还有一些特殊对象可供我们使用，Comment 对象是一个特殊类型的 NavigableString 对象：

```
bs1 = BeautifulSoup('<b><!--This is comment--></b>')
print(type(bs1.find('b').string))
```

上面代码的输出：

```
<class 'bs4.element.Comment'>
```

这意味着 BeautifulSoup 成功识别了注释。

在 BeautifulSoup 中，对内容进行导航是一个很重要的方面，可以理解为从某个元素找到另外一个和它处于某种相对位置的元素。首先是子节点，一个 tag 可能包含多个字符串或其他的 tag，这些都是这个 tag 的子节点。tag 的 contents 属性可以将 tag 的子节点以列表的方式输出：

```
bs1.find('div').contents
```

contents 和 children 属性仅包含 tag 的直接子节点，但元素可能会有间接子节点（即子节点的子节点），有时候所有直接子节点和间接子节点合称为子孙节点。descendants 属性表示 tag 的所有子孙节点，可以循环所有子孙节点：

```
for child in tag.descendants:
    print(child)
```

如果 tag 只有一个可导航字符串（NavigableString）类型子节点，那么这个 tag 可以使用 .string 得到子节点，如果有多个，可以使用.strings。

除了子节点，相对地，每个 tag 都有父节点，也就是说它是一个 tag 的上一级。我们可以通过 parent 属性来获取某个元素的父节点，对于间接父节点（父节点的父节点），可以通过元素的 parents 属性来递归得到。

除了上下级关系，节点之间还存在平级关系，即它们是同一个元素的子节点，这称为兄弟节点。兄弟节点可以通过 next_siblings 和 previous_siblings 属性获得：

```
ht = requests.get('https://www.douban.com')
bs1 = BeautifulSoup(ht.content)
res = bs1.find(text=re.compile('网络流行语'))
for one in res.parent.parent.next_siblings:
    print(one)
for one in res.parent.parent.previous_siblings:
    print(one)
```

输出结果是（请注意，根据豆瓣网首页内容变化，结果随日期时间会有不同）：

```
<li class="rec_topics">
…
<span class="rec_topics_subtitle">天朗气清，烹一炉秋天 · 11140 人参与</span>
…
<span class="rec_topics_subtitle">准备工作可以做起来了 · 4497 人参与</span>
…
</li>
```

除此之外，BeautifulSoup 还支持节点前进和后退等导航（如使用 .next_element 和 .previous_element）。对于文档搜索，除了 find()方法和 find_all()方法，还支持 find_parents()方法（在所有父节点中搜索）和 find_next_siblings()方法（在所有后面的兄弟节点中搜索）等，平时使用得并不多，这里就不赘述了，有兴趣的读者可以在网上搜索相关用法。

2.4　XPath 与 lxml

2.4.1　XPath

XPath，也就是 XML Path Language（意为 XML 路径语言），是一种用于在 XML 文档中搜寻信息的语言。在这里我们需要先介绍一下 XML 和 HTML 的关系，HTML 是万维网的描述语言，其设计目标是"创建网页和其他可在网页浏览器中访问的信息"；而 XML 则是 Extentsible Markup Language，意为可扩展标记语言，其前身是 SGML，即 Standard Geheral Markup Language，意为标准通用标记语言。简单地说，HTML 是用来显示数据的语言（这同时是 HTML 文件的作用），XML 是用来描述数据、传输数据的语言（这个意义上 XML 类似于 JSON）。也有人说，XML 是对 HTML 的补充。因此，XPath 可用来在 XML 文件中对元素和属性进行遍历，实现搜索和查询的目的。也正是因为 XML 与 HTML 的紧密联系，我们可以使用 XPath 来对 HTML 文件进行查询。

XPath 的语法规则并不复杂，我们需要先了解 XML 中的一些重要概念，包括元素、属性、文本、命名空间、处理命令、注释以及文档，这些都是 XML 中的"节点"，XML 文档本身就是被作为节点树来对待的。每个节点都有一个父节点（Parent），如：

```
<movie>
    <name>Transformers</name>
    <director>Michael Bay</director>
</movie>
```

上面的例子里，movie 是 name 和 director 的父节点，name、director 是 movie 的子节点，而 name 和 director 互为兄弟节点（Sibling）。

```
<cinema>
    <movie>
        <name>Transformers</name>
        <director>Michael Bay</director>
    </movie>
    <movie>
        <name>Kung Fu Hustle</name>
        <director>Stephen Chow</director>
    </movie>
</cinema>
```

上面的例子里，对于 name 而言，cinema 和 movie 就是先祖节点（Ancestor），同时，name 和 movie 就是 cinema 的后辈节点（Descendant）。

XPath 表达式的基本规则如表 2-1 所示。

表 2-1	XPath 表达式基本规则
表达式	对应查询
Node1	选取 Node1 下的所有节点
/node1	分隔号代表到某元素的绝对路径，此处即选择根上的 Node1
//node1	选取所有 node1 元素，不考虑 XML 中的位置
node1/node2	选取 node1 子节点中的所有 node2
node1//node2	选取 node1 所有后辈节点中的所有 node2
.	选取当前节点
..	选取当前的父节点
//@href	选取 XML 中的所有 href 属性

另外，XPath 中还有谓语与通配符，如表 2-2 所示。

表 2-2	XPath 中的谓语与通配符
带谓语的表达式	对应查询
/cinema/movie[1]	选取 cinema 的子元素中的第一个 movie 元素
/cinema/movie[last()]	同上，但选取最后一个
/cinema/movie[position()<5]	选取 cinema 元素的子元素中的前 4 个 book 元素
//head[@href]	选取所有拥有 href 的属性的 head 元素
//head[@href='www.baidu.com']	选取所有 href 属性为 www.baidu.com 的 head 元素
//*	选取所有元素
//head[@*]	选取所有有属性的 head 元素
/cinema/*	选取 cinema 节点的所有子元素

掌握这些基本内容，我们就可以开始试着使用 XPath 了。不过在实际编程中，我们一般不必自己亲自编写 XPath，使用 Chrome 等浏览器自带的开发者工具就能获得某个网页元素的 XPath 路径。我们通过分析感兴趣的元素的 XPath，就能编写对应的抓取语句。

2.4.2　lxml 与 XPath 的使用方法

在 Python 中用于 XML 处理的工具不少，如 Python 2 中的 ElementTree API 等，不过目前我们一般使用 lxml 这个库来处理 XPath。lxml 的构建是基于两个 C 语言库的：libxml2 和 libxslt 的。因此，性能方面 lxml 足以让人满意。另外，lxml 支持 XPath 1.0、XSLT 1.0、定制元素类，以及 Python 风格的数据绑定接口，受到很多人的欢迎。

当然，如果计算机上没有安装 lxml，首先还是得用 pip install lxml 命令来安装，安装时可能会出现一些问题（这是 lxml 本身的特性造成的）。另外，lxml 还可以使用 easy install 等方式安装，这些都可以参照 lxml 官方的说明。

基本的 lxml 解析方式：

```
from lxml import etree
doc = etree.parse('exsample.xml')
```

其中的 parse() 方法会读取整个 XML 文件并在内存中构建一个树结构，如果换一种导入方式：

```
from lxml import html
```

这样会导入 html tree 结构，一般我们使用 fromstring()方法来构建：

```
text = requests.get('http://www.baidu.com').text
ht = html.fromstring(text)
```

这时我们将会拥有一个 lxml.html.HtmlElement 对象，然后就可以直接使用 xpath 来寻找其中的元素了：

```
ht.xpath('your xpath expression')
```

比如，我们假设有一个 HTML 文档如图 2-6 所示。

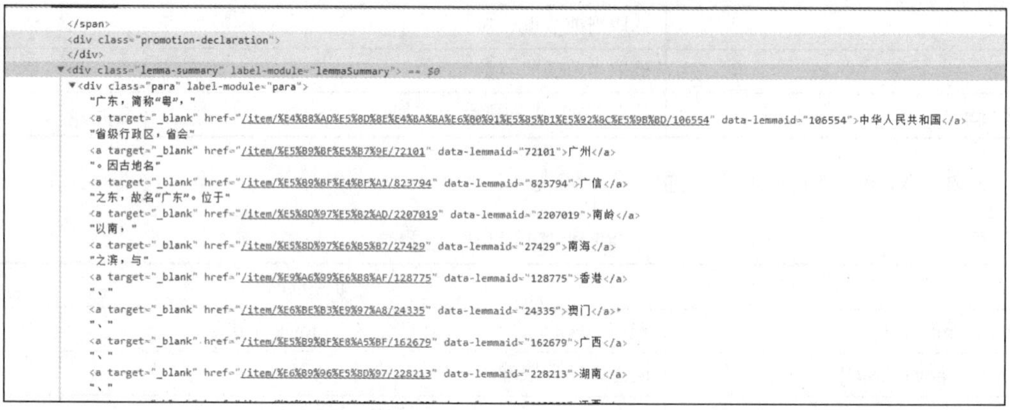

图 2-6　HTML 结构文件

这实际上是百度百科"广东省"词条的页面结构，我们可以通过多种方式获得页面中的广东省百科摘要这部分，比如：

```
import requests
from lxml import html

header={'User-Agent':'Mozilla/5.0 (Windows NT 6.1; Win64; x64) AppleWebKit/537.36
(KHTML, like Gecko) Chrome/68.0.3440.106 Safari/537.36'}#请求头，模拟浏览器登录
# 访问链接，获取 HTML
text = requests.get('https://baike.baidu.com/item/%E5%B9%BF%E4%B8%9C/207811?fromtitle=
%E5%B9%BF%E4%B8%9C%E7%9C%81&fromid=132473&fr=aladdin', headers = header).text
ht = html.fromstring(text) # HTML 解析

h1Ele = ht.xpath('//*[@class="lemma-summary"]')[0] # 选取 id 为 firstHeading 的元素
print(h1Ele.attrib) # 获取所有属性，保存在一个 dict 中
print(h1Ele.get('class')) # 根据属性名获取属性
print(h1Ele.keys()) # 获取所有属性名
print(h1Ele.values()) # 获取所有属性的值

print(h1Ele.xpath('.//text()')) # 获取属性下所有文字
# 以下方法与上面对应的语句等效
#使用间断的 xpath 来获取属性：
print(ht.xpath('//*[@class="lemma-summary"]')[0].xpath('./@class')[0])

# #直接用 xpath 获取属性：
print(ht.xpath('//*[@class="lemma-summary"][position()=1]/@class'))
```

最后值得一提的是，如果 script 与 style 标签之间的内容影响解析页面，或者页面很不规则，可以使用 lxml.html.clean 这个模块。该模块中有一个 Cleaner 类来清理 HTML 页，支持删除嵌入或脚本内容、特殊标记、CSS 样式注释等。

需要注意的是，将参数 page_structure、safe_attrs_only 设置为 False 就能够保证页面的完整性，否则 Cleaner 类可能会将元素属性也清理掉，这就得不偿失了。clean 的用法类似下面的语句：

```python
from lxml.html import clean

cleaner = clean.Cleaner(style=True,scripts=True,page_structure=False,safe_attrs_only=False)
h1clean = cleaner.clean_html(text.strip())
print(h1clean)
```

2.5　遍历页面

2.5.1　抓取下一个页面

严格地说，一个只处理单个静态页面的程序并不能被称为"爬虫"，只能算是一种最简单的网页抓取脚本。实际的爬虫面对的任务经常是根据某种抓取逻辑，重复遍历多个页面甚至多个网站。这可能也是爬虫（蜘蛛）这个名字的由来——就像蜘蛛在网上爬行一样。在处理当前页面时，爬虫应该考虑确定下一个将要访问的页面。下一个页面的链接地址有可能就在当前页面的某个元素中，也可能是通过特定的数据库读取（这取决于爬虫的抓取策略），通过从"抓取当前页"到"进入下一页"的循环，实现整个抓取过程。正是由于爬虫往往不会满足于单个页面的信息，网站管理员才会对爬虫如此忌惮——因为同一时间内的大量访问总是会威胁到服务器负载。下面的伪代码就是一个遍历页面的例子，其针对的是较简单形式的遍历页面，即不断抓取下一页，当满足某个判定条件（如已经到达尾页而不存在下一页）就停止抓取：

```python
def looping_crawl_pages(starturl, manganame):
  ses = requests.Session()
  url_cur_page = starturl

  while True:
    print(url_cur_page)

    r = ses.get(url_cur_page, headers=header_data, timeout=10)
    # get the element of web you want and
    # process data, such as saving them into files
    url_next_page = ... # get url of next page

    if not have_next_page():
      print('At the end of pages! Done!')
      break
    else:
      url_cur_page = url_next_page
```

上面的伪代码展示了一个简单的爬虫模型，接下来我们通过一个例子来实现这个模型。360 新闻站点提供了新闻搜索结果页面，输入关键词，可以得到一组关键词新闻搜索的结果页面。如果我们想要抓取特定关键词对应的每条新闻报道的大体信息，可以通过爬虫的方式来完成。图 2-7 所示是搜索"西湖"的结果页面，这个页面结构相对而言还是很简单的，我们使用 BeuatifulSoup 中的基本方法即可完成抓取。

图 2-7　360 新闻搜索"西湖"的结果页面

2.5.2　完成爬虫

以抓取"北京"关键词对应的新闻结果为例，观察 360 新闻的搜索页面。很容易发现，翻页这个逻辑是通过在 URL 中对参数 pn 进行递增而实现的，在 URL 中还有其他参数，我们暂时不关心它们的含义。于是，实现"抓取下一页"的方法就很简单了，我们构造一个存储每一页 URL 的列表。由于它们只是参数 pn 不同，其他内容完全一致，因此，使用 str 的 format()方法即可。接着，我们通过 Chrome 的开发者工具来观察网页，如图 2-8 所示。

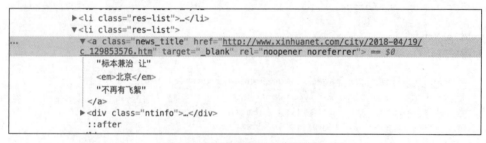

图 2-8　新闻标题的网页代码结构

可以发现，一则新闻的关键信息都在<a></a>和与它同级的<div class="ntinfo">中，我们可以通过 BeautifulSoup 找到每一个<a></a>节点，而同级的 div 则可通过 next_sibling 定位，新闻对应的原始链接则可以通过 tag.get("href")方法得到。将数据解析出来后，我们考虑通过数据库进行存储，为此，需要先建立一个 newspost 表，其字段包括 post_title、post_url、newspost_date，分别代表一则报道的标题、原地址、日期。最终我们编写的这个爬虫如例 2-1 所示。

【例 2-1】 简单的遍历多页面的爬虫。

```
import pymysql.cursors
import requests
from bs4 import BeautifulSoup
import arrow

urls = [
    u'https://news.so.com/ns?q=北京&pn={}&tn=newstitle&rank=rank&j=0&nso=10&tp=11&nc=
0&src=page'
      .format(i) for i in range(10)
]
for i,url in enumerate(urls):
  r = requests.get(url)
  bs1 = BeautifulSoup(r.text)
  items = bs1.find_all('a', class_='news_title')

  t_list = []
  for one in items:
    t_item = []
    if '360' in one.get('href'):
      continue
    t_item.append(one.get('href'))
    t_item.append(one.text)
    date = [one.next_sibling][0].find('span', class_='pdate').text

    if len(date) < 6:
      date = arrow.now().replace(days=-int(date[:1])).date()
    else:
      date = arrow.get(date[:10], 'YYYY-MM-DD').date()

    t_item.append(date)

    t_list.append(t_item)

  connection = pymysql.connect(host='localhost',
                               user='scraper1',
                               password='password',
                               db='DBS',
                               charset='utf8',
                               cursorclass=pymysql.cursors.DictCursor)

  try:
    with connection.cursor() as cursor:
      for one in t_list:
        try:
          sql_q = "INSERT INTO 'newspost' ('post_title', 'post_url','news_postdate',)
VALUES (%s, %s,%s)"
          cursor.execute(sql_q, (one[1], one[0], one[2]))
        except pymysql.err.IntegrityError as e:
          print(e)
          continue

    connection.commit()

  finally:
```

```
connection.close()
```

这里需要注意的是，由于 360 新闻搜索结果页面中的日期格式并不一致，对于比较旧的新闻，采用类似 "2017-12-30 05:27" 这样的格式，而对于刚刚发布的新闻，则使用类似 "10 小时之前" 这样的格式。因此我们需要对不同的日期字符串进行格式统一，将 "×××之前" 转化为 "2017-12-30 05:27" 的形式：

```python
if len(date) < 6:
    date = arrow.now().replace(days=-int(date[:1])).date()
else:
    date = arrow.get(date[:10], 'YYYY-MM-DD').date()
```

上面的代码使用了 arrow，这是一个比 datetime 更方便的高级 API 库，其主要用途就是对日期对象进行操作。

```python
connection = pymysql.connect(host='localhost',
                             user='scraper1',
                             password='password',
                             db='DBS',
                             charset='utf8',
                             cursorclass=pymysql.cursors.DictCursor)
```

这段代码建立了一个 connection 对象，代表一个特定的数据库链接，在 try-except 语句块中通过 connection 的 cursor()（游标）来进行数据读写。最后，我们运行上面的代码并在 Shell 中访问数据库，使用 select 语句来查看抓取的结果，如图 2-9 所示。

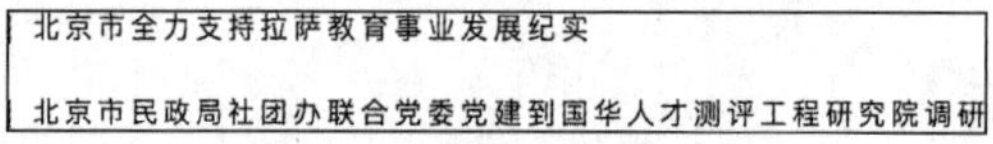

```
北京市全力支持拉萨教育事业发展纪实
北京市民政局社团办联合党委党建到国华人才测评工程研究院调研
```

图 2-9　数据库中的结果示例

这是我们的第一个比较完整的爬虫，虽然简单，但 "麻雀虽小，五脏俱全"，基本上拥有了网页数据抓取的大体逻辑。理解这个数据获取、解析、存储、处理的过程也将有助于后续的爬虫学习。

2.6　API

2.6.1　API 简介

正如上文所说，采集 "网络数据" 不一定必须从网页中抓取数据，所谓的应用编程接口（Application Programming Interface，API）的用处就在这里：API 为开发者提供了方便友好的接口，不同的开发者用不同的语言都能获取同样的数据，使得信息被有效地共享。目前各种不同的软件应用（包括各种编程模块）都有着各自不同的 API，但我们这里讨论的 API 主要是指 "网络 API"，它可以允许开发者用 HTTP 向 API 发起某种请求，从而获取对应的某种信息。目前 API 一般会以 XML 或者 JSON 格式来返回服务器响应，其中 JSON 格式更是越来越受人们的欢迎。

API 与网页抓取看似不同，但其过程都是从 "请求网站" 到 "获取数据"，再到 "处理数据"，两者也共用许多概念和技术，显然，API 免去了开发者对复杂的网页进行抓取的麻烦。API 的使用和 "抓取网页" 没有太大区别，第一步总是访问一个 URL，这和使用 GET 请求访问 URL 一模一样。如果非要给 API 一个不叫 "网页抓取" 的理由，那就是 API 请求有自己的严格语法，而且不同于 HTML 格式，它会使用约定的 XML 和 JSON 格式来呈现数据。图 2-10 所示是微博开发者 API 的文档页面。

图 2-10　微博开发者 API 的文档页面

使用 API 之前，我们需要在提供 API 服务的网站上申请一个接口服务。目前国内外的 API 服务一般都有免费、收费这两种类型（收费服务的目标客户一般都是商业应用和企业级开发者），使用 API 时需要验证客户身份。通常验证身份的方法都是使用 token，每次对 API 进行调用都会将 token 作为 HTTP 访问的一个参数传送到服务器。这种 token 很多时候以 "API KEY" 的形式来体现，可能是在用户注册（对于收费服务而言就是购买）该服务时分配的固定值，也可能是在准备调用时动态地分配。下面是一个调用 API 的例子：

http://api.map.baidu.com/geocoder/v2/?address=北京市海淀区上地十街 10 号 &output=json&ak=VMfQrafP4qa4VFgPsbm4SwBCoigg6ESN

返回的数据是：

{"status":0,"result":{"location":{"lng":116.3084202915042,"lat":40.05703033345938},"precise":1,"confidence":80,"comprehension":100,"level":"门址"}}

这是百度地图开放平台网站提供的查询地理坐标的 API，ak 的值就扮演了 token 的角色。我们可以访问该网站并注册，开启免费服务后就能够得到一个 API KEY（见图 2-11），服务器会识别出这个值，然后向请求方提供 JSON 数据。

图 2-11　在百度地图开放平台网站查看 API KEY

这样的 JSON 数据格式我们会在书中经常接触，实际上，这正是网络爬虫常常需要应对的数据形式。JSON 数据的流行与 JavaScript 的发展密切相关，当然，这也并不是说 XML 就不重要。

虽然不同的 API 有着不同的调用方式，但是总体来看是符合一定的准则的。当我们获取一份数据时，URL 本身就带有查询关键词的作用，很多 API 通过文件路径（Path）和请求参数（Request Parameter）的方式来指定数据关键词和 API 版本。

2.6.2　API 使用示例

我们以百度地图提供的 API 为例，试试写一段代码来请求 API 为我们提供想要的数据。

例如有一批小区名称，需要精确展示到地图上，因此，我们需要对地址进行转换，变成经纬度。地址转经纬度的接口，各地图厂商均有提供，使用方法也大同小异，一般也都有免费使用次数，比如百度地图 API，接口免费使用次数是 10000 次/天，按我们抓到数据的量级，免费的次数已经够用。

下面我们介绍一下百度正地理编码服务 API 的用法，正地理编码服务提供将结构化地址数据转换为对应坐标点（经纬度）功能。

使用方法：

- 申请百度账号
- 申请成为百度开发者
- 获取服务密钥（ak）
- 发送请求，使用服务

在使用时首先需要申请百度开发者平台账号以及该应用的 ak。需要注册百度地图 API 以获取免费的密钥，才能完全使用该 API，因为是按小区名称去调用地图 api 获取经纬度，而同一个小区名称在全国其他城市也会有重名的小区，所以在调用地图接口的时候需要指定城市，这样才会避免获取到的坐标值分布在全国的情况。接口示例如下：

```
http://api.map.baidu.com/geocoder/v2/?address=北京市海淀区上地十街 10 号 &output=json&ak=您的 ak&callback=showLocation //GET 请求
```

请求参数主要包括以下几个。

- address，待解析的地址。最多支持 84 个字节。可以输入两种样式的值，分别是：

（1）标准的结构化地址信息，如北京市海淀区上地十街十号（推荐，地址结构越完整，解析精度越高）；

（2）支持 "*路与*路交叉口" 描述方式，如北一环路和阜阳路的交叉路口。

第二种方式并不总是有返回结果，只有当地址库中存在该地址描述时才有返回。

- city，地址所在的城市名。用于指定上述地址所在的城市，当多个城市都有上述地址时，该参数起到过滤作用，但不限制坐标召回城市。
- ak，用户申请注册的 key，自 v2 开始参数修改为 "ak"，之前版本参数为 "key"。
- output，输出格式为 json 或者 xml。

返回结果参数包括以下几个。

- status，返回结果状态值，成功返回 0，其余状态可以查看官方文档。
- location，经纬度坐标，lat：纬度值；lng：经度值。

我们可以访问百度地图开放平台，注册账号并在凭据页面中创建一个凭据（如图 2-12 所示的

API 密钥），创建之后，我们可以对这个密钥进行限制，也就是说你可以指定哪些网站、IP 地址或应用可以使用此密钥，这能够保证 API KEY 密钥的安全，对于收费服务而言，没有设定限制的密钥一旦泄露带来的会是不小的经济损失。如果创建了多个项目，可以为每个项目都指定一个特定的 KEY。

图 2-12　百度地图开放平台 API 的凭据页面

接下来在 API 库（见图 2-13）中看看有哪些值得尝试的东西——我们以地图类的 API 为例，地图 API 支持很多不同的功能，可以查询经纬度对应的地址，可以将地图内嵌在网页，可以把地址解析为经纬度等。这些功能目前已经能够试用了，如 API 能够输出一个地址的地理位置信息，见图 2-14。

图 2-13　百度 API 库

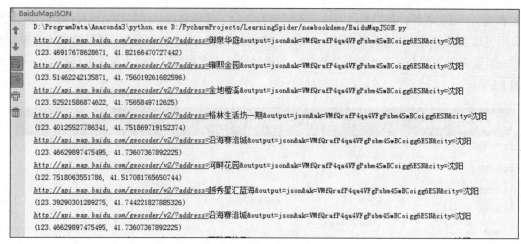

图 2-14 百度地图 API 返回的数据

我们尝试编写这样一个小程序：它能够根据输入的地址查询其经纬度，见例 2-2。

【例 2-2】BaiduMapJSON.py，调用地址转经纬度 API。

```python
import requests
import json


def getlocation(name): #调用百度 API 查询位置
    bdurl='http://api.map.baidu.com/geocoder/v2/?address='
    output='json'
    ak='你的密匙' #输入你刚才申请的密匙
    ak='VMfQrafP4qa4VFgPsbm4SwBCoigg6ESN' #输入你刚才申请的密匙
    uri=bdurl+name+'&output='+output+'&ak='+ak+'&city=沈阳'
    print (uri)
    res=requests.get(uri)
    j = json.loads(res.text)
    location = j['result']['location']
    return location.get('lng'), location.get('lat')


names = '''
御泉华庭
雍熙金园
金地檀溪
格林生活坊一期
沿海赛洛城
河畔花园
越秀星汇蓝海
沿海赛洛城
万科鹿特丹
金地国际花园
'''


for name in names.splitlines():
    loc=getlocation(name)
    print(loc)
```

我们使用了一组沈阳市小区名称作为测试，运行上面的脚本，可以得出这些小区的经纬度。

在这段代码中，我们使用了 json 模块，它是 Python 的内置 JSON 库，这里主要使用的是 loads() 方法。虽然这段例子十分粗略，但是要说明的是，API 的用法不只是作为一个单纯的调用查询脚本，API 服务可以整合进更大的爬虫模块里，扮演一个工具的作用（比如使用 API 获取代理服务作为爬虫代理）。总而言之，网络 API 的使用是网络抓取的一个不可分割的重要部分，说到底，我们无论编写什么样的爬虫程序，任务都是类似的——访问网络服务器、解析数据、处理数据。

2.7　本章小结

本章我们引入了 Python 网络爬虫的基本使用方法和相关概念，介绍了正则表达式、BeautifulSoup 和 lxml 等常见的网页解析方式，最后对 API 数据抓取进行了讨论。本章中的内容是编写网络爬虫的重要基础，其中 lxml、BeautifulSoup 等工具的使用尤为重要。

第3章
文件与数据存储

Python 以简洁见长，在其他语言中比较复杂的文件读写和数据 I/O，到了 Python 中，由于其比较简单的语法和丰富的类库，处理起来显得尤为方便。这一章我们将从最简单的文本文件读写出发，重点介绍 CSV 文件读写和操作数据库，同时介绍一些其他形式的数据的存储方式。

3.1　Python 中的文件

3.1.1　基本的文件读写

谈到 Python 中的文件读写，人们总会想到 open 关键字，其最基本的操作如下面的示例：

```python
# 最朴素的open()方法
f = open('filename.text','r')
# do something
f.close()

# 使用with，在语句块结束时会自动关闭
with open('t1.txt','rt') as f: # r代表read, t代表text，一般t为默认，可省略
  content = f.read()

with open('t1.txt','rt') as f:
  for line in f:
    print(line)
with open('t2.txt', 'wt') as f:
  f.write(content) # 写入

append_str = 'append'
with open('t2.text','at') as f:
  # 在已有内容上追加写入，如果使用"w"，已有内容会被清除
  f.write(append_str)
# 文件的读写操作默认使用系统编码，一般为UTF-8
# 使用encoding设置编码方式
with open('t2.txt', 'wt',encoding='ascii') as f:
  f.write(content)
# 编码错误总是很烦人的，如果你觉得有必要暂时忽略，可以这样
with open('t2.txt', 'wt',errors='ignore') as f: # 忽略错误的字符
  f.write(content) # 写入
```

```
with open('t2.txt', 'wt',errors='replace') as f: # 替换错误的字符
  f.write(content) # 写入


# 重定向 print()函数的输出
with open('redirect.txt', 'wt') as f:
  print('your text', file=f)


# 读写字节数据，如图片、音频
with open('filename.bin', 'rb') as f:
  data = f.read()


with open('filename.bin', 'wb') as f:
  f.write(b'Hello World')


# 从字节数据中读写文本（字符串），需要使用编码和解码
with open('filename.bin', 'rb') as f:
  text = f.read(20).decode('utf-8')


with open('filename.bin', 'wb') as f:
  f.write('Hello World'.encode('utf-8'))
```

不难发现，在 open()方法的参数中，第一个是文件路径，第二个则是模式字符（或模式字符串。其中模式字符代表了不同的文件打开方式，比较常用的是"r"（代表读）、"w"（代表写）、"a"（代表写，并追加内容）。"w"和"a"常常混淆，其区别在于，如果用"w"模式打开一个已存在的文件，会清空文件里内容数据，重新写入新的内容；如果用"a"，不会清空原有数据，而是继续追加写入内容。对模式字符的详细解释如图 3-1 所示。

```
=========  ========
Character  Meaning
=========  ========
'r'        open for reading (default)
'w'        open for writing, truncating the file first
'x'        create a new file and open it for writing
'a'        open for writing, appending to the end of the file if it exists
'b'        binary mode
't'        text mode (default)
'+'        open a disk file for updating (reading and writing)
'U'        universal newline mode (deprecated)
=========  ========
```

图 3-1　open()方法定义中的模式字符

在一个文件路径被打开后，我们就拥有了一个 file 对象（在其他一些语言中常被称为句柄），这个对象也拥有自己的一些属性：

```
f = open('h1.html','r')
print(f.name) # 文件名, h1.html
print(f.closed) # 是否关闭, False
print(f.encoding) # 编码方式, US-ASCII
f.close()
print(f.closed) # True
```

当然，除了简单的 read()和 write()方法，我们还拥有一些其他的方法：

```
# t1.txt 的内容:
# line 1
```

```
# line 2: cat
# line 3: dog
#
# line 5

with open('t1.txt','r') as f1:
  # 返回是否可读
  print(f1.readable()) # True
  # 返回是否可写
  print(f1.writable()) # False
  # 逐行读取
  print(f1.readline()) # line 1
  print(f1.readline()) # line 2: cat
  # 读取多行到列表中
  print(f1.readlines()) # ['line 3: dog\n', '\n', 'line 5']
  # 返回文件指针当前位置
  print(f1.tell()) # 38
  print(f1.read()) # 指针在末尾，因此没有读取到内容
  f1.seek(0)# 重设指针
  # 重新读取多行
  print(f1.readlines()) # ['line 1\n', 'line 2: cat\n', 'line 3: dog\n', '\n', 'line
5']

with open('t1.txt','a+') as f1:
  f1.write('new line')
  f1.writelines(['a','b','c']) # 根据列表写入
  f1.flush() # 立刻写入，实际上是清空 I/O 缓存
```

3.1.2　序列化

　　Python 程序在运行时，其变量（对象）都是保存在内存中的，一般就把"将对象的状态信息转换为可以存储或传输的形式的过程"称为（对象的）序列化。通过序列化，我们可以在磁盘上存储这些信息，或者通过网络来传输，并最终通过反序列化重新读入内存（可以是另外一个计算机的内存）并使用。Python 中主要使用 pickle 模块来实现序列化和反序列化。下面就是一个序列化的例子：

```
import pickle
l1 = [1,3,5,7]
with open('l1.pkl','wb') as f1:
  pickle.dump(l1,f1) # 序列化

with open('l1.pkl','rb') as f2:
  l2 = pickle.load(f2)
  print(l2) # [1, 3, 5, 7]
```

　　在 pickle 模块使用中还存在一些细节，如 dump()和 dumps()两个方法的区别在于，dumps 将对象存储为一个字符串，对应地，可使用 loads()方法来恢复（反序列化）该对象。某种意义上说，Python 对象都可以通过这种方式来存储、加载，不过也有一些对象比较特殊，无法进行序列化，如进程对象、网络连接对象等。

3.2　字符串

字符串是 Python 中常用的数据类型，Python 为字符串操作提供了很多有用的内建函数（方法），常用的方法如下。

- str.capitalize()：返回一个以大写字母开头，其他都小写的字符串。
- str.count(str, beg=0, end=len(string))：返回 str 在 string 里面出现的次数。如果 beg 或者 end 被设置，则返回指定范围内 str 出现的次数。
- str.endswith(obj, beg=0, end=len(string))：判断一个字符串是否以参数 obj 结束。如果 beg 或者 end 指定则只检查指定的范围，并返回布尔值。
- str.find()：检测 str 是否包含在 string 中，这个方法与 str.index()方法类似，不同之处在于，str.index()方法如果没有找到，会返回异常。
- str.format()：格式化字符串。
- str.decode()：以 encoding 指定的编码格式解码字符串。
- str.encode()：以 encoding 指定的编码格式编码字符串。
- str.join()：以 str 作为分隔符，把参数中所有的元素（字符串表示）合并为一个新的字符串，要求参数是 iterable。
- str.partition(string)：从 string 出现的第一个位置起，把字符串 str 分解成一个 3 元素的元组。
- str.replace(str1,str2)：将 str 中的 str1 替换为 str2，这个方法还能够指定替换次数，十分方便。
- str.split(str1="", num=str.count(str1))：以 str1 为分隔符对 str 进行切片，这个方法容易让人联想到 re 模块中的 re.split()方法（见 2.2.1 节相关内容），前者可以视为后者的弱化版。
- str.strip()：去掉 str 左、右侧的空格。

我们通过一段代码演示上面这些方法的功能：

```
s1 = 'mike'
s2 = 'miKE'
print(s1.capitalize()) # Mike
print(s2.capitalize()) # Mike
s1 = 'aaabb'
print(s1.count('a')) # 3
print(s1.count('a',2,len(s1))) # 1
print(s1.endswith('bb')) # True
print(s1.startswith('aa')) # True
cities_str = ['Beijing','Shanghai','Nanjing','Shenzhen']
print([cityname for cityname in cities_str if cityname.startswith(('S','N'))]) # 比
较复杂的用法
# ['Shanghai', 'Nanjing', 'Shenzhen']

print(s1.find('aa')) # 0
print(s1.index('aa'))# 0
print(s1.find('c')) # -1
# print(s1.index('c')) # Value Error
```

```
print('There are some cities: '+', '.join(cities_str))
# There are some cities: Beijing, Shanghai, Nanjing, Shenzhen
print(s1.partition('b')) # ('aaa', 'b', 'b')
print(s1.replace('b','c',1)) # aaacb
print(s1.replace('b','c',2)) # aaacc
print(s1.replace('b','c')) # aaacc
print(s2.split('K')) # ['mi', 'E']

s3 = ' a abc c '
print(s3.strip()) # 'a abc c'
print(s3.lstrip()) # 'a abc c '
print(s3.rstrip()) # ' a abc c'
# 最常见的 format()使用方法
print('{} is a {}'.format('He','Boy')) # He is a Boy
# 指明参数编号
print('{1} is a {0}'.format('Boy','He')) # He is a Boy
# 使用参数名
print('{who} is a {what}'.format(who='He',what='boy')) # He is a boy

print(s2.lower()) # mike
print(s2.upper()) # MIKE, 注意该方法与 capitalize 不同
```

除了这些方法，Python 的字符串还支持其他一些实用方法。另外，如果要对字符串进行操作，正则表达式往往会成为十分重要的配套工具，关于正则表达式使用的内容可参考 2.2 节。

3.3　Python 与图片

3.3.1　PIL 与 Pillow

Python 图像处理库（Python Image Library，PIL）是 Python 中用于处理图片的基础工具，而 Pillow 可以被认为是基于 PIL 的一个变体（正式说法是"分支"）。在某些场合，PIL 和 Pillow 可以当作同义词使用，这里主要介绍一下 Pillow。在这之前，如果没有安装 Pillow，还是记得要先通过 pip 安装。Pillow 的主要模块是"Image"，其中的"Image"类是比较常用的：

```
from PIL import Image, ImageFilter

# 打开图片文件
img = Image.open('cat.jpeg')
img.show() # 查看图片
print(img.size) # 图片尺寸，输出: (289, 174)
print(img.format) # 图片（文件）格式，输出: JPEG
w,h = img.size
# 缩放
img.thumbnail((w//2, h//2))
# 保存缩放后的图片
img.save('thumbnail.jpg', 'JPEG')
```

```
img.transpose(Image.ROTATE_90).save('r90.jpg') # 旋转 90°
img.transpose(Image.FLIP_LEFT_RIGHT).save('l2r.jpg') # 左右翻转

img.filter(ImageFilter.DETAIL).save('detail.jpg') # 不同的滤镜
img.filter(ImageFilter.BLUR).save('blur.jpg')

img.crop((0,0,w//2,h//2)).save('crop.jpg') # 根据参数指定的区域裁剪图片

# 创建新图片
img2 = Image.new("RGBA",(500,500),(255,255,0))
img2.save("new.png","PNG") # 会创建一张 500 像素×500 像素的纯色图片

img2.paste(img,(10,10)) # 将图片粘贴至指定位置
img2.save('combine.png')
```

上述代码的运行结果可见下面的几张图片，图 3-2 所示为缩放后的图片对比，图 3-3 所示为翻转或旋转后的图片效果，图 3-4 所示为 BLUR 后的图片效果（模糊效果），粘贴后的图片效果如图 3-5 所示。

图 3-2　缩放后的图片对比

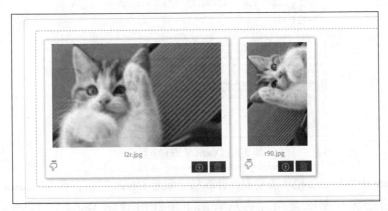

图 3-3　翻转或旋转后的图片效果

图 3-4　BLUR 后的图片效果

图 3-5　粘贴后的图片效果

在实际使用中，PIL 的 Image.save()方法常用作图片格式的相互转换，而缩放等方法也十分实用。在网页抓取中，遇到需要保存较大或较小的图片时，可以先缩放处理再存储。

3.3.2　OpenCV 简介

与基本的 PIL 相比，OpenCV 更像是一把瑞士军刀。cv2 模块则是比较新的接口版本。OpenCV 的全称是 Open Source Computer Vision Library，基于 C/C++，但经过包装后可在 Java 和 Python 等语言中使用。OpenCV 由英特尔公司发起，可以在商业和学术领域免费开源使用，OpenCV 2.0 是目前比较常见的版本。由于免费、开源、功能丰富并且跨平台、易于移植，OpenCV 目前已经成为计算机视觉编程与图像处理方面最重要的工具之一，图 3-6 所示是 OpenCV 的官方站点。

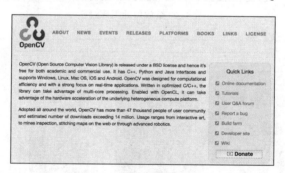

图 3-6　OpenCV 的官方站点

要在 Python 中使用 cv2 模块需要先在计算机上安装 OpenCV 包，在 Windows 操作系统上的安装其实没有想象中那么复杂，将从官网上下载的对应 OpenCV 包解压后，将目录 C:/opencv/build/python/2.7 下的 cv2.pyd 文件，复制到 C:/Python27/lib/site-packeges 即可。

在 macOS 上，则可以使用包管理工具 homebrew 来快速安装，如图 3-7 所示。

图 3-7　homebrew 安装 OpenCV 的过程

使用下面的命令安装 homebrew: /usr/bin/ruby -e "$(curl -fsSL https://raw. githubusercontent.com/ Homebrew/install/ master/install)"

安装成功后，使用命令 brew update 与 brew install opencv 即可 "一键" 安装。除了 OpenCV、Redis、MySQL、OpenSSL 等也可以使用这种方法安装。

最终，我们在 Python 中导入 cv2，查看当前版本，安装成功:

```
>>> cv2.__version__
'3.4.0'
```

由于 OpenCV 已经是比较专业的图像处理工具包，这里对 OpenCV 的具体使用就不展开来讲解。在开发时如果需要用到 OpenCV，可随时在官方站点中找到对应的说明。

3.4 CSV 文件

3.4.1 CSV 简介

CSV，全称是 Comma Separated Values，即逗号分隔值，CSV 文件以纯文本形式存储表格数据（数字和文本）。CSV 文件由任意数目的记录组成，记录之间以某种换行符（一般就是制表符或者逗号）分隔，每条记录中是一些字段。在进行网络抓取时，难免会遇到 CSV 文件数据。由于 CSV 的简单设计，很多时候使用 CSV 来保存我们的数据（数据有可能是原生的网页数据，也有可能是已经经过我们爬虫处理后的结果）也十分方便。

3.4.2 CSV 的读写

Python 的 CSV 面向的是本地的 CSV 文件。如果我们需要读取网络资源中的 CSV，为了让我们在网络中遇到的数据也能被 CSV 以本地文件的形式打开，可以先把它下载并保存到本地，然后定位文件路径，作为本地文件打开。如果只需要读取一次而并不想真的保存这个文件（就像一个验证码图片那样，可见第 5 章的相关内容），可以在读取操作结束后用代码删除文件。除此之外，也可直接把网络上的 CSV 文件当作一个字符串来读取，转换成一个 StringIO 对象后就能够作为文件来操作了。

 I/O 是 Input/Output 的简写，意为输入/输出，StringIO 就是在内存中读写字符串。StringIO 针对的是字符串（文本），如果还要操作字节，可以使用 BytesIO。

使用 StringIO 的优点在于，这种读写是在内存中完成的（本地文件则是从硬盘读取），因此我们不需要先把 CSV 文件保存到本地。例 3-1 是一个直接获取网上的 CSV 文件并读取的例子。

【例 3-1】获取在线 CSV 文件并读取。

```
from urllib.request import urlopen
from io import StringIO
import csv


data = urlopen("https://raw.githubusercontent.com/jasonong/List-of-US-States/master/
states.csv").read().decode()
dataFile = StringIO(data)
```

```
dictReader = csv.DictReader(dataFile)
print(dictReader.fieldnames)

for row in dictReader:
  print(row)
```

运行结果：

```
['State', 'Abbreviation']
{'Abbreviation': 'AL', 'State': 'Alabama'}
{'Abbreviation': 'AK', 'State': 'Alaska'}
…
{'Abbreviation': 'NY', 'State': 'New York'}
{'Abbreviation': 'NC', 'State': 'North Carolina'}
{'Abbreviation': 'ND', 'State': 'North Dakota'}
{'Abbreviation': 'OH', 'State': 'Ohio'}
{'Abbreviation': 'OK', 'State': 'Oklahoma'}
{'Abbreviation': 'OR', 'State': 'Oregon'}
…
```

这里需要说明一下 DictReader。DictReader 将 CSV 的每一行作为一个字典来返回，而 reader 则把每一行作为一个列表返回，使用 reader，我们的输出就会是这样的：

```
['State', 'Abbreviation']
…
['California', 'CA']
['Colorado', 'CO']
['Connecticut', 'CT']
['Delaware', 'DE']
['District of Columbia', 'DC']
['Florida', 'FL']
['Georgia', 'GA']
…
```

根据自己的需要选用读取形式就好。

写入与读取是反向操作，也没有什么复杂指出，下面的简单例子展示了如何写入数据到 CSV 文件：

```
import csv

res_list = [['A','B','C'],[1,2,3],[4,5,6],[7,8,9]]
with open('SAMPLE.csv', "a") as csv_file:
  writer = csv.writer(csv_file, delimiter=',')
  for line in res_list:
    writer.writerow(line)
```

打开 SAMPLE.csv：

```
A,B,C
1,2,3
4,5,6
```

这里的 writer 与上文的 reader 是相对应的，这里需要说明的是 writerow()方法。writerow()方法，顾名思义就是写入一行，接收一个可迭代对象作为参数。另外还有一个 writerows()方法，直观地说，一个 writerows()等于多个 writerow()，因此上面的代码与下面是等效的：

```
res_list = [['A','B','C'],[1,2,3],[4,5,6],[7,8,9]]
with open('SAMPLE.csv', "a") as csv_file:
  writer = csv.writer(csv_file, delimiter=',')
  writer.writerows(res_list)
```

如果说 writerow() 方法会把列表的每个元素作为一列写入 CSV 的一行中，那么 writerows() 方法就是把列表中的每个列表作为一行再写入。所以如果误用了 writerows() 方法，就可能导致啼笑皆非的错误：

```
res_list = ['I WILL BE ','THERE','FOR YOU']
with open('SAMPLE.csv', "a") as csv_file:
  writer = csv.writer(csv_file, delimiter=',')
  writer.writerows(res_list)
```

这里由于 "I WILL BE" 是一个字符串，而 str 在 Python 中是可迭代对象 iterable，所以这样写入，最终的结果是（逗号为分隔符）：

```
I, ,W,I,L,L, ,B,E,
T,H,E,R,E
F,O,R, ,Y,O,U
```

如果 CSV 要写入数值，那么也会报错：csv.Error: iterable expected, not int。

当然，在读取作为网络资源的 CSV 文件时，除了 StringIO，还可以先下载并保存到本地，读取后删除（对于只需要读取一次的情况而言）。另外，有时候 xls 作为电子表格（使用 Microsoft Office Excel 编辑），也常作为 CSV 的替代文件格式而出现，处理 xls 可以使用 openpyxl 模块，其设计和操作与 CSV 类似。

3.5 使用数据库

在 Python 中使用数据库（主要是关系数据库）是一件非常方便的事情，因为一般都能找到对应的经过包装的 API 库，这些库的存在极大地提高了我们编写程序的效率。一般而言，只需编写 SQL 语句并通过相应的模块 API 执行就可以完成数据库读写了。

3.5.1 使用 MySQL

在 Python 中进行数据库操作需要通过特定的程序模块 API 来实现。其基本逻辑是，首先导入接口模块，然后通过设置数据库名、用户、密码等信息来连接数据库，接着执行数据库操作（可以通过直接执行 SQL 语句等方式），最后关闭与数据库的连接。由于 MySQL 是比较简单且常用的轻量型数据库，我们可先使用 PyMySQL 模块来介绍在 Python 中如何使用 MySQL。

PyMySQL 是在 Python 3.x 中用于连接 MySQL 服务器的库，在 Python 2.x 中使用的是 MySQLdb。PyMySQL 是基于 Python 开发的 MySQL 驱动接口，在 Python 3.x 中非常常用。

首先确保在本地计算机上已经成功开启了 MySQL 服务（如果还未安装 MySQL，需要先进行安装，可在 MySQL 官网下载 MySQL 官方安装程序），之后使用 pip install pymysql 命令来安装该模块。上面的准备完成后，我们创建一个名为 DB 的数据库和一个名为 scraper1 的用户，密码设为 "password"：

```
CREATE DATABASE DB;
GRANT ALL PRIVILEGES ON *.'DB' TO 'scraper1'@'localhost' IDENTIFIED BY 'password';
```

接着，创建一个名为 users 的表：

```
USE DB;
CREATE TABLE 'users' (
    'id' int(11) NOT NULL AUTO_INCREMENT,
    'email' varchar(255) COLLATE utf8_bin NOT NULL,
    'password' varchar(255) COLLATE utf8_bin NOT NULL,
    PRIMARY KEY ('id')
) ENGINE=InnoDB DEFAULT CHARSET=utf8 COLLATE=utf8_bin
AUTO_INCREMENT=1 ;
```

现在我们拥有了一个空表，接着使用 PyMySQL 进行操作，见例 3-2。

【例 3-2】使用 PyMySQL。

```
import pymysql.cursors
# 连接数据库
connection = pymysql.connect(host='localhost',
                             user='scraper1',
                             password='password',
                             db='DB',
                             charset='utf8mb4',
                             cursorclass=pymysql.cursors.DictCursor)
try:
    with connection.cursor() as cursor:
        sql = "INSERT INTO `users` (`email`, `password`) VALUES (%s, %s)"
        cursor.execute(sql, ('example@example.org', 'password'))

    connection.commit()

    with connection.cursor() as cursor:
        sql = "SELECT `id`, `password` FROM `users` WHERE `email` = %s"
        cursor.execute(sql, ('example@example.org',))
        result = cursor.fetchone()
        print(result)
finally:
    connection.close()
```

在这段代码中，首先通过 pymysql.connect()函数进行连接配置并打开数据库连接。然后在 try 语句块中打开当前 connection 的 cursor()（游标），并通过 cursor 执行了特定的 SQL 插入语句。commit()方法将提交当前的操作，之后再次通过 cursor 实现对刚才插入数据的查询。最后在 finally 语句块中关闭当前数据库连接。

本程序的输出：

```
{'id': 1, 'password': 'password'}
```

考虑到在执行 SQL 语句时可能发生错误，可以将程序写成下面的形式：

```
try:
    …
except:
    connection.rollback()
finally:
    …
```

rollback()方法将回滚操作。

3.5.2 使用 SQLite3

SQLite3 是一种小巧易用的轻量型关系数据库系统，在 Python 中内置了 sqlite3 模块可以用于与 SQLite3 数据库进行交互。我们先使用 PyCharm 创建一个名为 new-sqlite3 的 SQLite3 数据源，如图 3-8 所示。

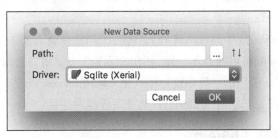

图 3-8　在 PyCharm 中新建 SQLite3 数据源

然后使用 sqlite3（此处的 sqlite3 指的是 Python 中的模块）进行建表操作，与上面对 MySQL 的操作类似：

```
import sqlite3
conn = sqlite3.connect('new-sqlite3')
print("Opened database successfully")
cur = conn.cursor()
cur.execute(
   '''CREATE TABLE Users
      (ID INT PRIMARY KEY     NOT NULL,
      NAME          TEXT    NOT NULL,
      AGE           INT     NOT NULL,
      GENDER        TEXT,
      SALARY         REAL);'''
)
print("Table created successfully")
conn.commit()
conn.close()
```

接着，在 Users 表中插入两条测试数据。可以看到，sqlite3 与 pymysql 模块的函数名都非常相像：

```
conn = sqlite3.connect('new-sqlite3')
c = conn.cursor()

c.execute(
   '''INSERT INTO Users (ID,NAME,AGE,GENDER,SALARY)
      VALUES (1, 'Mike', 32, 'Male', 20000);''')
c.execute(
   '''INSERT INTO Users (ID,NAME,AGE,GENDER,SALARY)
      VALUES (2, 'Julia', 25, 'Female', 15000);''')
conn.commit()
print("Records created successfully")
conn.close()
```

最后我们进行读取操作，确认两条数据已经被插入：

```
conn = sqlite3.connect('new-sqlite3')
c = conn.cursor()
cursor = c.execute("SELECT id, name, salary  FROM Users")
for row in cursor:
  print(row)
conn.close()
# 输出：
```

```
# (1, 'Mike', 20000.0)
# (2, 'Julia', 15000.0)
```

对其他的 UPDATE、DELETE 操作，只需要更改对应的 SQL 语句即可，除了 SQL 语句的变化，整体的使用方法是一致的。

需要说明的是，在 Python 中通过 API 执行 SQL 语句往往会需要使用通配符。遗憾的是，不同的数据库类型使用的通配符可能并不一样，如在 SQLite3 中使用"?"，而在 MySQL 中使用"%s"。虽然看上去这像是对 SQL 语句的字符串进行格式化（调用 format()方法），但是这并非一回事。另外，在一切操作完毕后不要忘了通过 close()方法关闭数据库连接。

3.5.3 使用 SQLAlchemy

有时候，为了进行数据库操作，我们需要一个比底层 SQL 语句更高级的接口，即对象关系映射（Object Relational Mapping，ORM）。SQLAlchemy 库（见图 3-9）就能满足这样的需求，它使得我们可以在隐藏底层 SQL 的情况下实现各种数据库的操作。ORM 就是在数据表与对象之间建立对应关系，这样我们可以通过纯 Python 语句来表示 SQL 语句，进行数据库操作。

图 3-9 SQLAlchemy 的商标

除 SQLAlchemy 之外，Python 中的 SQLObject 和 Peewee 等也是 ORM 工具。值得一提的是，虽然是 ORM 工具，但 SQLAlchemy 也支持传统的基于底层 SQL 语句的操作。

使用 SQLAlchemy 进行建表和增删改查：

```python
import pymysql
from sqlalchemy.ext.declarative import declarative_base
from sqlalchemy import create_engine, Column, Integer, String, func
from sqlalchemy.orm import sessionmaker

pymysql.install_as_MySQLdb()  # 如果没有这个语句，在导入 SQLAlchemy 时可能报错
Base = declarative_base()

class Test(Base):
    __tablename__ = 'Test'
    id = Column('id', Integer, primary_key=True, autoincrement=True)
    name = Column('name', String(50))
    age = Column('age', Integer)


engine = create_engine(
    "mysql://scraper1:password@localhost:3306/DjangoBS",
)

db_ses = sessionmaker(bind=engine)
session = db_ses()

Base.metadata.create_all(engine)
```

```
# 插入数据
user1 = Test(name='Mike', age=16)
user2 = Test(name='Linda', age=31)
user3 = Test(name='Milanda', age=5)
session.add(user1)
session.add(user2)
session.add(user3)
session.commit()

# 修改数据，使用 merge() 方法（如果存在则修改数据，如果不存在则插入数据）
user1.name = 'Bob'
session.merge(user1)

# 与上面等效的修改方式
session.query(Test).filter(Test.name == 'Bob').update({'name': 'Chloe'})
# 删除数据
session.query(Test).filter(Test.id == 3).delete() # 删除 Milanda
# 查询数据
users = session.query(Test)
print([user.name for user in users])

# 按条件查询
user = session.query(Test).filter(Test.age < 20).first()
print(user.name)

# 在结果中进行统计
user_count = session.query(Test.name).order_by(Test.name).count()
avg_age = session.query(func.avg(Test.age)).first()
sum_age = session.query(func.sum(Test.age)).first()
print(user_count)
print(avg_age)
print(sum_age)

session.close()
```

上面程序的输出为：

```
['Chloe', 'Linda']
Chloe
2
(Decimal('23.5000'),)
(Decimal('47'),)
```

除此之外，SQLAlchemy 中还有其他一些常用到的函数（方法）和功能，更多内容可以参考 SQLAlchemy 的官方文档。上面代码演示的 ORM 操作实际上为数据库提供了更高级的封装，在编写类似的程序时往往能获得更良好的体验。

3.5.4　使用 Redis

有必要在这里提到 Redis 数据库。简单地说，Redis 是一个开源的键值对存储数据库，因为不同于关系数据库，它往往被称为数据结构服务器。Redis 是基于内存的，但可以将存储在内存的键值对数据持久化到硬盘。使用 Redis 主要的好处就在于可以避免写入不必要的临时数据，也免去了对临时数据进行扫描或者删除的麻烦，并最终改善程序的性能。Redis 可以存储键与 5 种不同数据结构类型之间的映射，分别是字符串（STRING）、列表（LIST）、集合（SET）、散列（HASH）以及有序集合（ZSET）。为了在 Python 中使用 Redis API，我们可以安装 redis 模块，其基本用法如下：

```
import redis

red = redis.Redis(host='localhost', port=6379, db=0)
red.set('name', 'Jackson')
print(red.get('name')) # b'Jackson'
print(red.keys()) # [b'name']
print(red.dbsize()) # 1
```

redis 模块使用连接池来管理一个 redis server 的所有连接，这样就避免了每次建立、释放连接的开销。默认每个 Redis 实例都会维护一个自己的连接池。但我们可以直接建立一个连接池，这样可以实现多个 Redis 实例共享一个连接池：

```
import redis
# 使用连接池
pool = redis.ConnectionPool(host='localhost', port=6379)

r = redis.Redis(connection_pool=pool)
r.set('Shanghai', 'Pudong')
print(r.get('Shanghai')) # b'Pudong'
```

通过 set()方法设置过期时间：

```
import time
r.set('Shenzhen','Luohu',ex=5) # ex 表示过期时间（单位为秒）
print(r.get('Shenzhen')) # b'Luohu'
time.sleep(5)
print(r.get('Shenzhen')) # None
```

批量设置与读取：

```
r.mset(Beijing='Haidian',Chengdu='Qingyang',Tianjin='Nankai') # 批量
print(r.mget('Beijing','Chengdu','Tianjin')) # [b'Haidian', b'Qingyang', b'Nankai']
```

除了上面的这些基本的操作，redis 模块提供了丰富的 API 供开发者与 Redis 数据库交互。由于本篇只是简单介绍 Python 中的数据库，这里就不赘述了。

3.6　其他类型的文档

除了一些常见的文件格式，我们有时候还需要处理一些比较特殊的文档类型文件。我们先来试试读取 DOCX 文件（.doc 与.docx 是 Microsoft Word 程序的文档格式），以一个内容为"兰花"（一种植物）的百度百科的 Word 文档为例，图 3-10 所示是该文档的内容。

要读取这样的 DOCX 文件，我们必须先下载并安装 python-docx 模块，仍然是使用 pip 或者 PyCharm IDE 来进行安装。之后，通过该模块进行文件操作：

```
import docx
from docx import Document
from pprint import pprint

def getText(filename):
```

```
    doc = docx.Document(filename)
    fullText = []
    for para in doc.paragraphs:
      fullText.append(para.text)
    return fullText

pprint(getText('sample.docx'))
```

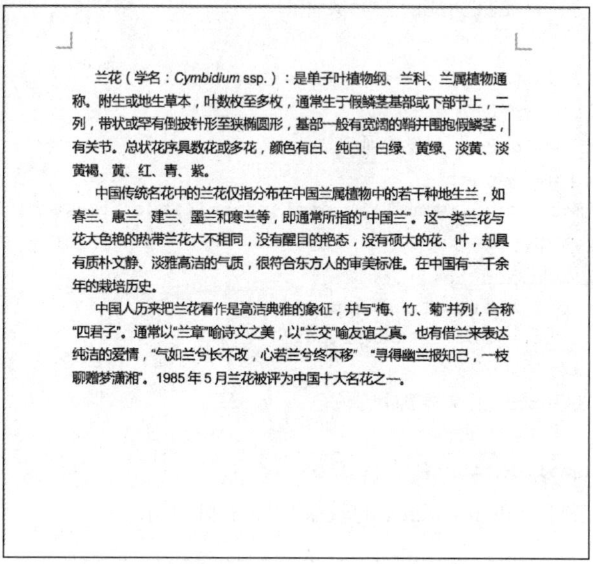
兰花（学名：*Cymbidium* ssp.）：是单子叶植物纲、兰科、兰属植物通称。附生或地生草本，叶数枚至多枚，通常生于假鳞茎基部或下部节上，二列，带状或罕有倒披针形至狭椭圆形，基部一般有宽阔的鞘并围抱假鳞茎，有关节。总状花序具数花或多花，颜色有白、纯白、白绿、黄绿、淡黄、淡黄褐、黄、红、青、紫。

中国传统名花中的兰花仅指分布在中国兰属植物中的若干种地生兰，如春兰、惠兰、建兰、墨兰和寒兰等，即通常所指的"中国兰"。这一类兰花与花大色艳的热带兰花大不相同，没有醒目的艳态，没有硕大的花、叶，却具有质朴文静、淡雅高洁的气质，很符合东方人的审美标准。在中国有一千余年的栽培历史。

中国人历来把兰花看作是高洁典雅的象征，并与"梅、竹、菊"并列，合称"四君子"。通常以"兰章"喻诗文之美，以"兰交"喻友谊之真。也有借兰来表达纯洁的爱情，"气如兰兮长不改，心若兰兮终不移" "寻得幽兰报知己，一枝聊赠梦潇湘"。1985 年 5 月兰花被评为中国十大名花之一。

图 3-10　Word 文档的内容

上面程序的输出为：

```
......
"兰花（学名：Cymbidium ssp.）：是单子叶植物纲、兰科、兰属植物通称。附生或地生草本，叶数枚至多枚，通常生于假鳞茎基部或下部节上，二列，带状或罕有倒披针形至狭椭圆形，基部一般有宽阔的鞘并围抱假鳞茎，有关节。总状花序具数花或多花，颜色有白、纯白、白绿、黄绿、淡黄、淡黄褐、黄、红、青、紫。"
"中国传统名花中的兰花仅指分布在中国兰属植物中的若干种地生兰，如春兰、惠兰、建兰、墨兰和寒兰等，即通常所指的'中国兰'。"
......
```

除了读取 DOCX 文件，python-docx 还支持直接创建文档：

```
import docx
from docx import Document

document = Document()

document.add_heading('This is Title', 0) # 添加标题，如"Doc Title @zhangyang"

p = document.add_paragraph('A plain paragraph ') # 添加段落，如"Paragraph @zhangyang"
p.add_run(' bold text ').bold = True # 添加格式文字
p.add_run(' italic text ').italic = True

document.add_heading('Heading 1', level=1)
document.add_paragraph('Intense quote', style='IntenseQuote')

document.add_paragraph( # 无序列表
```

```
    'unordered list 1', style='ListBullet'
)
for i in range(3):
  document.add_paragraph( # 有序列表
    'ordered list {}'.format(i), style='ListNumber'
  )

document.add_picture('cat.jpeg') # 添加图片

table = document.add_table(rows=1, cols=2) # 设置表
hdr_cells = table.rows[0].cells
hdr_cells[0].text = 'name' # 设置列名
hdr_cells[1].text = 'gender'
d = [dict(name='Bob',gender='male'),dict(name='Linda',gender='female')]
for item in d: # 添加表中内容
    row_cells = table.add_row().cells
    row_cells[0].text = str(item['name'])
    row_cells[1].text = str(item['gender'])

document.add_page_break() # 添加分页

document.save('demo1.docx') # 保存到路径
```

使用 Office Word 来打开 demo1.docx 的效果如图 3-11 所示。

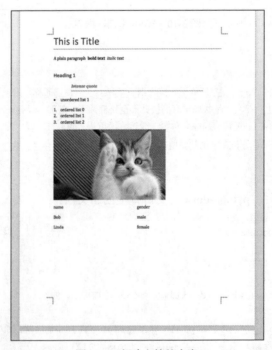

图 3-11　新建文档的内容

除了 DOCX 文件，在采集网络信息时，还可能会遇到处理 PDF 文件格式的需求（在某些场合，如下载幻灯片或者论文时尤其常见）。Python 中也有对应的库来操作 PDF，这里我们使用 PyPDF2 来解决这个需求（使用 pip install PyPDF2 即可安装）。

首先，可以通过浏览器的打印页面生成一个内容为网页的 PDF 文件，我们将 https://baike.baidu.com/item/%E7%89%B5%E7%89%9B/79184 这个地址（"牵牛花"的百度百科）的网页内容保存在 raw.pdf 中，如图 3-12 所示。

图 3-12　raw.pdf 的内容

接着，我们使用 PyPDF2 进行简单的 PDF 页码粘贴与 PDF 合并操作：

```python
from PyPDF2 import PdfFileReader, PdfFileWriter
raw_pdf = 'raw.pdf'
out_pdf = 'out.pdf'

# PdfFileReader 对象
pdf_input = PdfFileReader(open(raw_pdf, 'rb'))

page_num = pdf_input.getNumPages()  # 页数，输出：2
print(page_num)
print(pdf_input.getDocumentInfo())  # 文档信息
# 输出: {'/Creator': 'Mozilla/5.0 (Macintosh; Intel Mac OS X 10_13_3) AppleWebKit/537.36
(KHTML, like Gecko)
# Chrome/65.0.3325.181 Safari/537.36', '/Producer': 'Skia/PDF m65', '/CreationDate':
"D:20180425142439+00'00'", '/ModDate': "D:20180425142439+00'00'"}
```

```
# 返回一个 PageObject
pages_from_raw = [pdf_input.getPage(i) for i in range(2)]
# raw.pdf 共两页，这里取出这两页

# 获取一个 PdfFileWriter 对象
pdf_output = PdfFileWriter()
# 将一个 PageObject 添加到 PdfFileWriter
for page in pages_from_raw:
  pdf_output.addPage(page)
# 输出到文件
pdf_output.write(open(out_pdf, 'wb'))

from PyPDF2 import PdfFileMerger, PdfFileReader
# 合并两个 PDF 文件
merger = PdfFileMerger()
merger.append(PdfFileReader(open('out.pdf', 'rb')))
merger.append(PdfFileReader(open('raw.pdf', 'rb')))
merger.write("output_merge.pdf")
```

最终，打开 output_merge.pdf，已经成功合并了 out.pdf 与 raw.pdf，由于 out.pdf 是 raw.pdf 中某两页的完全复制版本，所以最终的效果是 raw.pdf 某两页内容的重复（共 4 页，见图 3-13）。

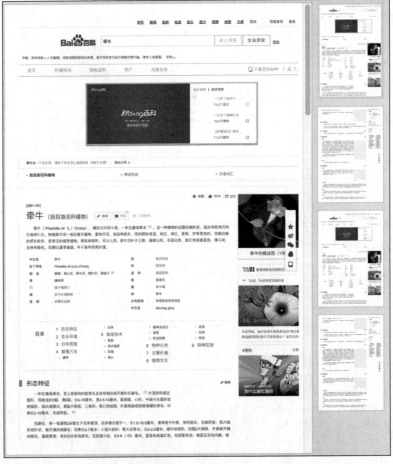

图 3-13   output_merge.pdf 文件的内容

3.7　本章小结

　　在本章中我们主要讨论了 Python 与各种文件的一些操作，首先介绍了最基本的文件打开与读写，然后通过包括图片文件、CSV 文件、DOCX、PDF 等不同格式的文件展示了 Python 中文件处理的丰富功能。本章还系统性地介绍了一些数据库交互的方法，其中关于 MySQL 和 Redis 的内容对于爬虫编写而言尤为重要。

第4章
JavaScript 与动态内容

如果我们利用 requests 库和 BeautifulSoup 库来采集一些大型电商网站的页面，可能会发现一个令人疑惑的现象：对于同一个 URL，同一个页面，我们抓取到的内容与我们在浏览器中看到的内容有所不同。如有的时候去寻找某一个<div>元素，却发现 Python 程序报出异常，查看 requests.get()方法的响应数据也没有看到想要的元素信息。这其实代表着网页数据抓取的一个关键问题，我们通过程序获取到的 HTTP 响应内容都是原始的 HTML 数据，但浏览器中的页面其实是在 HTML 的基础上，经过 JavaScript 进一步加工和处理后生成的效果。如淘宝的商品评论就是通过 JavaScript 获取 JSON 数据，然后"嵌入"原始 HTML 中并呈现给用户。这种在页面中使用 JavaScript 的网页对于 20 世纪 90 年代的 Web 界面而言几乎是天方夜谭，但在今天，以异步 JavaScript 与 XML（Asynchronous JavaScript and XML，Ajax）为代表的结合 JavaScript、CSS、HTML 等网页开发技术已经成为主流。

避免为每一份要呈现的网页内容都准备一个 HTML，网站开发者们开始考虑对网页的呈现方式进行变革。在 JavaScript 问世之初，Gmail 邮箱网站是第一个大规模使用 JavaScript 加载网页数据的产品。在此之前，用户为了获取下一页的网页信息，需要访问新的地址并重新加载整个页面。但新的 Gmail 做出了更优雅的方案，用户只需要单击"下一页"按钮，网页（实际上是浏览器）会根据用户交互来对下一页数据进行加载，而这个过程并不需要对整个页面（HTML）刷新。换句话说，JavaScript 使得网页可以灵活地加载其中一部分数据。后来，随着这种设计的流行，Ajax 这个词语也成为一个术语，Gmail 作为第一个大规模使用这种模式的商业化网站，成功引领了被称为"Web 2.0"的潮流。

4.1 JavaScript 与 Ajax 技术

4.1.1 JavaScript 简介

JavaScript 一般被定义为一种面向对象、动态类型的解释性语言，最初由 Netscape 公司推出，目的是作为支持新一代浏览器的脚本语言。换句话说，不同于 PHP 或者 ASP.NET，JavaScript 不是为"网站服务器"提供的语言，而是为"用户浏览器"提供的语言，从客户端-服务器的角度来说，JavaScript 无疑是一种"客户端"语言。由于 JavaScript 受到业界和用户的强烈欢迎，加之开发者社区的活跃，目前的 JavaScript 已经开始朝着更为综合的方向发展，随着 V8 引擎（可以提高 JavaScript 的解释执行效率）和 Node.js 等新潮流的出现，JavaScript 甚至已经开始涉足"服务器"，在 TIOBE 排名（一个针对各类程序设计语言受欢迎度的比较）上，JavaScript 稳居前十，与 PHP、Python、C#等分庭抗礼。有一种说法是，对于今天任何一个正式的网页而言，HTML 决定了网页的基本内容，层叠样式表（Cascading Style Sheets，CSS）描述了网页的样式布局，JavaScript 则控制了用户与网页的交互。

JavaScript 的名字使得很多人会将其与 Java 联系起来，认为它是 Java 的某种派生语言，但实际上 JavaScript 在设计原则上更多受到了 Scheme（一种函数式编程语言）和 C 语言的影响。除了变量类型和命名规范等细节，JavaScript 与 Java 关系并不大。Netscape 公司最初将其命名为 LiveScript，但当时正与 Sun 公司合作，加上 Java 所获得的巨大成功，为了"蹭热点"，遂将名字改为"JavaScript"。JavaScript 推出后受到了业界的一致肯定，支持 JavaScript 也成为现代浏览器的基本要求。浏览器的脚本语言还包括用于 Flash 动画的 ActionScript 等。

为了在网页中使用 JavaScript，开发者一般会把 JavaScript 脚本程序写在 HTML 的<script>标签中。在 HTML 语法里，<script> 标签用于定义客户端脚本，如果需要引用外部脚本文件，可以在 src 属性中设置其地址，如图 4-1 所示。

```
▼<script>
    Do(function() {
        var app_qr = $('.app-qr');
        app_qr.hover(function() {
            app_qr.addClass('open');
        }, function() {
            app_qr.removeClass('open');
        });
    });

</script>
</div>
▶<div id="anony-sns" class="section">…</div>
▶<div id="anony-time" class="section">…</div>
▶<div id="anony-video" class="section">…</div>
▶<div id="anony-movie" class="section">…</div>
▶<div id="anony-group" class="section">…</div>
▶<div id="anony-book" class="section">…</div>
▶<div id="anony-music" class="section">…</div>
▶<div id="anony-market" class="section">…</div>
▶<div id="anony-events" class="section">…</div>
▼<div class="wrapper">
    <div id="dale_anonymous_home_page_bottom" class="extra"></div>
  ▶<div id="ft">…</div>
</div>
...  <script type="text/javascript" src="https://img3.doubanio.com/f/shire/72ced6d…/js/
jquery.min.js" async="true"></script> == $0
```

图 4-1　豆瓣网首页源代码中的<script>标签

JavaScript 在语法结构上比较类似 C++等面向对象的语言，循环语句、条件语句等也与 Python 中的写法有较大的差异，但其弱类型特点更符合 Python 开发者的使用习惯。一段简单的 JavaScript 脚本程序如下。

【例 4-1】JavaScript 示例，计算 a+b 和 a×b。

```
function add(a,b) {
    var sum = a + b;
    console.log('%d + %d equals to %d',a,b,sum);
}
function mut(a,b) {
    var prod = a * b;
    console.log('%d * %d equals to %d',a,b,prod);
}
```

我们使用 Chrome 开发者模式的 Console 工具（"Console"一般翻译为"控制台"），输入并执行这个函数，就可以看到 Console 对应的输出，见图 4-2。

```
> function add(a,b) {
      var sum = a + b;
      console.log('%d + %d equals to %d',a,b,sum);
  }
< undefined
> add(1,2)
  1 + 2 equals to 3
< undefined
> function mut(a,b) {
      var prod = a * b;
      console.log('%d * %d equals to %d',a,b,prod);
  }
< undefined
> mut(3,4)
  3 * 4 equals to 12
< undefined
>
```

图 4-2　使用 Console 执行的结果

我们通过下面的例子来展示 JavaScript 的基本概念和语法。

【例 4-2】JavaScript 程序，演示 JavaScript 的基本内容。

```javascript
var a = 1; // 变量声明与赋值
//变量都用 var 关键字定义
var myFunction = function (arg1) { // 注意这个赋值语句，在 JavaScript 中，函数和变量本质上是一样的
    arg1 += 1;
    return arg1;
}
var myAnotherFunction = function (f,a) { // 函数也可以作为另一个函数的参数被传入
    return f(a);
}
console.log(myAnotherFunction(myFunction,2))
// 条件语句
if (a > 0) {
    a -= 1;
} else if (a == 0) {
    a -= 2;
} else {
    a += 2;
}
// 数组
arr = [1,2,3];
console.log(arr[1]);
// 对象
myAnimal = {
    name: "Bob",
    species: "Tiger",
    gender: "Male",
    isAlive: true,
    isMammal: true,
}
```

```
console.log(myAnimal.gender); // 访问对象的属性
// 匿名函数
myFunctionOp = function (f, a) {
    return f(a);
}
res = myFunctionOp( // 直接将参数位置写上一个函数
    function(a) {
      return a * 2;
    },
    4)
// 可以联想 lambda 表达式来理解
console.log(res);// 结果为 8
```

除了对 JavaScript 语法的了解，为了更好地分析和抓取网页，我们还需要对目前广为流行的 JavaScript 第三方库有简单的认识。包括 jQuery、Prototype、React 等在内的这些 JavaScript 库，它们一般会提供丰富的函数和设计完善的使用方法。

如果要使用 jQuery，可以访问官网，并将 jQuery 源代码下载到本地，最后在 HTML 中引用：

```
<head>
</head>
<body>
    <script src="jquery-1.10.2.min.js"></script>
</body>
```

但我们也可使用另一种不必在本地保存 JS 文件的方法，即使用 CDN（见下方代码）。百度、新浪等大型互联网公司的网站上都会提供常见 JavaScript 库的 CDN。如果网页使用 CDN，当用户向网站服务器请求文件时，CDN 会从离用户最近的服务器上返回响应，这在一定程度上可以提高加载速度。

```
<head>
</head>
<body>
    <script src="http://lib.sinaapp.com/js/jquery/1.7.2/jquery.min.js"></script>
</body>
```

曾经编写过网页的人可能会对 CDN 一词不陌生，CDN 即 Content Delivery Network（意为内容分发网络），一般会用于存放供人们共享使用的代码。百度的 API 服务提供了存放 jQuery 等 JavaScript 库的 CDN。这是比较狭义的 CDN，实际上 CDN 的用途不止"支持 JavaScript 脚本"一项。

4.1.2　Ajax 技术

Ajax 技术，与其说是一种技术，不如说是一种方案。如上文所述，在网页中使用 JavaScript 加载页面中的数据，都可以看作 Ajax 技术。Ajax 技术改变了过去用户浏览网站时一个请求对应一个页面的模式，允许浏览器通过异步请求来获取数据，从而使得一个页面能够呈现并容纳更多的内容，同时意味着更多的功能。只要用户使用的是主流的浏览器，同时允许浏览器执行 JavaScript，用户就能够享受网站在网页中更多功能的内容。

Ajax 技术在逐渐流行的同时，也面临着一些批评和意见。由于 JavaScript 本身作为客户端脚本语言在浏览器上执行，因此，浏览器兼容性成为不可忽视的问题。另外，由于 JavaScript 在某种程度上实现了业务逻辑的分离（此前的业务逻辑统一由服务器实现），因此在代码维护上也存在一些效率问题。但总体而言，Ajax 技术已经成为现代网站技术的中流砥柱，受到了广泛的欢迎。Ajax 技术目前的使用场景十分广泛，很多时候普通用户甚至察觉不到网页正在使用它。

以知乎的首页为例（见图 4-3），用户的主要交互方式就是通过下拉页面（具体操作可通过鼠标滚轮、拖动滚动条等）查看更多动态，而在一部分动态（包括被关注用户的点赞和回答等）展示完毕后，就会显示一段加载动画并呈现后续的动态内容。在这个过程中，页面动画其实只是"障眼法"，正是 JavaScript 脚本请求了服务器发送相关数据，并最终加载到页面之中。在这个过程中，页面显然没有进行全部刷新，而是只"新"刷了一部分，通过这种异步加载的方式完成了对新的内容的获取和呈现，这就是典型的 Ajax 应用。

图 4-3　知乎首页

比较尴尬的是，我们编写的爬虫一般不能执行包括"加载新内容"或者"跳到下一页"等功能在内的各类写在网页中的 JavaScript 代码。如上文所述，我们的爬虫会获取网站的原始 HTML，由于爬虫没有浏览器那样执行 JavaScript 脚本的能力，因此不会为网页运行 JavaScript。最终，我们抓取到的结果就会和浏览器里显示的结果有所差异，很多时候不能直接获取到想要的关键信息。为解决这个尴尬处境，基于 Python 编写的爬虫可以做出两种改进。一种是通过分析 Ajax 内容（需要开发者手动观察和实验），观察其请求目标、请求内容和请求的参数等信息，编写程序来模拟这样的 JavaScript 请求，最终获取信息（这个过程也可以叫"逆向工程"）。另外一种方式则比较取巧，那就是直接模拟浏览器环境，使程序可以通过模拟浏览器工具"移花接木"，最终通过浏览器渲染后的页面来拿到信息。这两种方式的选择与 JavaScript 在网页中的具体使用方法有关，我们将在 4.2 节中具体讨论。

4.2　抓取 Ajax 数据

4.2.1　分析数据

网页使用 JavaScript 的第一种模式，就是获取 Ajax 数据并在网页中加载，这实际上是一个"嵌入"的过程。借助这种方式，不需要单独的页面请求就可以加载新的数据，无论是对网站开发者，还是对浏览网站的用户都能有更好的体验。这个概念与"动态 HTML"非常接近，动态 HTML 一般指通过客户端语言来动态改变 HTML 元素的方式。很显然，这里的"客户端语言"几乎是"JavaScript"的同义词，而"改变 HTML 元素"本身就意味着对新请求数据的加载。在 4.1 节看到的知乎首页的例子，实际上就是一种非常典型且综合性的动态 HTML，不仅网页中的文本数据是通过 JavaScript 加载的（即 Ajax），而且网页中的各类元素（如<div>或<p>元素）也是通过

JavaScript 代码来生成并最终呈现给用户的。在本节中我们先考虑单纯的 Ajax 数据抓取，暂时不考虑那些复杂的页面变化（直观地说，就是各类动画加载效果），我们可以以携程网的酒店详情页面为例，完成一次针对 Ajax 数据的逆向工程。

　　具体地说，网页中的 Ajax 过程一般可以简单地视作一个"发送请求""获得数据""显示元素"的过程。在"发送请求"时，客户端主要借助了一个所谓的"XMLHttpRequest"对象。我们在使用 Python 发送请求时的语句是这样的：

```python
import requests
res = requests.get('url')
# 发送请求
```

　　而浏览器使用 XMLHttpRequest 来发起请求也是类似的，它使用 JavaScript 而不是 Python。对于 Ajax 而言，从"发送请求"到"获得数据"的过程当然不止两行代码这么简单。最终，浏览器在 XMLHttpRequest 的 responseText 属性中获取响应内容。常见的响应内容包括 HTML 文本、JSON 数据等（见图 4-4）。

　　对 XMLHttpRequest 的定义可以参考 Mozilla（一个脱胎于 Netscape 公司的软件社区组织，旗下软件包括 Firefox 浏览器）给出的说明，"XMLHttpRequest 是一个 API，它为客户端提供了在客户端和服务器之间传输数据的功能。它提供了一个通过 URL 来获取数据的简单方式，并且不会使整个页面刷新。"

图 4-4　通过开发者工具查看 JSON 数据（图中网页为苏宁易购）

　　JavaScript 将根据获取的响应内容来改变网页 HTML 内容，使得"网页源代码"真正变为我们在开发者模式中看到的实时网页 HTML 代码。这个"显示元素"的过程中，第一步就是通过 JavaScript 进行 DOM 操作（即改变网页文档的操作），然后浏览器完成对新加载内容的渲染，我们就看到了最终的网页效果。

　　DOM 是 HTML 和 XML 文档的编程接口。DOM 将网页文档解析为一个由节点和对象（包含属性和方法的对象）组成的数据结构。最直接的理解是，DOM 是 Web 页面的面向对象化，便于 JavaScript 等语言对页面中内容（元素）进行更改、增加等操作。"渲染"这个词则没有一个很严格的定义，可以理解为，浏览器把那些只有程序员才会留心的代码和数据"变为"普通用户看到的网页的过程叫作"渲染"。

根据上面的分析，我们能够很容易想到，为了抓取这样的网页内容，我们便不必着眼于网页这个"最终产物"，因为"最终产物"也是加工后的结果。如果我们对那些 Ajax 数据（如商品的客户评论）感兴趣，并且暂时不需要页面中的其他一些数据（如商品的名称标题），那么我们完全可以将注意力集中在 Ajax 请求上。对于很多简单的 Ajax 数据而言，只要知道了 Ajax 请求的 URL 地址，我们的抓取就已经成功了一半。幸运的是，虽然 Ajax 数据可能会进行加密，有一些 Ajax 请求的数据格式也可能非常复杂（尤其是一些大型互联网公司旗下网站的页面），但很多网页中的 Ajax 内容还是不难分析的。

我们访问和讯网的基金排名页面（见图 4-5），打开开发者工具并进入 Network 选项卡，就能够看到很多条记录，这些记录记载了页面加载过程中浏览器和服务器之间的各个交互。我们选中"XHR"这个选项，便能过滤掉其他类型的数据交互，只显示 XHR 请求（即 XMLHttpRequest）。

图 4-5　和讯网基金排名详情页面

由此，我们得到了网页中的 Ajax 数据请求，对于排名页面而言，我们把抓取目标设定为获取其"开放式基金某一天"信息（见图 4-6），这个内容显然是 Ajax 加载的数据。在 Network 中，我们也能看到"KaifangJingz.aspx"这条记录，选中记录后查看"Preview"就能够看到请求到的数据详情。（实际上查看响应数据应该在"Response"中，但"Preview"会将数据以比较易于观察的格式来显示，便于开发者进行预览）

图 4-6　在 XHR 中查看网站页面的 Ajax 加载信息

在 Preview 中我们看到的是浏览器"解析"（这个词一般是由 parse 翻译而来）得到的数据，在 Response 中查看的原始数据（见图 4-7）则比较不易阅读，但本质是一致的。JavaScript 获取到这些 JSON 数据后，根据对应的页面渲染方法进行渲染，这些数据就呈现在了最终的网页之上。

图 4-7　查看 Response 信息

为了抓取这些数据，我们就必须研究"Headers"中的那些关键信息。在"Headers"选项中，我们可以查看这次 XHR 请求的各种详细信息，其中比较重要的包括 Request URL（请求的 URL 地址）和 Query String Parameters（请求参数）。我们看到，Request URL 为

```
http://jingzhi.funds.hexun.com/jz/JsonData/KaifangQuJianPM.aspx
```
之后单击调试工具 Headers 下面的 Query String Parameters 中的"View Source"，可以获得这样的查询字符串

"`callback=callback&subtype=1&fundcompany=---%E5%85%A8%E9%83%A8%E5%9F%BA%E9%87%91%E7%AE%A1%E7%90%86%E5%85%AC%E5%8F%B8--&enddate=2020-11-24&curpage=1&pagesize=20&sortName=dayPrice&sortType=down&fundisbuy=0`"

对后端开发比较熟悉的话，就会明白这其中的"a=x"这样的形式实际上就是后端给查询函数传入的具体参数名和参数值。这是一个表单数据，因此可以使用 GET 请求得到返回的 JSON，但我们还可使用另外一种方式验证一下，用浏览器默认的 GET 请求方法，查看请求的结果，我们得到的 URL：

```
http://jingzhi.funds.hexun.com/jz/JsonData/KaifangJingz.aspx?callback=callback&subtype=1&fundcompany=---%E5%85%A8%E9%83%A8%E5%9F%BA%E9%87%91%E7%AE%A1%E7%90%86%E5%85%AC%E5%8F%B8--&enddate=2020-12-01&curpage=1&pagesize=20&sortName=dayPrice&sortType=down&fundisbuy=0
```
在浏览器中输入这个地址并访问，我们会看到如图 4-8 的网页显示。

图 4-8　访问查询 URL 的结果

获得的数据正是包含了这个基金排名的 JSON 数据，很显然，其中的 fundName 标志了一个基金名，而 num 字段则是序号数，不同页面返回字段的序号是不一样的，页面中单击"下一页"，实际上执行的就是将 curpage=2 作为参数递增并获取新数据的操作。

回到我们刚才的基金信息排名信息，可以发现响应的 JSON 数据中的主要字段包括 fundCode，fundName，list 等（见图 4-9）。假如我们想通过程序来获取这里的基金信息及排名对应的文本，我们就需要通过解析这些 JSON 数据来实现。

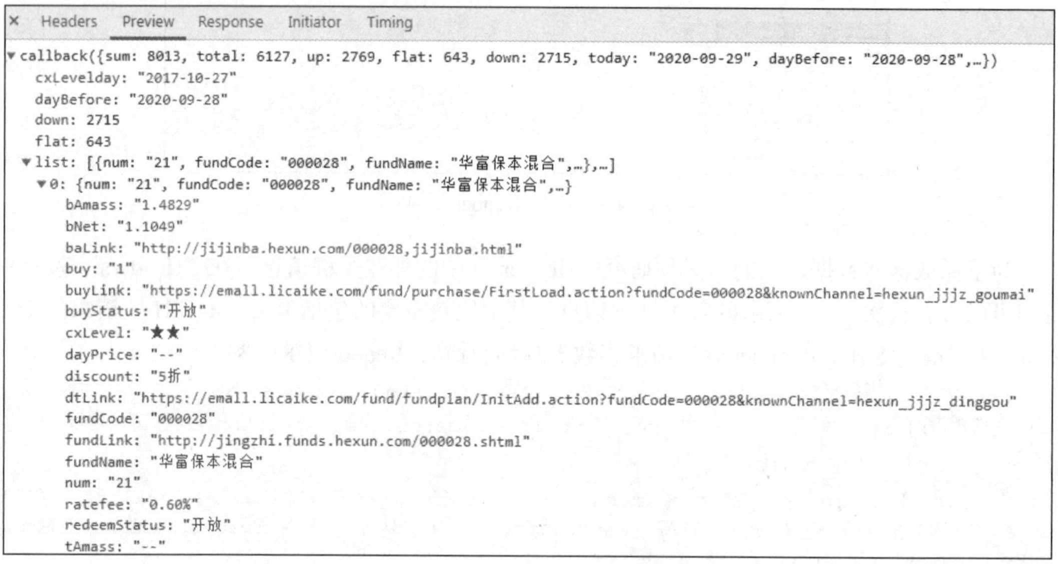

图 4-9　响应的 JSON 数据中的详细内容

4.2.2　提取数据

下面例子以携程网酒店详情页为抓取案例，学习如何对 JSON 数据进行提取，对 JSON 中的内容进行分析后，会发现其中有一些暂时并不感兴趣的字段如 ReplyId 和 ReplyTime 等。如果想要编写一个程序，获得该酒店对应的前 5 页常见问答的基本信息，也就是提问和回答的内容，我们就只需要提取该 JSON 数据中的 AskContentTitle 和 ReplyList 字段。从我们对 Python 中 json 库的了解出发，很快便能够写出这样的一个简单程序，见例 4-3。

【例 4-3】抓取酒店常见问答信息。

```python
import requests
import json
from pprint import pprint

urls = ['http://hotels.ctrip.com/Domestic/tool/AjaxHotelFaqLoad.aspx?hotelid=473871&currentPage={}'.format(i) for i in range(1,6)]
for url in urls:
  res = requests.get(url)
  js1 = json.loads(res.text)
  asklist = dict(js1).get('AskList')
  for one in asklist:
    print('问:{}\n答:{}\n'.format(one['AskContentTitle'], one['ReplyList'][0]['ReplyContentTitle']))
```

在上面的代码中，由于我们只抓取单一页面中的很小一部分 JSON 数据，因此我们没有使用 headers，也没有任何对爬虫的限制（如访问的时间间隔）。urls 是一个根据 currentPage 的值进行构造的 URL 列表，我们对其中的 URL 进行循环抓取；而 asklist 将 JSON 中的 AskList 字段单独拿出来，以便我们后续再寻找 AskContentTile（代表提问的标题）和 ReplyContentTitle（代表回答的标题）。

运行上面的程序，能够看到非常整洁的输出，如图 4-10 所示，内容与我们在网页中看到的一致。

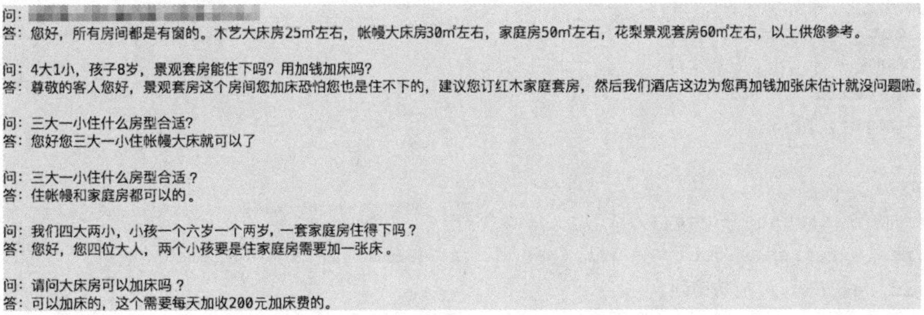

图 4-10　简单的 JSON 抓取程序的输出

但这样的简单程序毕竟稍显单薄，主要的不足有以下几点。

- 只能抓取问答 JSON 数据中的少量信息，回答日期和回答用户身份（普通用户或者酒店经理）没有记录下来。
- 有一些提问同时拥有多条回答，这里没有完整的获取。
- 没有足够的爬虫限制机制，可能会有被服务器拒绝访问的风险。
- 程序模块化不够，不利于后续的调试和使用。
- 没有合理的数据存储机制，输出完毕后，计算机的内存和存储中都不再有这些信息了。

从这些考虑出发，我们对上面的代码重新进行一次编写，为解决这几条不足，得到的最终程序如下，程序的解释可见代码中的注释，见例 4-4。

【例 4-4】酒店问答数据抓取程序。

```python
import requests
import time
from pymongo import MongoClient

# client = MongoClient('mongodb://yourserver:yourport/')
client = MongoClient() # 使用 Pymongo 对数据库进行初始化，由于我们使用了本地 mongodb，因此此
处不需要配置
# 等效于 client = MongoClient('localhost', 27017)

# 使用名为 ctrip 的数据库
db = client['ctrip']
# 使用其中的 collection 表：hotelfaq（酒店常见问答）
collection = db['hotelfaq']
global hotel
global max_page_num
# 原始数据获取 URL
```

```
raw_url = 'http://hotels.ctrip.com/Domestic/tool/AjaxHotelFaqLoad.aspx?'
# 根据开发者工具中的 Request Headers 来设置 headers
headers = {
  'Host': 'hotels.ctrip.com',
  'Referer': 'http://hotels.ctrip.com/hotel/473871.html',
  'User-Agent':
    'Mozilla/5.0 (Macintosh; Intel Mac OS X 10_13_3) AppleWebKit/537.36 (KHTML, like
Gecko) Chrome/66.0.3359.170 Safari/537.36'
}
# 我们在此只使用了 Host、Referer、User-Agent 这几个关键字段

def get_json(hotel, page):
  params = {
    'hotelid': hotel,
    'page': page
  }
  try:
    # 使用 requests 中 get() 方法的 params 参数
    res = requests.get(raw_url, headers=headers, params=params)
    if res.ok:  # 成功访问
      return res.json()  # 返回 JSON
  except Exception as e:
    print('Error here:\t', e)

# JSON 数据处理
def json_parser(json):
  if json is not None:
    asks_list = json.get('AskList')
    if not asks_list:
      return None
    for ask_item in asks_list:
      one_ask = {}
      one_ask['id'] = ask_item.get('AskId')
      one_ask['hotel'] = hotel
      one_ask['createtime'] = ask_item.get('CreateTime')
      one_ask['ask'] = ask_item.get('AskContentTitle')
      one_ask['reply'] = []
      if ask_item.get('ReplyList'):
        for reply_item in ask_item.get('ReplyList'):
          one_ask['reply'].append((reply_item.get('ReplierText'),
                        reply_item.get('ReplyContentTitle'),
                        reply_item.get('ReplyTime')
                        ))
      yield one_ask  # 使用生成器 yield() 方法

# 存储到数据库
def save_to_mongo(data):
  if collection.insert(data):  # 插入一条数据
    print('Saving to db!')

# 工作函数
def worker(hotel):
  max_page_num = int(input('input max page num:'))  # 输入最大页数（通过观察问答网页可以得到）
```

```python
    for page in range(1, max_page_num + 1):
        time.sleep(1.5)  # 访问间隔，避免服务器由于压力过高而拒绝访问
        print('page now:\t{}'.format(page))
        raw_json = get_json(hotel, page)  # 获取原始 JSON 数据
        res_set = json_parser(raw_json)
        for res in res_set:
            print(res)
            save_to_mongo(res)


if __name__ == '__main__':
    hotel = int(input('input hotel id:'))  # 以本例而言，hotelid 为 473871
    worker(hotel)
```

输入我们之前看到的一家酒店页面中的信息，酒店 ID 为 473871，页数为 27 页，程序运行结束后可以看到成功抓取了数据（见图 4-11）。当然，我们使用另外一家酒店的页面中的酒店 ID 和页数信息，也能得到类似的结果。

{ "_id" : ObjectId("5af7c79de1c439e78a41e734"), "id" : 2861251, "createtime" : "2016-09-28", "ask" : "单人间可以两个人人一起住吗?", "reply" : [["酒店经理", "可以，不过需要加床", "2017-09-16"], ["入住用户", "不可以的 单人床 只能住一个人", "2016-10-21"]] }
{ "_id" : ObjectId("5af7c79de1c439e78a41e735"), "id" : 2845235, "createtime" : "2016-09-24", "ask" : "我是   ? ", "reply" : [["酒店经理", "容许，欢迎您来", "2017-09-16"], ["入住用户",   "2016-10-21"]] }
{ "_id" : ObjectId("5af7c79de1c439e78a41e736"), "id" : 2839712, "createtime" : "2016-09-23", "ask" : "3   !", "reply" : [["酒店经理", "家庭套", "2017-09-16"], ["入住用户", "加我住套房合适", "2016-08-29"]] }
{ "_id" : ObjectId("5af7c79de1c439e78a41e737"), "id" : 2826469, "createtime" : "2016-09-21", "ask" : "特惠房, 可以睡两个人吗?", "reply" : [["酒店经理", "可以。", "2017-09-16"], ["入住用户", "可以。", "2017-08-06"]] }
{ "_id" : ObjectId("5af7c79de1c439e78a41e738"), "id" : 2826782, "createtime" : "2016-09-21", "ask" : "我刚订的两个特惠房, 三个成人一个老人, 请问能住得下吗", "reply" : [["酒店经理", "能, 欢迎您来", "2017-09-17"], ["入住用户", "特惠房只要是大床应该能住下", "2016-10-20"], ["入住用户", "注册两个单人应该没问题。", "2016-09-29"]] }
{ "_id" : ObjectId("5af7c79de1c439e78a41e739"), "id" : 2777285, "createtime" : "2016-09-10", "ask" : "标准间的大床请问是1.8米的吗", "reply" : [["酒店经理", "1.5/2米的床", "2017-09-16"], ["入住用户", "1.5的", "2017-08-29"]] }
{ "_id" : ObjectId("5af7c79de1c439e78a41e73a"), "id" : 2774927, "createtime" : "2016-09-09", "ask" : "请问大床一张床是多大", "reply" : [["酒店经理", "您好, 宽是1米8长两米的", "2017-09-19"], ["入住用户", "问前台服务员", "2017-08-29"]] }

图 4-11　数据库中的问答内容

除了这种直接在 JSON 数据中抓取信息的方法，我们不会那么直接，而是将 Ajax 数据作为跳板，通过其中的内容来继续我们的下一步抓取操作，这种模式的典型例子就是在一些网页中抓取图片。如类似于新闻或门户网站，它们往往会将每一则新闻报道项目中的图片链接地址单独作为一份 Ajax 数据来传输，并最终通过网页元素渲染给用户。这时我们如果打算抓取网页中的图片，可能就会避开网页采集，而直接访问对应的 Ajax 接口，进行图片的下载与保存操作。

我们通过一个简单的例子来说明这一点。哔哩哔哩网站的首页下方有一个特别推荐区域，该区域会展示一些推广视频，如图 4-12 所示。

图 4-12　哔哩哔哩首页中的"特别推荐"区域

其中的内容正是通过 Ajax 进行加载的，我们在开发者工具中能够很清楚地看到这一点，如图 4-13 所示。

在 Request Headers 中，我们可以确定重要的一些信息，获取该数据的 URL，而 Host、Referer、

User-Agent 等字段可以完全照搬。结合我们之前采集 Ajax 中 JSON 数据和抓取图片的经验，便能够编写出抓取"特别推荐"中视频封面图片的爬虫，见例 4-5。

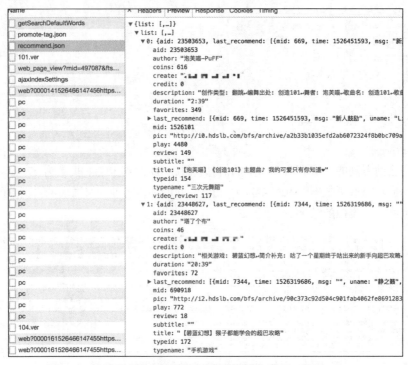

图 4-13　在开发者模式下找到的"特别推荐"数据，使用 Preview

【例 4-5】哔哩哔哩"特别推荐"视频封面图片抓取。

```
import requests
import time
import os

# 原始数据获取 URL
raw_url = 'https://www.bilibili.com/index/recommend.json'
# 根据开发者工具中的 Request Headers 来设置 headers
headers = {
  'Host':'www.bilibili.com',
  'X-Requested-With': 'XMLHttpRequest',
  'User-Agent':
    'Mozilla/5.0 (Macintosh; Intel Mac OS X 10_13_3) AppleWebKit/537.36 (KHTML, like
Gecko) Chrome/66.0.3359.170 Safari/537.36'
  }


def save_image(url):
    filename = url.lstrip('http://').replace('.', '').replace('/', '').rstrip ('jpg')
+'.jpg'
    # 将图片地址转化为图片文件名
    try:
      res = requests.get(url, headers=headers)
      if res.ok:
        img = res.content
```

```
        if not os.path.exists(filename): # 检查该图片是否已经下载过
            with open(filename, 'wb') as f:
                f.write(img)
    except Exception:
        print('Failed to load the picture')


def get_json():
    try:
        res = requests.get(raw_url, headers=headers)
        if res.ok:  # 成功访问
            return res.json()  # 返回 JSON
        else:
            print('not ok')
            return False
    except Exception as e:
        print('Error here:\t', e)


# JSON 数据处理
def json_parser(json):
    if json is not None:
        news_list = json.get('list')
        if not news_list:
            return False
        for news_item in news_list:
            pic_url = news_item.get('pic')
            yield pic_url  # 使用生成器 yield()方法


def worker():
    raw_json = get_json()  # 获取原始 JSON 数据
    print(raw_json)
    urls = json_parser(raw_json)
    for url in urls:
        save_image(url)


if __name__ == '__main__':
    worker()
```

这个程序在框架上和之前的携程问答抓取的程序非常接近。运行该程序，我们最终能够在本地文件目录下看到下载后的图片（见图 4-14）。如果想要在一个特定的目录中存放这些图片，只需要在文件操作中设置统一的上级目录即可（或者直接更改 filename，变为"…/parentdir/xxx.jpg"的形式）。

图 4-14　下载到本地的视频封面图片

4.3 抓取动态内容

4.3.1 动态渲染页面

在 4.2 节中我们看到，网页会使用 JavaScript 加载数据，对于这种模式，我们可以通过分析数据接口来进行直接抓取，这种方式需要对网页的内容、格式和 JavaScript 代码有所研究才能顺利完成。我们还会碰到另外一些页面，这些页面同样使用 Ajax 技术，但是其页面结构比较复杂。很多网页中的关键数据由 Ajax 获得，而页面元素本身也使用 JavaScript 来添加或修改，甚至我们感兴趣的内容在原始页面中并不出现，需要进行一定的用户交互（如不断下拉滚动条）才会显示。对于这种情况，为了方便，我们会考虑使用模拟浏览器来进行抓取，而不是通过"逆向工程"去分析 Ajax 接口。使用模拟浏览器的特点是普适性强，开发耗时短，抓取耗时长（模拟浏览器的性能问题始终令人忧虑）。而使用分析 Ajax 的方法，特点则刚好与模拟浏览器的相反，甚至在同一个网站同一个类别中的不同网页上，Ajax 数据的具体访问信息都有差别，因此开发过程投入的时间和精力成本是比较大的。对于 4.2 节提到的携程网酒店问答抓取，我们也可以用模拟浏览器的方式来做，但鉴于这个 Ajax 形式并不复杂，而且页面结构相对简单（没有复杂的动画），因此，使用 Ajax 逆向分析是比较明智的选择。如果碰到页面结构相对复杂或者 Ajax 数据分析比较困难（如数据经过加密）的情况，就需要考虑使用模拟浏览器的方式了。

需要注意的是，"Ajax 数据抓取"和"动态页面抓取"是两个很容易混淆的概念，正如"Ajax 页面"和"动态页面"让人摸不着头脑一样。可以这样说，动态页面（Dynamic HTML，DHTML）是指利用 JavaScript 在客户端改变页面元素的一类页面，而 Ajax 页面是指利用 JavaScript 请求网页中数据内容的页面。这两者很难分开，因为很少会见到利用 JavaScript 只请求数据或者利用 JavaScript 只改变页面内容的网页。因此，将 Ajax 数据抓取和动态页面抓取分开谈其实也是不太妥当的，我们在这里将两个概念分开只是为了从抓取的角度审视网页，实际上这两类网页并没有本质上的不同。

4.3.2 使用 Selenium

在模拟浏览器进行数据抓取方面，Selenium（见图 4-15）永远是绕不过去的一个坎。Selenium（意为化学元素"硒"）是浏览器自动化工具，它在设计之初是为了进行浏览器的功能测试。Selenium 的作用，直观地说，就是操纵浏览器进行一些类似于普通用户的行为，如访问某个地址、判断网页状态、单击网页中的某个元素（按钮）等。使用 Selenium 来模拟浏览器进行数据抓取其实已经不能算是一种爬虫，一般谈到爬虫，我们自然会想到的是独立于浏览器之外的程序。但无论如何，这种方法能够帮助我们解决一些比较复杂的网页抓取任务。由于直接使用了浏览器，因此麻烦的 Ajax 数据和 JavaScript 动态页面一般都已经渲染完成。利用一些函数，我们完全可以做到随心所欲地抓取，加上开发过程比较简单，因此有必要进行基本的介绍。

Selenium 本身只是一个工具，而不是一个具体的浏览器，但是 Selenium 支持包括 Chrome 和 Firefox 在内的浏览器。为了在 Python 中使用 Selenium，我们需要安装 selenium 库（通过 pip install selenium 进行安装）。完成安装后，为了使用特定的浏览器，我们可能需要下载对应的驱动，以 Chrome

为例，可以在公司对应的站点下载驱动。我们将下载的文件放在某个路径下，并在程序中指明该路径即可。如果想避免每次配置路径的麻烦，可以将该路径设置为环境变量，这里就不赘述了。

我们通过一个访问百度新闻站点的例子来引入 Selenium，见例 4-6。

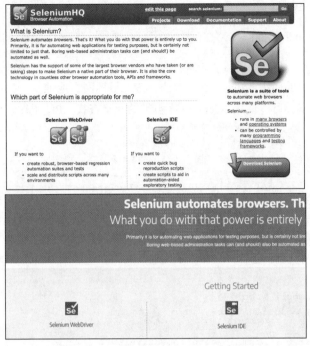

图 4-15　Selenium 官网介绍（2020 年的官网首页）

【例 4-6】使用 Selenium 的简单例子。

```python
from selenium import webdriver
import time

browser = webdriver.Chrome('yourchromedriverpath')
# 如"/home/zyang/chromedriver"
browser.get('http://www.baidu.com')
print(browser.title) # 输出: "百度一下, 你就知道"
browser.find_element_by_name("tj_trnews").click() # 单击"新闻"
browser.find_element_by_class_name('hdline0').click() # 单击头条
print(browser.current_url) # 输出: http://news.baidu.com/
time.sleep(10)
browser.quit() # 退出
```

运行上面的代码，我们会看到 Chrome 程序被打开，浏览器访问了百度首页，然后跳转到了百度新闻页面，之后选择了该页面的第一个头条新闻，从而打开了新的新闻页。一段时间后，浏览器关闭并退出。控制台会输出"百度一下，你就知道"（对应 browser.title）和百度新闻官网（对应 browser.current_url）。这对我们无疑是一个大好消息，如果能获取对浏览器的控制权，那么抓取某一部分的内容会非常轻松。

另外，selenium 库能够为我们提供实时网页源代码，这使得结合 Selenium 和 BeautifulSoup（以及其他的那些我们在前文提到的网页元素解析方法）成为可能。如果对 selenium 库自带的元素定位 API 不甚满意，那么这会是一个非常好的选择。总的来说，使用 selenium 库的主要步骤如下。

（1）创建浏览器对象，即使用类似下面的语句：

```
from selenium import webdriver

browser = webdriver.Chrome()
browser = webdriver.Firefox()
browser = webdriver.PhantomJS()
browser = webdriver.Safari()
...
```

（2）访问页面，主要使用 browser.get()方法，传入目标网页地址。

（3）定位网页元素，可以使用 selenium 库自带的元素查找 API，即：

```
element = browser.find_element_by_id("id")
element = browser.find_element_by_name("name")
element = browser.find_element_by_xpath("xpath")
element = browser.find_element_by_link_text('link_text')
element = browser.find_element_by_tag_name('tag_name')
element = browser.find_element_by_class_name('class_name')
element = browser.find_elements_by_class_name() # 定位多个元素的版本
# ...
```

还可以使用 browser.page_source 获取当前网页源代码并使用 BeautifulSoup 等网页解析工具定位：

```
from selenium import webdriver
from bs4 import BeautifulSoup

browser = webdriver.Chrome('yourchromedriverpath')
url = 'https://www.douban.com'
browser.get(url)
ht = BeautifulSoup(browser.page_source,'lxml')
for one in ht.find_all('a',class_='title'):
  print(one.text)
# 输出
# 52 倍人生——        大师电影课
# 哲学闪耀时——不一样的西方哲学史
# 黑镜人生——网络生活的传播学肖像
# 一个故事的诞生——22 堂创意思维写作课
# 12 文豪——围绕日本文学的冒险
# 成为更好的自己——        人格心理学 32 讲
# 控制力幻象——焦虑感背后的心理觉察
# 小说课——        解读中外经典
# 亲密而独立——洞悉爱情的 20 堂心理课
# 觉知即新生——终止童年创伤的心理修复课
```

（4）网页交互，对元素进行输入、选择等操作。如访问豆瓣网并搜索某一关键字（见例 4-7，效果见图 4-16）。

【例 4-7】使用 selenium 库配合 Chrome 在豆瓣网进行搜索。

```
from selenium import webdriver
import time
from selenium.webdriver.common.by import By
```

```
browser = webdriver.Chrome('yourchromedriverpath')
browser.get('http://www.douban.com')
time.sleep(1)
search_box = browser.find_element(By.NAME,'q')
search_box.send_keys('网站开发')
button = browser.find_element(By.CLASS_NAME,'bn')
button.click()
```

图 4-16　使用 Selenium 操作 Chrome 进行豆瓣网搜索的结果

在上面的例子中我们使用了 By，这是一个附加的用于网页元素定位的类，为查找元素提供了更抽象的统一接口。实际上，我们代码中的 browser.find_element(By.CLASS_NAME,'bn') 与 browser.find_element_by_class_name('bn') 是等效的。

在导航（窗口中的前进与后退）方面，主要使用 browser.back() 和 browser.forward() 两个函数。

（5）获取元素属性可供使用的函数很多：

```
# one 应该是一个 selenium.webdriver.remote.webelement.WebElement 类的对象
one.text
one.get_attribute('href')
one.tag_name
one.id
...
```

在 Selenium 自动化浏览器时，除了单击、查找这些操作，实际上我们需要一个常用操作，即"下拉页面"，直观地讲，就是在模拟浏览器中实现鼠标滚轮下滑或者拖动右侧滚动条的效果。遗憾的是，selenium 库本身没有为我们提供这一便利，但主要可以使用两种方式来解决这个问题，一是使用模拟键盘输入（如输入 PageDown），二是使用执行 JavaScript 代码的形式。

【例 4-8】Selenium 模拟页面下拉滚动。

```
from selenium import webdriver
from selenium.webdriver import ActionChains
from selenium.webdriver.common.keys import Keys
import time
```

```
# 滚动页面
browser = webdriver.Chrome('your chrome diver path')
browser.get('https://news.baidu.com/')
print(browser.title) # 输出："百度一下，你就知道"
for i in range(20):
  # browser.execute_script("window.scrollTo(0,document.body.scrollHeight)") # 使用执
行 JS 的方式滚动
    ActionChains(browser).send_keys(Keys.PAGE_DOWN).perform() # 使用模拟键盘输入的方式滚动
    time.sleep(0.5)

browser.quit() # 退出
```

在上面的代码中，我们使用 Selenium 操作 Chrome 访问百度新闻首页，并执行下拉页面移动的动作。第一种方法使用了 ActionChains（动作链，它在一些中文文档中译为"行为链"），这是一个为模拟一组鼠标操作而设计的类，在 perform()方法调用时，会执行 ActioncChains 所存储的所用动作，如：

```
ActionChains(browser).move_to_element(some_element).click(a_button).send_keys(some
_keys).perform()
```

这种写法被称为"链式模型"。当然，同样的逻辑可以换种写法：

```
ac = ActionChains(browser)
ac.move_to_element(some_element)
ac.click(a_button)
ac.send_keys(some_keys)
ac.perform()
```

ActionChains 可以允许我们进行一些相对复杂的操作，如将网页中的一部分进行拖曳并读取页面弹出窗口信息。我们使用 switch_to()方法来切换 frame，通过 webdriver.common.alert 包中的 Alert 类来读取当前弹窗警告信息。利用菜鸟教程中的一个演示页面来说明，如图 4-17 所示，我们打开开发者工具查看网页结构，可以看到 iframe 这个节点。

图 4-17　RUNOOB 演示网页的结构

据此，我们可以编写出代码，见例 4-9。

【例 4-9】拖曳网页区域并读取弹出框信息。

```
from selenium import webdriver
```

```
from selenium.webdriver import ActionChains
from selenium.webdriver.common.alert import Alert

browser = webdriver.Chrome('yourchromedriverpath')
url = 'http://www.runoob.com/try/try.php?filename=jqueryui-api-droppable'
browser.get(url)
# 切换到 frame
browser.switch_to.frame('iframeResult') #
# 不推荐 browser.switch_to_frame()方法
# 根据 ID 定位元素
source = browser.find_element_by_id('draggable') # 被拖曳区域
target = browser.find_element_by_id('droppable') # 目标区域
ActionChains(browser).drag_and_drop(source, target).perform() # 执行动作链
alt = Alert(browser)
print(alt.text) # 输出: "dropped"
alt.accept() # 接受弹出框
```

　　除了上面的方法，另一种下拉页面的策略是使用 execute_script()这个方法，该方法会在当前的浏览器窗口中执行一段 JavaScript 代码。一般而言，DOM 的 Windows 对象中的 scrollTo()方法，可以滚动到任意位置，我们传入的参数 document.body.scrollHeight 则是页面整个主体的高度，因此该方法执行后会滚动到当前页面的最下方。除了下拉页面之外，利用 execute_script()方法显然还可以实现很多有意思的效果。

　　最后，使用 Selenium 时要注意隐式等待的概念，在 Selenium 中具体的函数为 implicitly_wait()。由于 Ajax 技术（我们使用 Selenium 的主要出发点就是处理比较复杂的基于 JavaScript 的页面），网页中的元素可能是在打开页面后的不同时间加载完成的（取决于网络通信情况和 JavaScript 脚本详细内容等），等待机制保证了浏览器在被驱动时能够有寻找元素的缓冲时间。显式等待是指使用代码命令浏览器在等待一个确定的条件出现后执行后续操作。隐式等待一般需要先使用元素定位 API 函数来指定某个元素，使用方法类似于下面的代码：

```
from selenium import webdriver

browser = webdriver.Firefox()
browser.implicitly_wait(10) # 隐式等待 10 秒
browser.get("the site you want to visit")
myDynamicElement = browser.find_element_by_id('Dynamic Element')
```

　　如果 find_element_by_id()方法未能立即获取结果，程序将保持轮训并等待10s。由于隐式等待的使用方式不够灵活，而显式等待可以通过 WebDriverWait 结合 ExpectedCondition()等方法进行比较灵活的定制，因此后者是比较推荐的选择，前者可以用在程序前期的调试开发中。

　　值得一提的是，除了 Chrome 和 Firefox 这样的界面型浏览器，在网络数据抓取中我们还经常看到 PhantomJS 的身影，这是一个被称为"无头浏览器"的工具。所谓"无头"，其实就是指"无界面"，因此 PhantomJS 更像是一个 JavaScript 模拟器而不像是一个浏览器。无界面带来的好处是性能上的提高和使用上的轻量，但缺点也很明显，由于无界面，因此我们无法实时看到网页，这对程序的开发和调试会造成一定的影响。PhantomJS 可在其官网下载，由于无界面的特征，使用 PhantomJS 时 Selenium 的截图保存函数 browser.save_screenshot()就显得十分重要了。

4.3.3 PyV8 与 Splash

在介绍 PyV8 之前，我们需要先认识一下 V8。V8 是一款基于 C++语言的 JavaScript 引擎，设计之初是考虑到 JavaScript 的应用愈发广泛，因此需要在执行性能上有所进步。V8 出品后，迅速被应用到了包括 Chromium 在内的多个产品中，受到广泛的欢迎。比较粗略地说，V8 是一个能够用来执行 JavaScript 的运行工具。既然是执行 JavaScript 的有效工具，只要配合网页 DOM 树解析，理论上就能够当作一个浏览器来使用。为了在 Python 中使用 V8，我们需要安装 PyV8 库（使用 pip 安装），使用 PyV8 来执行 JavaScript 代码的方法主要是使用 JSContext 对象，见例 4-10。

【例 4-10】使用 PyV8 执行 JavaScript 代码。

```
import PyV8

ct = PyV8.JSContext()
ct.enter()
func = ct.eval(
"""
    (function(){
        function hi(){
            return "Hi!";
        }
        return hi();
    })
"""
)

print(func()) # 输出"Hi!"
```

由于 PyV8 只能单纯提供 JavaScript 的执行环境，无法与实际的网页 URL 对接（除非在脚本基础上做更多的扩展和更改），因此只能用于执行单纯的 JavaScript。比较常见的使用方式是通过分析网页代码，将网页中用于构造 JSON 数据的 JavaScript 语句写入 Python 程序，利用 PyV8 执行 JavaScript 并获取必要的信息（如获取 JSON 数据的特定 URL），换句话说，单纯使用 PyV8 并不能直接获得最终的网页元素信息。与 V8 不同，Splash 是一个专为 JavaScript 渲染而生的工具，基于 Twisted 和 QT5 开发的 Splash 为我们提供了 JavaScript 渲染服务，同时也可以作为一个轻量级浏览器来使用，我们先使用 Docker 安装 Splash（如果计算机尚未安装 Docker，还需要先安装 Docker 服务）：

```
docker pull scrapinghub/splash
```

之后使用对应的命令来运行 Splash 服务：

```
docker run -p 8050:8050 -p 5023:5023 scrapinghub/splash
```

运行后会出现图 4-18 所示的输出。

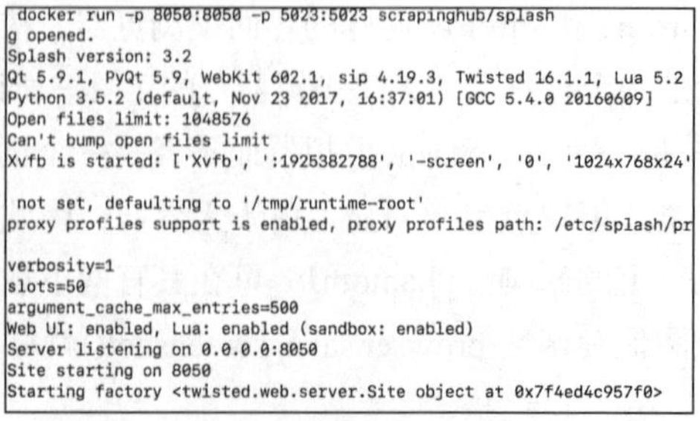

```
docker run -p 8050:8050 -p 5023:5023 scrapinghub/splash
g opened.
Splash version: 3.2
Qt 5.9.1, PyQt 5.9, WebKit 602.1, sip 4.19.3, Twisted 16.1.1, Lua 5.2
Python 3.5.2 (default, Nov 23 2017, 16:37:01) [GCC 5.4.0 20160609]
Open files limit: 1048576
Can't bump open files limit
Xvfb is started: ['Xvfb', ':1925382788', '-screen', '0', '1024x768x24']

 not set, defaulting to '/tmp/runtime-root'
proxy profiles support is enabled, proxy profiles path: /etc/splash/pr

verbosity=1
slots=50
argument_cache_max_entries=500
Web UI: enabled, Lua: enabled (sandbox: enabled)
Server listening on 0.0.0.0:8050
Site starting on 8050
Starting factory <twisted.web.server.Site object at 0x7f4ed4c957f0>
```

图 4-18   运行后的终端输出

我们打开本地主机 8050 即可看到 Splash 自带的 Web UI，如图 4-19 所示。

图 4-19　Splash 运行后的界面

我们可以输入携程网的地址来试验一下，图 4-20 所示的 Splash 提供了很多信息，包括界面截图、网页源代码等。

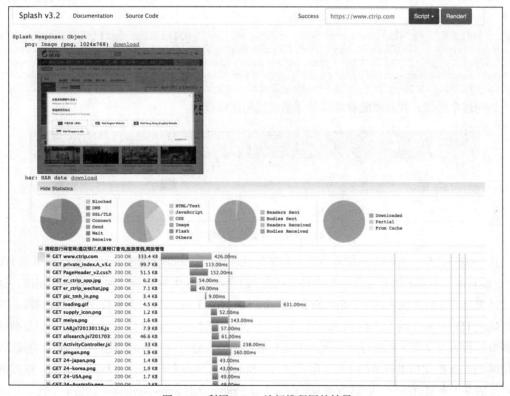

图 4-20　利用 Splash 访问携程网的结果

在 HAR Data 中我们可以看到渲染过程中的通信情况,这部分的内容类似于 Chrome 开发者工具中的 Network 模块。

使用 Splash 服务比较简单的方法就是使用 API 来获取渲染后的网页源代码。Splash 提供了这样的 URL 来访问某个页面的渲染结果,这使得我们可以通过 requests 来获取 JavaScript 加载后的页面代码,而非原始的静态源代码:

```
http://localhost:8050/render.html?url=targeturl
```

传递一个特定的 targeturl(URL)给该接口,可以获得页面渲染后的代码,还可以指定等待时间,确保页面内的所有内容都被加载完成。我们通过京东首页的例子来具体说明 Splash 在 Python 抓取程序中的用法,见例 4-11。

【例 4-11】使用 requests 直接获取京东首页的活动推荐信息。

```python
import requests
from bs4 import BeautifulSoup

# url = 'http://localhost:8050/render.html?url=https://www.jd.com'
url = 'https://www.jd.com'
resp = requests.get(url)
html = resp.text
ht = BeautifulSoup(html)
print(ht.find(id='J_event_lk').get('href'))  # 根据开发者工具分析得到元素 ID
```

上面的程序试图访问京东首页并获取活动推荐信息(图 4-21 所示的最上方区域的信息),但输出结果为 "AttributeError: 'NoneType' object has no attribute 'get'"。这正是因为该元素是 JavaScript 加载的动态内容,所以无法使用直接访问 URL 获取源代码的形式来解析。如果我们使用 Splash 服务,其他代码不变,最终得到的输出为:

```
//c-nfa.jd.com/adclick?keyStr=6PQwtwh0f06syGHwQVvRO7pzzm8GVdWoLPSzhvezmOUieGAQ0EB4
PPcsnv4tPllwbxK7wW7Kf1CBkRCm1uYvOJnvdYZDppI+XkwTAYaaVUaxLOaI1mk2Xg1G8DT1I9Ea4fLWlvRBkx
oM4QrINBB7LY7hQn2KQCvRIb1VTSHvkrdxr1ZcSsjvXwtVY5sfkeNsjnSIFtrxkX4xkYbQvHViCGKnFtB6rhrx
WO1MpkcMG5SoRUSOdb56zrttLfl8vNBFcptr0poJNKZrfeMvuWRplv4bRbtDQshzWfMXyqdyQxyNrmP1wRDLNl
oYOL46zk6YpGgD9f7DD80JI2OBqrgiZA==&cv=2.0&url=//sale.jd.com/act/ePj4fdN51p6Smn.html
```

访问这个链接,我们便能看到活动详情,说明抓取成功。

图 4-21　京东首页的活动推荐信息

这个例子说明了 Splash 的优点:提供十分方便的 JavaScript 网页渲染服务,提供简单的 HTTP API,而且由于不需要浏览器程序,在计算机资源上不会有太大的浪费,和 Selenium 相比,这一点尤其突出。最后要说明的是,Splash 的执行脚本是基于 Lua 编写的,支持用户自行编辑,并且可以通过 HTTP API 的方式在 Python 中调用。因此,通过 execute 接口可以实现很多更复杂的网页解析过程(与页面元素进行交互而非单纯获取页面源代码),能够极大提高我们抓取的灵活性,可访问 Splash 的文档做更多的了解。除此之外,Splash 还可以配合 Scrapy 框架(Scrapy 框架的内容可见后文)来进行抓取,在这方面 scrapy-splash(pip install scrapy-splash)会是一个比较好的辅助工具。

Lua 是主打轻量、便捷的嵌入式脚本编程语言，基于 C 语言编写，可与其他一些"重量级"语言配合。在游戏插件开发、C 程序嵌入编写方面都有着广泛的应用。

4.4　本章小结

　　本章对 JavaScript 进行了简要的介绍，并对于抓取 JavaScript 页面数据给出了多种不同的参考方案，对于 Ajax 分析和模拟浏览器等方面进行了重点阐释。在实际应用中，我们很难不碰到使用 Ajax 的网页，因此，对本章内容有一定的了解将会有利于读者编写爬虫。

第5章
表单与模拟登录

在每个人的互联网生活体验中，浏览网页都是极为重要的一部分，而在各式各样的网页中，有一类网页是基于注册登录功能的，很多内容对于尚未登录的游客并不开放。目前的趋势是，各式网站都在朝着更注重社交、更注重用户交互的方向发展，因此，在爬虫编写中考虑账号登录的问题显得很有必要。这部分我们要先从 HTML 中的表单说起，使用我们熟悉的 Python 和工具来探索网站登录这一主题。在前文我们的爬虫基本只使用了 HTTP 请求方法中的 GET，在这一章，我们将注意力主要放在 POST 上。

5.1　表单

5.1.1　表单与 POST

在之前的爬虫编写过程中，我们的程序基本只是在使用 GET，即仅通过程序去"读"网页中的数据，但每个人在实际的浏览网页过程中，还会涉及大量 POST。表单（Form）这个概念往往会与 POST 联系在一起，表单具体是指 HTML 页面中的 form 元素，通过 HTML 页面的表单来发送信息是最为常见的与网站服务器的交互方式。

以登录表单为例，我们访问 hao123 网站的登录界面，使用 Chrome 的网页检查工具，可以看到源码中十分明显的<form>元素（见图 5-1，由于 hao123 网站官方的更新，此处显示的网页元素分析结果可能也会有所不同），注意其 method 属性为"post"，即该表单将会把用户的输入通过 POST 发送出去。

除了用于登录的表单，还有用于其他用途的表单，而且网页中表单的输入（字段）信息也不一定必须是用户输入的文本内容，在上传文件时我们也会用到表单。以图床网站为例，这种网站的主要服务就是在线存储图片，用户上传本地图片文件后，由服务器存储并提供一个图片 URL，这样人们就能通过该 URL 来使用这张图片。这里使用 ImgURL 图床服务来进行分析，访问其网址 https://imgurl.org/，我们可以看到，upload（上传）这个按钮本身就在一个 form 节点下，这个表单发送的数据不是文本数据，而是一份文件，如图 5-2 所示。

在待上传区域添加一张本地图片，单击"Upload"按钮，即可在开发者工具的 Network 选项卡中看到本次 POST 的一些详细信息，如图 5-3 所示。

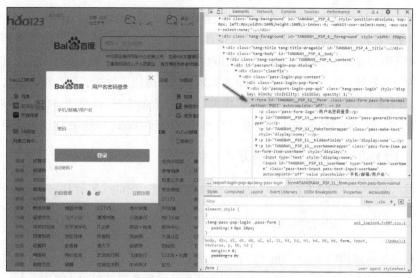

图 5-1　hao123 网站页面的登录表单

图 5-2　ImgURL 网站中上传图片的表单

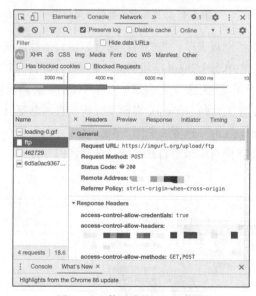

图 5-3　上传图片的 POST 信息

需要说明的是，如果网页中的任务只是向服务器发送一些简单信息，表单还可以使用除 POST 之外的方法，如 GET。一般而言，如果使用 GET 来发送一个表单，那么发送到服务器的信息（一般是文本数据）将被追加到 URL 之中。而使用 POST 请求发送的信息会被直接放入 HTTP 请求的主体里。两种方法的特点也很明显，使用 GET 比较简单，适用于发送的信息不复杂且对参数数据安全没有要求的情况（很难想象用户和密码作为 URL 中追加的查询字符串的一部分被发送）；而 POST 更像是"正规"的表单发送方法，用于文件传送的 multipart/form-data 也只支持 POST。

5.1.2 POST 发送表单数据

使用 requests 库中的 POST 就可以完成简单的 POST，下面的代码就是一个基本的模板：

```python
import requests
form_data = {'username':'user','password':'password'}
resp = requests.post('http://website.com',data=form_data)
```

这段代码将字典结构的 form_data 作为 post()方法的 data 参数，requests 会将该数据提交至对应的 URL。虽然很多网站都不允许非人类用户的程序（包括普通的爬虫）来发送登录表单，但我们可以使用自己在该网站上的账号信息来试一试，毕竟简单的登录表单发送程序也不会对网站造成资源压力。以百度贴吧为例，我们访问其网站，通过分析网页结构可以发现，用户登录表单的主要内容就是用户名与密码（见图 5-4）。

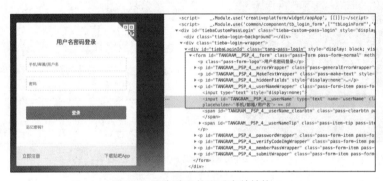

图 5-4　百度贴吧的登录表单结构

对于这种结构比较简单的网页表单，我们可以通过分析页面源代码来获取其字段名并构造自己的表单数据（主要是确定表单每个 input 字段的 name 属性，该名称对应的表单数据被提交到服务器后的变量名称），而对于相对比较复杂的表单，它有可能向服务器提供了一些额外的参数数据，我们可以使用 Chrome 开发者工具的 Network 界面来分析。进入贴吧首页，打开开发者工具并在 Network 工具中选中"Preserve Log"选项（见图 5-5），这样可以保证在页面刷新或重定向时不会清除之前的监控数据，接着在网页中填写自己的用户名和密码并登录，很容易就能够发现一条登录的 POST 表单记录。

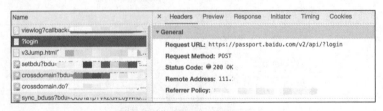

图 5-5　登录的 POST 数据

根据这条记录，首先可以确定 POST 的目标 URL 地址。接着需要注意的是 Request Headers 中的信息，其中的 User-Agent 值可以作为我们伪装爬虫的有力帮助。最后，我们找到 Form Data 数据，其中的字段包括 username、password、loginversion、supportdv，因此我们可以编写自己的登录表单 POST 程序了。

为了编写这个针对百度贴吧的登录程序，我们要通过图 5-5 中的 URL 地址来模拟登录。我们需要先引入 requests 库中的 Session 对象，官方文档中对此的描述为，"Session 对象让你能够跨请求保持某些参数，也会在同一个 Session 实例发出的所有请求之间保持 Cookie 信息"。因此，如果我们使用 Session 对象成功登录了网站，那么访问网站首页应该会获得当前账号的信息，并且下一次使用 Session 仍然记录此登录状态。可以看到，登录后的网页顶部出现了用户头像信息（见图 5-6），我们现在就将这次模拟登录的目标设置为获取这个头像并保存在本地。

图 5-6　网页中的用户账号信息

使用 Chrome 开发者工具来分析网页源代码，会发现该头像图片是在<div class="media_horizontal clearfix ">元素中，因此，可以完成这个简单的头像下载程序，见例 5-1。

【例 5-1】使用表单 POST 来登录百度贴吧网站。

```
import requests
from bs4 import BeautifulSoup

headers = {
    'User-Agent': 'Mozilla/5.0 (Macintosh; Intel Mac OS X 10_13_3) '
                  'AppleWebKit/537.36   (KHTML,   like   Gecko)   Chrome/66.0.3359.139
Safari/537.36'}
    form_data = {'username': 'yourname',  # 用户名，如 allenzyoung@163.com
                 'password': 'yourpw',  # 密码，如 123456789
                 'loginversion': 'v4',  # 对普通用户隐藏的字段，该值不需要用户主动设定
                 'supportdv': 1}  # 对普通用户隐藏的字段，该值不需要用户主动设定

session = requests.Session()  # 使用 requests 的 Session()来保持会话状态
session.post(
    'https://passport.baidu.com/v2/api/?login',
    headers=headers, data=form_data)
resp = session.get('https://tieba.baidu.com/#').text
ht = BeautifulSoup(resp, 'lxml') # 根据访问得到的网页数据建立 BeautifulSoup 对象
cds = ht.find('div', {'class': 'media_horizontal clearfix '}).findChildren() # 获取
"<div class="media_horizontal clearfix ">元素节点下的孩子元素"
print(cds)
# 获取 img src 中的图片地址
img_src_links = [one.find('img')['src'] for one in cds if one.find('img') is not None]
```

```
for src in img_src_links:
  img_content = session.get(src).content
  src = src.lstrip('http://').replace(r'/', '-') # 将图片地址稍作处理并作为文件名
  with open('{src}.jpg'.format_map(vars()), 'wb+') as f:
    f.write(img_content) # 写入文件
```

在上述程序中，BeautifulSoup 和 requests 我们已经非常熟悉了，需要稍做说明的是打开 JPG 文件路径的这段代码：

```
with open('{src}.jpg'.format_map(vars()), 'wb+') as f:
```

其中 format_map()方法与 format(**mapping)等效，而 vars()是一个 Python 中的内置函数，它会返回一个保存了对象 object 的属性-属性值键值对的字典。在不接受其他参数时，也可以使用 locals()方法来替换这里的 vars()方法，这将实现同样的功能。除此之外，如果我们需要知道提交表单后网页的响应地址，可以通过网页中 form 元素的 action 属性来分析得到。

执行程序后，在本地就能够看到下载完成后的头像图片。如果我们没有成功进入登录状态，网站将不会在首页显示这个头像，因此看到这张图片也说明我们的模拟登录已经成功。为了成功运行，在运行上述代码之前需要将其中的账号信息设置为自己的用户名和密码。另外，由于百度贴吧的网页版本更新较快，例 5-1 仅提供一个登录并下载内容的程序框架，读者在使用示例程序时可能需要根据具体的 POST 表单字段和网页结构来修改代码。

值得一提的是，有一些表单会包含一些单选框、多选框等内容（见图 5-7），分析其本质仍然是简单的字段名：字段值结构，可以使用上述类似的方法进行 GET 和 POST 操作。获取这些信息的最佳方式就是打开 Network 并尝试提交一次表单，观察一条 Form Data 的记录。

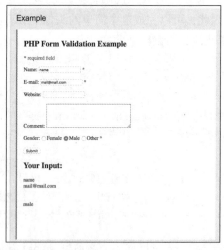

图 5-7　一个具有单选框的表单示例（"单选框"实际上是 radio 类型元素）

5.2　Cookie

5.2.1　Cookie 简介

很多人可能都有这样的经历，在清除浏览器的历史记录数据时，碰到一个 "Cookies and other

site data"这样的选项（见图 5-8），对 Web 开发不太了解的用户而言，这个所谓的"Cookies"可能是非常令人疑惑的，从字面意思上完全看不出它的功能。"Cookie"的本意是指曲奇饼干，在 Web 技术中则是指服务器为了一定的目的而存储在用户本地的数据，如果要细分，可以分为非持久的 Cookie 和持久的 Cookie。

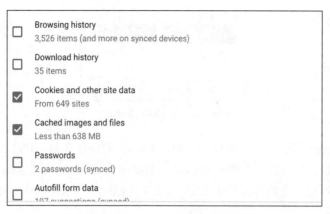

图 5-8　Chrome 中的"清除历史记录"

Cookie 来源于 HTTP 本身的一个小问题，因为仅通过 HTTP，服务器（网站方）无法辨别用户（浏览器使用者）的身份。换句话说，服务器并不能获知两次请求是否来自同一个浏览器，也不能获知用户的上一次请求信息。解决这个小问题倒也不困难，最简单的方式就是在页面中加入某个独特的参数数据（一般叫"token"），在下一次请求时向服务器提供这个 token。为了达到这个效果，服务器可能需要在网页的表单中加入一个针对用户的 token 字段，或者是直接在 URL 中加入 token，类似我们在很多 URL query 查询链接中所看到的情况（这种"更改"URL 的方式，在用于标识用户访问的时候，称为 URL 重写）。而 Cookie 则是更为精巧的一种解决方案，在用户访问网站时，服务器通过浏览器，以一定的规则和格式在用户本地存储一小段数据（一般是一个文本文件）后，如果用户继续访问该网站，浏览器将会把 Cookie 数据也发送到服务器，网站可以通过该数据来识别用户。用更概括的方式描述，Cookie 就是保持和跟踪用户在浏览网站时的状态的一种工具。

关于 Cookie，一个极为普遍的场景就是"保持登录状态"，在那些需要我们输入用户名和密码进行登录的网站中，往往会有一个"下次自动登录"的选项。图 5-9 即为百度的用户登录界面，如果我们选择这个"下次自动登录"选项，下次（如关闭这个浏览器，然后重新打开）访问网站，会发现自己仍然是登录的状态。在第一次登录时，服务器会把包含了经过加密的登录信息作为 Cookie 来保存到用户本地（硬盘），在新的一次访问时，如果 Cookie 中的信息尚未过期（网站会设定登录信息的过期时间），网站收到了这一份 Cookie，就会自动为用户登录。

　　　　Cookie 和 Session 不是一个概念，Cookie 数据保存在本地（客户端），Session 数据保存在服务器（网站方）。一般而言，Session 是指抽象的客户端-服务器交互状态（因此往往被翻译成"会话"），其作用是"跟踪"状态，如保持用户在电商网站加入购物车的商品信息，而 Cookie 这时就可以作为 Session 的一个具体实现手段，在 Cookie 中设置一个标明 Session 的 Session ID。

图 5-9　百度的登录界面

具体到发送 Cookie 的过程中，浏览器一般把 Cookie 数据放在 HTTP 请求的 Header 数据中，由于增加了网络流量，也招致了一些人对 Cookie 的批评。另外，由于 Cookie 中包含了一些敏感信息，它容易成为网络攻击的目标，在 XSS 攻击（跨网站命令攻击）中，攻击者往往会尝试对 Cookie 数据进行窃取。

5.2.2　在 Python 中使用 Cookie

Python 提供了 Cookielib 库来对 Cookie 数据进行简单的处理（在 Python 3 中为 http.cookiejar 库），这个模块里主要的类有 CookieJar、FileCookieJar、MozillaCookieJar、LWPCookieJar 等。在源代码注释中特意说明了这些类之间的关系，如图 5-10 所示。

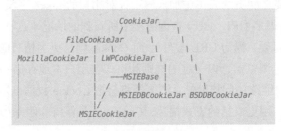

图 5-10　该模块各类的关系

除了 Cookiejar 类，在抓取程序编写中使用更为广泛的是 requests 的 Cookie 功能（实际上，requests.cookie 模块中的 RequestsCookieJar 类就是一种 CookieJar 的继承），可以将字典结构信息作为 Cookie 伴随一次请求来发送：

```python
import requests
cookies = {
  'cookiefiled1': 'value1',
  'cookiefiled2': 'value2',
  # 更多 Cookie 信息
}
headers = {
  'User-Agent': 'Mozilla/5.0 (Macintosh; Intel Mac OS X 10_9_4) AppleWebKit/537.36
(KHTML, like Gecko) Chrome/36.0.1985.125 Safari/537.36',
}
url = 'https://www.douban.com'
requests.get(url, cookies=cookies, headers=headers) # 在 GET() 方法中加入 Cookie 信息
```

上文提到，Session 可以帮助我们保持会话状态，我们可以通过这个对象来获取 Cookie：

```
import requests
import requests.cookies

headers = {
  'User-Agent': 'Mozilla/5.0 (Macintosh; Intel Mac OS X 10_13_3) '
                'AppleWebKit/537.36 (KHTML, like Gecko) Chrome/66.0.3359.139 Safari/537.
36'}
  form_data = {'username': 'yourname',  # 用户名
               'password': 'yourpw',  # 密码
               'quickforward': 'yes',  # 对普通用户隐藏的字段，该值不需要用户主动设定
               'handlekey': 'ls'}  # 对普通用户隐藏的字段，该值不需要用户主动设定

sess = requests.Session()  # 使用 requests 的 Session 来保持会话状态
sess.post(
  'http://www.1point3acres.com/bbs/member.php?mod=logging&action=login&loginsubmit=
yes&infloat=yes&lssubmit=yes&inajax=1',
  headers=headers, data=form_data)

print(sess.cookies)  # 获取当前 Session 的 Cookie 信息
print(type(sess.cookies))  # 输出: <class 'requests.cookies.RequestsCookieJar'>
```

我们还可以借助 requests.util 模块中的函数实现一个基于 Cookie 存储和 Cookie 加载双向功能
的爬虫类模板：

```
import requests
import pickle


class CookieSpider:
    # 实现了基于 requests 的 Cookie 存储和 Cookie 加载的爬虫模板
    cookie_file = ''

    def __init__(self, cookie_file):
      self.initial()
      self.cookie_file = cookie_file

    def initial(self):
      self.sess = requests.Session()

    def save_cookie(self):
      with open(self.cookie_file, 'w') as f:
        pickle.dump(requests.utils.dict_from_cookiejar(  # dict_from_cookiejar turn a
cookiejar object to dict
          self.sess.cookies), f
        )

    def load_cookie(self):
      with open(self.cookie_file) as f:
        self.sess.cookies = requests.utils.cookiejar_from_dict(  # cookiejar_from_dict
turn a dict into a cookiejar
          pickle.load(f)
        )

    ...
```

5.3 模拟登录网站

5.3.1 分析网站

以国内的问答社区网站知乎为例，我们试图通过 Python 编写一个程序来模拟对知乎的登录。首先我们手动访问其首页并登录，进入用户后台界面后，可以看到这里有"基本资料"选项卡，其中比较重要的信息包括用户名、个性域名等，详情如图 5-11 所示。

图 5-11 "基本资料"选项卡

接下来，为了获取知乎 Cookies 的字段信息，我们打开 Chrome 开发者工具的"Application"选项卡，在"Storage"（存储）下的"Cookies"选项中就能够看到当前网站的 Cookies 信息，Name 和 Value 分别是字段名和值，如图 5-12 所示。

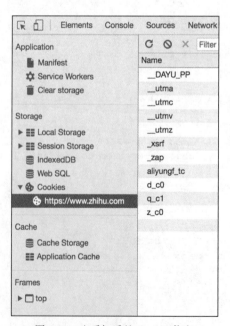

图 5-12 查看知乎的 Cookie 信息

可以设想模拟登录的基本思路。第一种是直接在爬虫中提交表单（用户名和密码等），通过 requests 的 Session 来保持会话，成功登录；第二种则是通过浏览器进行辅助，先通过一次手动登录来获取并保存 Cookie 信息，在之后的抓取或者访问中直接加载保存了的 Cookie 信息，使得服务器"认为"我们已经登录。显然，第二种在应对一些登录过程比较复杂（尤其是登录表单复杂且存在验证码）的情况时比较合适。理论上说，只要本地的 Cookie 信息仍在有效期限内，就一直能够模拟出登录状态。再想象一下，其实无论是通过模拟浏览器还是其他方法，只要我们能够成功还原出登录后的 Cookie 信息，那么模拟登录状态就不再困难了。

5.3.2　通过 Cookie 模拟登录

根据上面讨论的第二条思路，即可着手利用 Selenium 模拟浏览器来保存知乎登录后的 Cookie 信息。Selenium 的相关使用我们之前已经介绍过，这里需要考虑的是如何保存 Cookie 信息，一种比较简便的方法是通过 webdriver 对象的 get_cookies()方法在内存中获得 Cookie 信息，接着我们用 pickle 工具保存到文件中即可，见例 5-2。

【例 5-2】使用 Selenium 保存知乎登录后的 Cookie 信息。

```
import selenium.webdriver
import pickle, time, os


class SeleZhihu():
  _path_of_chromedriver = 'chromedriver'
  _browser = None
  _url_homepage = 'https://www.zhihu.com/'
  _cookies_file = 'zhihu-cookies.pkl'
  _header_data = {'Accept':
'text/html,application/xhtml+xml,application/xml;q=0.9, image/webp,*/*;q=0.8',
                'Accept-Encoding': 'gzip, deflate, sdch, br',
                'Accept-Language': 'zh-CN,zh;q=0.8',
                'Connection': 'keep-alive',
                'Cache-Control': 'max-age=0',
                'Upgrade-Insecure-Requests': '1',
                'User-Agent': 'Mozilla/5.0 (Windows NT 6.1; WOW64) AppleWebKit/537.36
(KHTML, like Gecko) Chrome/36.0.1985.125 Safari/537.36',
                }

  def __init__(self):
    self.initial()

  def initial(self):
    self._browser = selenium.webdriver.Chrome(self._path_of_chromedriver)
    self._browser.get(self._url_homepage)

    if self.have_cookies_or_not():
      self.load_cookies()
    else:
      print('Login first')
      time.sleep(30)
      self.save_cookies()

    print('We are here now')
```

```
    def have_cookies_or_not(self):
      if os.path.exists(self._cookies_file):
        return True
      else:
        return False

    def save_cookies(self):
      pickle.dump(self._browser.get_cookies(), open(self._cookies_file, "wb"))
      print("Save Cookies successfully!")

    def load_cookies(self):
      self._browser.get(self._url_homepage)
      cookies = pickle.load(open(self._cookies_file, "rb"))
      for cookie in cookies:
        self._browser.add_cookie(cookie)
      print("Load Cookies successfully!")

    def get_page_by_url(self, url):
      self._browser.get(url)

    def quit_browser(self):
      self._browser.quit()


if __name__ == '__main__':
  zh = SeleZhihu()
  zh.get_page_by_url('https://www.zhihu.com/')

  time.sleep(10)
  zh.quit_browser()
```

运行上面的程序，将会打开 Chrome。如果此前没有本地 Cookie 信息，将会提示用户 "login first"，并等待 30s，在此期间我们需要手动输入用户名和密码等信息。执行登录操作后，程序将会自行存储登录成功的 Cookie 信息。我们还为这个 SeleZhihu 类添加了 load_cookies()方法，在之后访问网站时，如果发现本地已经存在了 Cookie 信息文件，就直接加载。这主要通过 initial()方法来实现，而 initial()方法会在__init__()中调用。__init__()是所谓的"初始化"函数，类似于 C++ 中的构造函数，会在类的实例初始化时被调用。'zhihu-cookies.pkl'是本地的 cookie 信息文件名，使用 pickle 序列化保存，这方面的详细内容参看第 3 章。

在保存 Cookie 后，我们就可以"移花接木"了。"移花接木"就是将 Selenium 为我们保存的 Cookie 信息拿到其他工具中（如 requests）使用，毕竟 Selenium 模拟浏览器的抓取方式效率十分低下，且性能也成问题。使用 requests 来加载我们本地的 Cookie 信息，并通过解析网页元素来抓取个性域名。如果模拟登录成功，我们就能够看到对应的域名信息，这部分的程序见例 5-3。

【例 5-3】使用 requests 加载 Cookie 信息，进入知乎登录状态并抓取个性域名。

```
import requests, pickle
from bs4 import BeautifulSoup
from pprint import pprint

headers = {
  'User-Agent': 'Mozilla/5.0 (Macintosh; Intel Mac OS X 10_13_3) '
                'AppleWebKit/537.36 (KHTML, like Gecko) Chrome/66.0.3359.139 Safari/
```

```
537.36'}
    sess = requests.Session()
    with open('zhihu-cookies.pkl', 'rb') as f:
      cookie_data = pickle.load(f)  # 加载 Cookie 信息

    for cookie in cookie_data:
      sess.cookies.set(cookie['name'], cookie['value'])  # 为 Session 设置 Cookie 信息

    res = sess.get('https://www.zhihu.com/settings/profile', headers=headers).text  # 访
问并获得页面信息
    ht = BeautifulSoup(res, 'lxml')
    # pprint(ht)
    node = ht.find('div', {'id': 'js-url-preview'})  # 获得个性域名
    print(node.text)
```

顺利运行程序后，我们将看到个性域名的输出。该程序的抓取目标比较简单，知乎首页设置下的 "profile" 对应的网页也没有使用大量动态内容（指那些经过 JavaScript 刷新或更改的页面元素）。如果想要抓取其他页面，在保持模拟登录机制的基础上改进抓取机制即可，可以结合第 4 章的内容进行更复杂的抓取。关于结合实际网站的模拟登录程序，可见第 11 章相关内容。

最后要提到的是处理 HTTP 基本认证（HTTP Basic Authentication）的情形，这种验证用户身份的方式一般不会在公开的商业性网站上使用，但在公司内网或者一些面向开发者的网页 API 中较为常见。与目前普遍的通过 form 表单提交登录信息的方式不同，HTTP 基本认证会使浏览器弹出要求用户输入用户名和口令（密码）的窗口，并根据输入的信息进行身份验证。我们通过一个例子来说明这个概念，图 5-13 提供了一个 HTTP 基本认证的示例,需要用户输入用户名 "httpwatch" 作为 Username，并输入一个自定义的密码作为 Password，单击 "Sign in" 按钮登录后，将会显示一个包含之前输入信息的图片。根据以上信息，我们使用 requests.auth 模块中的 HTTPBasicAuth 类即可通过该认证并下载最终显示的图片到本地，见例 5-4。

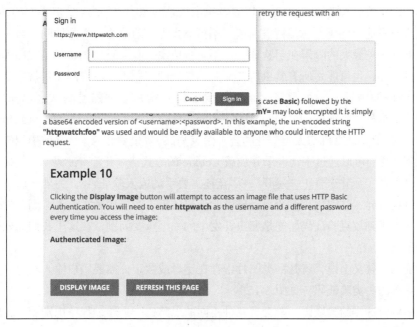

图 5-13　HTTP 基本认证的界面

【例 5-4】使用 requests 来通过 HTTP 基本认证并下载图片。

```
import requests
from requests.auth import HTTPBasicAuth

url =
'https://www.httpwatch.com/httpgallery/authentication/authenticatedimage/
default.aspx'

auth = HTTPBasicAuth('httpwatch', 'pw123') # 将用户名和密码作为对象初始化的参数
resp = requests.post(url, auth=auth)

with open('auth-image.jpeg','wb') as f:
  f.write(resp.content)
```

运行程序后，即可在本地看到这个 auth-image.jpeg 图片（见图 5-14），说明我们成功通过验证。

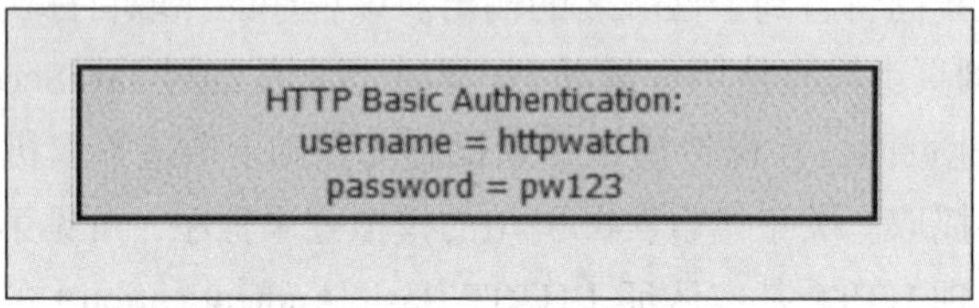

图 5-14　下载到本地的图片

5.4　验证码

5.4.1　图片验证码

明白模拟表单提交和使用 Cookie 可以说解决了登录问题的主要难点，但不幸的是，目前的网站在验证用户身份这个问题上总是精益求精，不惜下大力气防范非人类的访问。对于大型商业网站而言尤其如此——最大的障碍在于验证码，不夸张地说，验证码问题始终是程序模拟登录过程中最为头疼的一环，也可能是所有爬虫所要面对的最大的问题之一。我们在日常生活中总会碰到要求输入验证码的情况，某种意义上来说，验证码其实是一种图灵测试，这从它的英文名（CAPTCHA）的全称 "Completely Automated Public Turing test to tell Computers and Humans Apart"（意为完全自动化地将计算机与人类分开的公开图灵测试）就能看出来。从之前模拟知乎登录的过程中可以看到，我们可以通过手动登录并加载 Cookie 的方式 "避开" 验证码（只是抓取程序避开了验证码，开发者实际并未真正 "避开"，毕竟还需要手动输入验证码）。另外，由于验证码形式多变、网页结构各异，试图用程序全自动破解验证码的投入产出比确实太大，因此处理验证码的确十分棘手。考虑到攻克验证码始终是爬虫开发中的一个重要问题，在这里我们简要介绍验证码处理的种种思路。

图片验证码（狭义上说，就是一类图片中存在字母或数字，需要用户输入对应文字的验证方式）是比较简单的一类验证码（见图 5-15）。

在爬虫中对付这样的验证码一般会有几种不同的思路：一是通过程序识别图片，转换为文字并输入；二是手动打码，等于直接避开程序破解验证码的环节；三是使用一些人工打码平台的服

务。有关处理图片验证码这方面的讨论很多，我们对这几种方式都做简要的介绍。

图 5-15　典型的图片验证码

首先是识别图片并转换到文字的思路，传统上这种方式会借助光字符阅读器（Optical Character Reader，OCR）技术，步骤包括对图像进行降噪、二值化、分割以及识别，这要求验证码图片的复杂度不高，否则很可能识别失败。近年来随着机器学习技术的发展，目前这种图片转文字的方式拥有更多的可能性。如使用卷积神经网络（Convolutlonal Neural Network，CNN），只要我们手头拥有足够多的训练数据，通过训练神经网络模型，就能够实现很高的验证码识别准确度。

手动打码是指在验证码出现时，通过解析网页元素的方式下载验证码图片。由开发者自行输入验证码内容，通过编写好的函数填入对应的表单字段中（或者是网站对应的 HTTP API），从而完成后续抓取工作。这种方式最为简单，在开发中也最为常用，优点是完全没有经济成本，缺点也很突出：需要开发者劳动，自动化程度低。不过，如果只是应对登录情形，配合 Cookie 数据的使用，可以做到"毕其功于一役"，初次登录填写验证码后在一段时间内便可以摆脱填写验证码的烦恼。

使用人工打码服务则是直接将验证码识别的任务"外包"到第三方服务，图 5-16 所示为某人工验证码打码服务平台。在实际使用中，除非遇到需要频繁通过验证的情形，否则对这种打码服务的需求不大，有一些打码服务平台开放了免费打码的 API（一般会有使用次数和频率的限制），可以用于在抓取程序中进行调用，满足调试和开发的需要。

图 5-16　某人工验证码打码服务平台

5.4.2　滑动验证

与图片验证码不同，目前被广泛使用的滑动验证则不仅需要验证用户的视觉能力，还需要通过拖曳元素的方式防止验证关卡被暴力破解（见图 5-17）。对于这类滑动验证，其实也存在通过程序破解的方式，基本思路就是通过模拟浏览器来实现对元素的自动拖曳，尽可能模仿用户的拖动行为，"欺骗"验证。这种方式主要可以分为几个步骤：获取验证码图片；获取背景图片与缺失部分；计算滑动距离；操纵浏览器进行滑动；等待验证完成。这里主要存在两个难点：其一是如何获得背景图片与缺失部分，背景图片往往是由一组剪切后的小图拼接而成，因此在程序抓取元素的过程中，可能需要使用 PIL 库做更复杂的拼接工作；其二是模拟人类的滑动动作，过于机械式的滑动（如严格的匀速滑动或加速度不变的滑动）可能会被系统识别为机器人。

图 5-17　某滑动验证服务

假设我们需要登录某个网站，就可能需要在输入用户名和密码后通过这种类似的滑动验证。针对这种情况，可以编写一个综合上述步骤的模拟完成滑动验证的程序，见例 5-5。

【例 5-5】通过 Selenium 模拟浏览器通过滑动验证的示例。

```python
# 模拟浏览器通过滑动验证的示例，目标是在登录时通过滑动验证
import time
from selenium import webdriver
from selenium.webdriver import ActionChains
from PIL import Image


def get_screenshot(browser):
    browser.save_screenshot('full_snap.png')
    page_snap_obj = Image.open('full_snap.png')
    return page_snap_obj


# 在一些滑动验证中，获取背景图片可能需要更复杂的机制
# 原始的 HTML 图片元素需要经过拼接整理才能拼出最终想要的效果
# 为了避免这样的麻烦，一个思路就是直接对网页截图，而不是去下载元素中的 img src


def get_image(browser):
    img = browser.find_element_by_class_name('geetest_canvas_img')  # 根据元素 class 名定位
    time.sleep(2)
    loc = img.loc
    size = img.size
```

```
    left = loc['x']
    top = loc['y']
    right = left + size['width']
    bottom = top + size['height']

    page_snap_obj = get_screenshot(browser)
    image_obj = page_snap_obj.crop((left, top, right, bottom))
    return image_obj

# 获取滑动距离
def get_distance(image1, image2, start=57, thres=60, bias=7):
    # 比对 RGB 的值
    for i in range(start, image1.size[0]):
        for j in range(image1.size[1]):
            rgb1 = image1.load()[i, j]
            rgb2 = image2.load()[i, j]
            res1 = abs(rgb1[0] - rgb2[0])
            res2 = abs(rgb1[1] - rgb2[1])
            res3 = abs(rgb1[2] - rgb2[2])

            if not (res1 < thres and res2 < thres and res3 < thres):
                return i - bias
    return i - bias

# 计算滑动轨迹
def gen_track(distance):
    # 也可通过随机数来获得轨迹

    # 将滑动距离增大一点，即先滑过目标区域，再滑动回来，有助于避免被判定为机器人
    distance += 10
    v = 0
    t = 0.2
    forward = []

    current = 0
    mid = distance * (3 / 5)
    while current < distance:
        if current < mid:
            a = 2.35
            # 使用浮点数，避免机器人判定
        else:
            a = -3.35
        s = v * t + 0.5 * a * (t ** 2)    # 使用加速直线运动公式
        v = v + a * t
        current += s
        forward.append(round(s))

    backward = [-3, -2, -2, -2, ]

    return {'forward_tracks': forward, 'back_tracks': backward}
```

```python
def crack_slide(browser):  # 破解滑动认证
    # 单击验证按钮，得到图片
    button = browser.find_element_by_class_name('geetest_radar_tip')
    button.click()
    image1 = get_image(browser)

    # 单击滑动，得到有缺口的图片
    button = browser.find_element_by_class_name('geetest_slider_button')
    button.click()
    # 获取有缺口的图片
    image2 = get_image(browser)
    # 计算位移量
    distance = get_distance(image1, image2)
    # 计算轨迹
    tracks = gen_track(distance)
    # 在计算轨迹方面，还可以使用一些鼠标采集工具事先采集人类用户的正常轨迹，将采集到的轨迹数据加载到程序中

    # 执行滑动
    button = browser.find_element_by_class_name('geetest_slider_button')
    ActionChains(browser).click_and_hold(button).perform()  # 单击并保持

    for track in tracks['forward']:
        ActionChains(browser).move_by_offset(xoffset=track, yoffset=0).perform()
    time.sleep(0.95)
    for back_track in tracks['backward']:
        ActionChains(browser).move_by_offset(xoffset=back_track, yoffset=0).perform()

    # 在滑动终点区域进行小范围的左右位移，模仿人类用户的行为
    ActionChains(browser).move_by_offset(xoffset=-2, yoffset=0).perform()
    ActionChains(browser).move_by_offset(xoffset=2, yoffset=0).perform()

    time.sleep(0.5)
    ActionChains(browser).release().perform()  # 松开

def worker(username, password):
    browser = webdriver.Chrome('your chrome driver path')
    try:
        browser.implicitly_wait(3)  # 隐式等待
        browser.get('your target login url')

        # 在实际使用时需要根据当前网页的情况定位元素
        username = browser.find_element_by_id('username')
        password = browser.find_element_by_id('password')
        login = browser.find_element_by_id('login')
        username.send_keys(username)
        password.send_keys(password)
        login.click()

        crack_slide(browser)

        time.sleep(15)
```

```
    finally:
        browser.close()

if __name__ == '__main__':
    worker(username='yourusername', password='yourpassword')
```

程序的一些说明可详见代码中的注释。值得一提的是，这种破解滑动验证的方式使用 Selenium 自动化 Chrome 浏览器作为基础，为了在一定程度上降低性能开销，还可以使用 PhantomJS 这样的"无头浏览器"来代替 Chrome 浏览器。这种模式的缺点在于无法离开浏览器环境，但退一步说，如果需要自动化控制滑动验证，没有 Selenium 这样的浏览器自动化工具可能是难以想象的。网络上也出现了一些针对滑动验证的打码 API，但总体上看实用性和可靠性都不高，这种模拟鼠标拖动的方案虽然耗时长，但至少能够取得应有的效果。

将上述程序有针对性地进行填充和改写，运行程序后即可看到程序成功模拟了滑动验证并通过验证（见图 5-18）。

图 5-18　滑动验证结果

另外要提到的是，有一些滑动验证服务的数据接口设计较为简单，JavaScript 传输数据的安全性也不高。针对这种验证码完全可以采取破解 API 的方式来欺骗验证码服务，不过这种方式普适性不高，往往需要花费大量精力分析对应的数据接口，并且具有一定的道德和法律问题，因此暂不赘述。

现在除了传统的图形验证码（典型的例子就是单词验证码），新式的验证码（或类验证码）正在成为主流，如滑动验证、拼图验证、短信验证（一般用于手机号快速登录的情形）以及 Google 的 reCAPTCHA（据称该解决方案甚至会将用户鼠标在页面内的移动方式作为一条判定依据）等。不仅在登录环节会遇到验证码，很多时候如果我们的抓取程序运行频率较高，网站也会通过弹出验证码的方式进行"拦截"。不夸张地说，要做到程序模拟通过验证码的完全自动化很不容易。但总体上看，针对图形验证码而言，通过 OCR、人工打码或者神经网络识别等方式至少能够降低一部分时间和精力成本，算是比较可行的方案。而针对滑动验证方式，也可以使用模拟浏览器的方法来应对。从省时省力的角度来说，先进行一次人工登录，记录 Cookie，再使用 Cookie 加载登录状态进行抓取也是不差的选择。

5.5　本章小结

　　表单、登录以及验证码识别是爬虫编写中相对不那么"愉快"的部分，但对提高爬虫的实用性有着很大作用，因此，本章的内容也是我们编写更复杂、更强大爬虫的必备知识。如果读者对模拟登录感兴趣，可以抽时间多研究一些 JavaScript 与表单的配合使用。在很多网页中我们填写的表单信息实际上会经过页面中 JavaScript 的一层"再加工"处理才会发送至服务器。在图片验证码破解方面，网络上有很多利用 OCR 识别验证码文字的例子，如果对基于神经网络的图像文字识别感兴趣，可以参考斯坦福大学的 CS231 课程的入门图像识别领域。

第6章
数据的进一步处理

网络爬虫抓取数值、文本等各类信息，在经过存储和预处理后，可以通过 Python 进行更深层次的分析，这一章我们就以 Python 应用较为广泛的文本分析和数据统计等领域为例，介绍一些对数据做进一步处理的方法。

6.1 Python 与文本分析

6.1.1 文本分析简介

文本分析，也就是通过计算机对文本数据进行分析。这其实是一个不算新的话题，但是近年来随着 Python 在数据分析和自然语言处理领域的广泛应用，使用 Python 进行文本分析也变得十分方便。

结构化数据一般是指能够存储在数据库里，可以用逻辑结构二维表来表达的数据。与之相比，不适合通过数据库逻辑结构二维表来表现的数据就称为非结构化数据，包括所有格式的办公文档、文本、图片、XML、HTML、各类报表、图像、音频以及视频信息等。这种数据的特征在于，它是多种信息的混合，通常无法直接知道其内部结构，只有经过识别和一定的存储分析后才能体现其价值。

由于文本数据是非结构化数据（或者半结构化数据），所以我们一般都需要对其进行某种预处理，这时可能遇到的问题包括以下 3 类。

（1）数据量问题。这是任何数据预处理过程中都可能碰到的问题，由于现在人们在网络上进行文字信息交流十分广泛，文本数据规模往往非常大。

（2）在文本挖掘时，我们往往将文本（词语等）转换为文本向量，但一般在数据处理后，向量都会面临维度过高和过于稀疏的问题。如果希望进行进一步的文本挖掘，可能需要一些特定的降维处理。

（3）文本数据的特殊性。由于人类语言的复杂性，计算机目前对文本数据进行逻辑和情感上的分析能力还很有限。虽然近年来机器学习技术发展火热，但在语言处理方面的能力尚不如图像视觉方面。

一般来说，文本分析（有时候也称为文本挖掘）的主要内容如下。

- 语言处理：虽然一些文本数据分析会涉及较高级的统计方法，但还是会更多地涉及自然语言处理，如分词、词性标注、句法分析等。

- 模式识别：文本中可能会出现像电话号码、邮箱地址这样的有规范表示方式的实体，通过这些特殊的表示方式或者其他模式来识别这些实体的过程就是模式识别。
- 文本聚类：运用无监督机器学习手段归类文本，适用于海量文本数据的分析，在发现文本话题、筛选异常文本资料方面应用广泛。
- 文本分类：在给定分类体系下，根据文本特征构建有监督机器学习模型，达到识别文本类型或内容主旨的目的。

Python 发达的第三方库提供了一些文本分析的实用工具。这里要说的是，字符串处理和文本分析并不是一个含义，字符串处理更多地指对一个 str 在形式上进行一些变换和更改，文本分析则更多地强调对文本内容进行语义、逻辑上的分析和处理。在整个分析的过程中，我们需要使用一些基本的概念和方法，在各种实现文本分析的工具中，一般都会有所体现，它们包括的内容如下。

- 分词：是指将由连续字符组成的句子或段落按照一定规则划分成独立词语的过程。在英文中，由于单词之间是以空格作为自然分界符的，因此可以直接使用"空格（Space）"符作为分词标记；而中文句子内部一般没有分界符，所以中文分词比英文要更为复杂。
- 停用词：是指在文本中不影响核心语义的"无用"字词，通常为在自然语言中常见的但没有具体实在意义的助词、虚词、代词，如"的""了""啊"等。停用词的存在直接增加了文本数据的特征维度，提高了文本分析的成本，因此一般都需要先设置停用词，对其进行筛选。
- 词向量：为了能够使用计算机和数学方式分析文本信息，要使用某种方法把文字转变为数学形式，比较常见的解决方法就是将自然语言中的字词通过数学中向量的形式进行表示。
- 词性标注：是指对每个字词进行词性归类（标签），如"苹果"为名词、"吃"为动词等，便于后续的处理。不过中文语境下词性本身就比较复杂，因此词性标注也是一个值得深入探索的领域。
- 句法分析：是指根据给定的语法体系分析句子的句法结构，划分句子中词语的语法功能，并判断词语之间的句法关系。在语义分析的基础上，这是对文本逻辑进行分析的关键。
- 情感分析：是指在文本分析和挖掘过程中对内容中体现的主观情感进行分析和推理的过程。情感分析与舆论分析、意见挖掘等有着十分密切的联系。

6.1.2　jieba 与 SnowNLP

我们首先要通过 jieba 和 SnowNLP 两个中文文本分析工具来简要熟悉文本分析的简单用途。其中，jieba 是一个中文分词与文本分析工具，可以实现很多实用的文本分析处理。和其他模块一样，通过"pip install jieba"命令安装后，用"import jieba"即可使用。接下来我们通过一些例子来介绍具体的细节。

使用 jieba 进行分词非常方便，jieba.cut() 方法接受三个输入参数：待处理的字符串、cut_all（是否采用全模式）、HMM（是否使用 HMM 模型）。cut_for_search() 方法接受两个参数：待处理的字符串和 HMM。这个方法适用于搜索引擎构建倒排索引的分词，粒度比较细，但使用频率不高。

```
import jieba

seg_list = jieba.cut("这里曾经有一座大厦", cut_all=True)
print(" / ".join(seg_list))  # 全模式
```

```
seg_list = jieba.cut("欢迎使用 Python", cut_all=False)
print(" / ".join(seg_list))  # 精确模式

seg_list = jieba.cut("我喜欢吃苹果，不喜欢吃香蕉。")  # 默认是精确模式
print(" / ".join(seg_list))
```

输出：

```
这里 / 曾经 / 有 / 一座 / 大厦
欢迎 / 使用 / Python
我 / 喜欢 / 吃 / 苹果 /, / 不 / 喜欢 / 吃 / 香蕉 /。
```

cut()与 cut_for_research()方法返回生成器，而 lcut()与 lcut_for_search()方法会直接返回 list。

 迭代器和生成器是 Python 中很重要的概念，实际上 list 本身就是一个可迭代对象。关于它们的具体关系，可以简单理解为迭代器就是一个可以迭代（遍历）的对象，而生成器是其中一种特殊的生成器，更适用于对海量数据的操作。

jieba 还支持关键词提取，如基于 TF-IDF 算法（Term Frequency–Inverse Document Frequency）的关键词提取方法 jieba.analyse.extract_tags(sentence, topK=20, withWeight=False, allowPOS=())，其中各参数说明如下。

- sentence 为待提取的文本。
- topK 为返回几个 TF/IDF 权重最大的关键词，默认值为 20。
- withWeight 为是否一并返回关键词权重值，默认值为 False。
- allowPOS 仅包括指定词性的词，默认值为空，即不筛选。

```
import jieba.analyse
import jieba

sentence =
'''
上海（Shanghai），简称"沪"或"申"。它是中国四个直辖市之一，
还是中国经济、金融、贸易和航运中心。上海创造和打破了中国世界纪录协会多项世界之最、中国之最。
上海位于中国海岸线中部的长江口，拥有中国最大的外贸港口、最大的工业基地。
'''
res = jieba.analyse.extract_tags(sentence, topK=5, withWeight=False, allowPOS=())
print(res)
```

输出：

```
['中国', '中国之最', 'Shanghai', '世界之最']
```

jieba.posseg.POSTokenizer(tokenizer=None) 方法可以新建自定义分词器，其中 tokenizer 参数可指定内部使用的 jieba.Tokenizer 分词器。

jieba.posseg.dt 则为默认词性标注分词器：

```
from jieba import posseg
words = posseg.cut("我不明白你这句话的意思")
for word, flag in words:
    print('{}:\t{}'.format(word, flag))
```

tokenize()方法会返回分词结果中词语在原文的起止位置：

```
result = jieba.tokenize('它是站在海岸遥望海中已经看得见桅杆尖头了的一只航船')
```

```
for tk in result:
    print("word %s\t\t start: %d \t\t end:%d" % (tk[0],tk[1],tk[2]))
```

部分输出如下：

word 遥望	start: 6	end:8
word 海	start: 8	end:9
word 中	start: 9	end:10
word 已经	start: 10	end:12
word 看得见	start: 12	end:15

另外，jieba 模块还支持自定义词典、调整词频等，这里就不赘述了。

SnowNLP 是一个主打简洁实用的中文处理类 Python 库。与 jieba 分词不同的是，SnowNLP 模仿 TextBlob 编写，拥有更多的功能，但是 SnowNLP 并非基于自然语言工具包（Natural Language Toolkit，NLTK）库，它在使用上也仍存在一些不足。

TextBlob 是基于 NLTK 和 Pattern 封装的英文文本处理工具包，同时提供了很多文本处理功能的接口，包括词性标注、名词短语提取、情感分析、文本分类、拼写检查等，还包括翻译和语言检测功能。

SnowNLP 中的主要方法如下：

```
from snownlp import SnowNLP

s = SnowNLP('我来自中国，喜欢吃饺子，爱好是游泳。')
# 分词
print(s.words)
# 输出：['我', '来自', '中国', '，', '喜欢', '吃', '饺子', '，', '爱好', '是', '游泳', '。']

# 输出：
# 情感极性概率
print(s.sentiments)    # positive 的概率，输出：0.9959503726200969

# 文字转换为拼音
print(s.pinyin)
# 输出
# ['wo', 'lai', 'zi', 'zhong', 'guo', '，', 'xi', 'huan',
# 'chi', 'jiao', 'zi', '，', 'ai', 'hao', 'shi', 'you', 'yong', '。']


text = u
'''
深圳，简称"深"，别称"鹏城"，古称南越、新安、宝安，
为广东省省辖市、计划单列市、副省级市。深圳地处广东南部，珠江口东岸，与香港一水之隔，东临大亚湾和大鹏湾，西濒珠江口和伶仃洋，
南隔深圳河与香港相连，北部与东莞、惠州接壤。
'''

s = SnowNLP(text)
# 关键词提取
print(s.keywords(3))
```

```
# 输出: ['南', '深圳', '珠江']

# 文本摘要
print(s.summary(5))
# 输出: ['南隔深圳河与香港相连', '珠江口东岸', '西濒珠江口和伶仃洋',
# '为广东省省辖市、计划单列市、副省级市、国家区域中心城市、超大城市',
]

# 分句
print(s.sentences)
# 输出: ['深圳', '简称"深"', '别称"鹏城"', '古称南越、新安、宝安',
# '为广东省省辖市、计划单列市、副省级市', '深圳地处广东南部',
# '珠江口东岸', '与香港一水之隔', '东临大亚湾和大鹏湾', '西濒珠江口和伶仃洋', '南隔深圳河与香港
相连', '北部与东莞、惠州接壤']
```

以上是两个比较简单的中文处理工具。如果只是想要对文本信息进行初步的分析，并且对准确性要求不很高，就足以满足我们的需求。与 jieba 和 SnowNLP 相比，在文本分析领域 NLTK 是比较成熟的库，我们接下来将对它进行一些简单的介绍。

6.1.3　NLTK

NLTK 是一个比较完备的提供 Python API 的语言处理工具。它提供丰富的语料、词典资源接口以及一系列的文本处理库，支持分词、标记、语法分析、语义推理、分文本类等文本数据分析需求。

NLTK 提供对语料与模型等的内置管理器（见图 6-1），使用下面的语句就可以管理包：

```
import nltk
nltk.download()
```

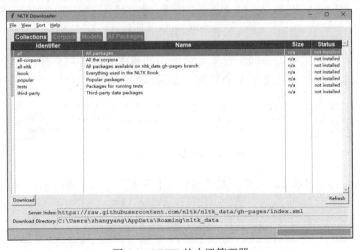

图 6-1　NLTK 的内置管理器

安装需要的语料或模型之后，我们可以看看 NLTK 的一些基本用法，首先是基础的文本解析。基本的 tokenize 操作（英文分词）：

```
import nltk
sentence = "Susie got your number and Susie said it's right."
tokens = nltk.word_tokenize(sentence)
print(tokens)
```

输出：

```
['Susie', 'got', 'your', 'number', 'and', 'Susie', 'said', 'it', "'s", 'right', '.']
```

这里需要注意的是，如果是首次在计算机上运行这段 NLTK 的代码，会提示安装 punkt 包（punkt tokenizer models），这时我们通过 download()方法安装即可。这里建议在包管理器里同时也安装 books，之后通过 from nltk.book import * 可以导入这些内置文本。导入成功后结果如下：

```
*** Introductory Examples for the NLTK Book ***
Loading text1, ..., text9 and sent1, ..., sent9
Type the name of the text or sentence to view it.
Type: 'texts()' or 'sents()' to list the materials.
text1: Moby Dick by Herman Melville 1851
text2: Sense and Sensibility by Jane Austen 1811
text3: The Book of Genesis
text4: Inaugural Address Corpus
text5: Chat Corpus
text6: Monty Python and the Holy Grail
text7: Wall Street Journal
text8: Personals Corpus
text9: The Man Who Was Thursday by G . K . Chesterton 1908
```

这实际上是加载了一些书籍数据，text1～text9 为 Text 类的实例对象名称，对应内置的书籍。

concordance(word)方法会接受一个单词字符串，会输出输入单词在文本中出现的上下文，如图 6-2 所示。

```
In[6]: text1.concordance('america')
Displaying 12 of 12 matches:
 of the brain ." -- ULLOA ' S SOUTH AMERICA . " To fifty chosen sylphs of speci
, in spite of this , nowhere in all America will you find more patrician - like
hree pirate powers did Poland . Let America add Mexico to Texas , and pile Cuba
 , how comes it that we whalemen of America now outnumber all the rest of the b
mocracy in those parts . That great America on the other side of the sphere , A
f age ; though among the Red Men of America the giving of the white belt of wam
 and fifty leagues from the Main of America , our ship felt a terrible shock ,
```

图 6-2　concordance()方法的输出

similar(word)方法接受一个单词字符串，会输出和输入和单词具有相同上下文的其他单词，如寻找与“american”具有相同上下文的单词，如图 6-3 所示。

```
In[4]: text1.similar('american')
english sperm whale entire great last same ancient right oars that
famous old he greenland before beheaded whole particular trumpa
```

图 6-3　similar()方法的输出

common_contexts()方法则返回多个单词的共用上下文，如图 6-4 所示。

```
In[15]: text1.common_contexts(['english','american'])
the_whalers the_whale and_whale of_whalers
```

图 6-4　common_contexts()方法的输出

dispersion_plot(words)方法接受一个单词列表作为参数，绘制这个单词在文本中的分布情况，效果如图 6-5 所示。

我们还可以使用 count()方法进行词频计数：text1.count('her') 输出为“329”，即这个单词在 text1 中出现了 329 次。

FreqDict 也是十分常用的，我们使用 fd1 = FreqDist(text1)语句来创建。接着，使用

most_common()方法查看高频词，如查看文本中出现次数最多的 20 个词（见图 6-6 ）。

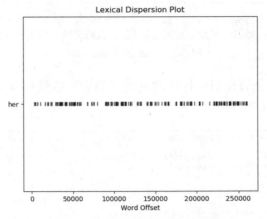

图 6-5　"her"在文本中的分布情况

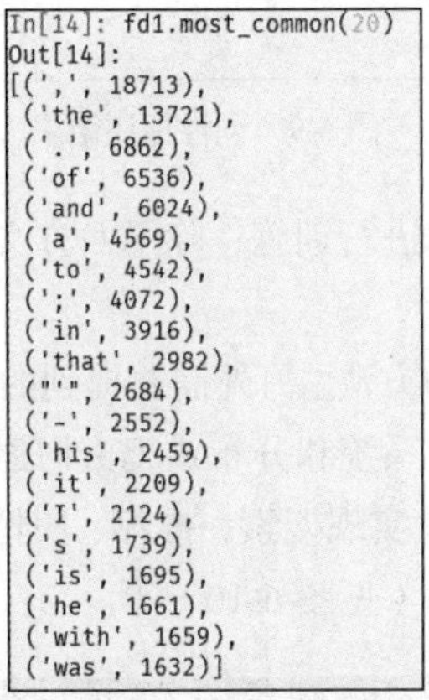

```
In[14]: fd1.most_common(20)
Out[14]:
[(',', 18713),
 ('the', 13721),
 ('.', 6862),
 ('of', 6536),
 ('and', 6024),
 ('a', 4569),
 ('to', 4542),
 (';', 4072),
 ('in', 3916),
 ('that', 2982),
 ('"', 2684),
 ('-', 2552),
 ('his', 2459),
 ('it', 2209),
 ('I', 2124),
 ('s', 1739),
 ('is', 1695),
 ('he', 1661),
 ('with', 1659),
 ('was', 1632)]
```

图 6-6　查看文本中出现最多的 20 个词

FreqDict 也自带绘图方法，如绘制高频词折线图，查看出现最多的前 15 项，语句为 fd1.plot(15)，绘图效果如图 6-7 所示。

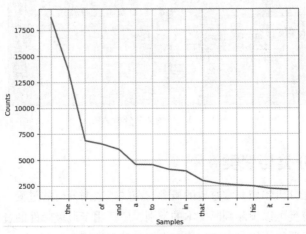

图 6-7　绘制结果

除了图形方式，还可以用表格方式呈现高频词，使用 tabulate()方法，如图 6-8 所示。

```
In[16]: fd1.tabulate(15)
     ,     the      .     of    and      a     to      ;     in   that      '      -    his     it      I
 18713  13721   6862   6536   6024   4569   4542   4072   3916   2982   2684   2552   2459   2209   2124
```

图 6-8　tabulate()方法的输出

NLTK 中也提供了分词和词性标注的方法，我们可以使用 nltk.word_tokenize()方法和 nltk.pos_tag()方法，如图 6-9 所示。

```
In[17]: words = nltk.word_tokenize('There is something different with this girl.')
In[18]: words
Out[18]: ['There', 'is', 'something', 'different', 'with', 'this', 'girl', '.']
In[19]: tags = nltk.pos_tag(words)
In[20]: tags
Out[20]:
[('There', 'EX'),
 ('is', 'VBZ'),
 ('something', 'NN'),
 ('different', 'JJ'),
 ('with', 'IN'),
 ('this', 'DT'),
 ('girl', 'NN'),
 ('.', '.')]
```

图 6-9　词性标注结果

词性标注一般需要先借助语料库进行训练，除了西方文字，我们还可以使用中文语料库实现对中文句子的词性标注。

以上就是 NLTK 中的一些基础的方法。另外需要提到的是，除了下载到本地的 Python 类库之外，还有必要提到一些基于并行计算系统和分布式爬虫构建的中文语义开放平台。其中的基本功能是免费使用的，用户可以通过 API 实现搜索、推荐、舆情、挖掘等语义分析应用，国内比较有名的平台有哈工大语言云、腾讯文智（见图 6-10）等。

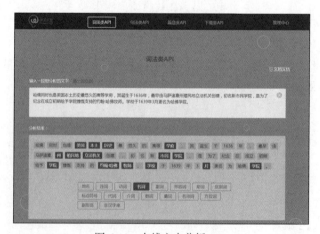

图 6-10　在线文本分析 API

6.1.4　文本分类与聚类

分类和聚类是数据分析领域非常重要的概念。在文本数据分析的过程中，分类和聚类也有举足轻重的意义。文本分类可以预测判断文本的类别，广泛用于垃圾邮件的过滤、网页分类、推荐系统等，而文本聚类主要用于用户兴趣识别、文档自动归类等。

分类和聚类核心的区别在于训练样本是否有类别标注。分类模型的构建基于有类别标注的训练样本，属于监督学习，即每个训练样本的数据对象已经有对应的类（标签）。通过分类，我们可以构建出一个分类函数或分类模型，这也就是常说的分类器，分类器会把数据项映射到已知的某一个类别中。数据挖掘中的分类方法一般都适用于文本分类，常用的分类方法有：决策树、神经网络、朴素贝叶斯、支持向量机（Support Vector Machine，SVM）等。

与分类不同，聚类是一种无监督学习。换句话说，聚类任务预先并不知道类别（标签），所以会根据信息相似度的衡量来进行信息处理。聚类的基本思想是使得属于同类别的项之间的"差距"尽可能地小，同时使得不同类别上的项的"差距"尽可能地大。常见的聚类算法包括：k-means、K-中心点聚类算法、DBSCAN 等。如果我们需要通过 Python 实现文本聚类和分类的任务，推荐使用 scikit-learn 库。这是一个非常强大的库，提供包括朴素贝叶斯、KNN、决策树、k-means 等在内的各种工具。

这里我们可以使用 NLTK 做一个简单的分类任务，由于 NLTK 中内置了一些统计学习函数，所以操作并不复杂。如借助内置的 names 语料库，我们可以通过朴素贝叶斯分类来判断一个输入的姓名是男名还是女名，见例 6-1。

【例 6-1】NLTK 使用朴素贝叶斯分类判断输入的姓名是男名还是女名。

```python
def gender_feature(name):
    return {'first_letter': name[0],
            'last_letter': name[-1],
            'mid_letter': name[len(name) // 2]}
    # 提取姓名中的首字母、中位字母、末尾字母为特征


import nltk
import random
from nltk.corpus import names

# 获取姓名-性别的数据列表
male_names = [(name, 'male') for name in names.words('male.txt')]
female_names = [(name, 'female') for name in names.words('female.txt')]
names_all = male_names + female_names
random.shuffle(names_all)

# 生成特征集
feature_set = [(gender_feature(n), g) for (n, g) in names_all]

# 拆分为训练集和测试集
train_set_size = int(len(feature_set) * 0.7)
train_set = feature_set[:train_set_size]
test_set = feature_set[train_set_size:]

classifier = nltk.NaiveBayesClassifier.train(train_set)
for name in ['Ann','Sherlock','Cecilia']:
    print('{}:\t{}'.format(name,classifier.classify(gender_feature(name))))
```

我们使用"Ann"（女名）、"Sherlock"（男名）、"Cecilia"（女名）为输入，输出：

```
Ann: female
Sherlock: male
Cecilia: female
```

129

最后，使用 classifier.show_most_informative_features()方法可以查看影响最大的一些特征值，部分输出如下：

```
Most Informative Features
           mid_letter = 'w'          male : female =        5.8 : 1.0
         first_letter = 'W'          male : female =        4.7 : 1.0
         first_letter = 'U'          male : female =        3.3 : 1.0
           mid_letter = 'f'          male : female =        2.9 : 1.0
```

可见，通过简单的训练，我们已经获得了相对满意的预测结果。

最后要说明的是，NLTK 在文本分析和自然语言处理方面拥有很丰富的经验，语料也支持用户定义和编辑，在配合一些统计学习方法（这里可以笼统地称为"机器学习"）处理文本时能获得非常好的效果，上面的姓名-性别分类就是一个例子。统计学习方法这部分涉及的数学知识和 Python 工具较为复杂，已经超出了本书的讨论范围，在此就不赘述了。NLTK 还有很多其他功能，包括分块、实体识别等，都可以帮助人们获得更多更丰富的文本分析结果。

6.2 数据处理与科学计算

6.2.1 从 MATLAB 到 Python

MATLAB 是什么？官方说法是，"MATLAB 是一种用于算法开发、数据分析、数据可视化以及数值计算的高级技术计算语言和交互式环境"（官网介绍见图 6-11）。MATLAB 凭借着在科学计算与数据分析领域强大的表现，被学术界和工业界接纳为主流的应用工具。不过，MATLAB 也有一些劣势，首先是价格，与 Python 这种下载即用的语言不同，MATLAB 软件的价格不菲，这一点导致其受众并不十分广泛。其次，MATLAB 的可移植性与可扩展性都不强，比起在这方面得天独厚的 Python，可以说是没有任何长处。随着 Python 的发展，由于其简洁和易于编码的特性，使用 Python 进行科研和数据分析的人越来越多。另外，由于 Python 活跃的开发者社区和日新月异的第三方扩展库市场，Python 在这一领域也逐渐与 MATLAB 并驾齐驱，成为中流砥柱。Python 中用于这方面的著名工具如下。

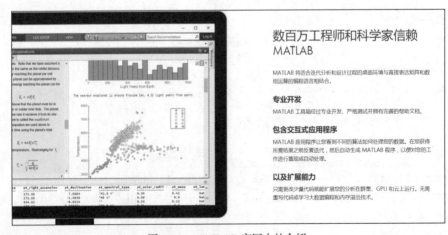

图 6-11 MATLAB 官网中的介绍

- NumPy：这个库提供了很多关于数值计算的工具，如矢量与矩阵处理，以及精密的计算。
- SciPy：科学计算函数库，包括线性代数模块，统计学常用函数，信号和图像处理等。
- pandas：pandas 可以视为 NumPy 的扩展包，在 NumPy 的基础上提供了一些标准的数据模型（如二维数组）和实用的函数或方法。
- Matplotlib：有可能是 Python 中最负盛名的绘图工具，模仿 MATLAB 的绘图包。

作为一门通用的程序语言，Python 比 MATLAB 的应用范围更广泛，有更多程序库（尤其是一些十分实用的第三方库）的支持。这里我们就以 Python 中常用的科学计算与数值分析库为例，简单介绍 Python 在这个方面的一些应用方法。篇幅所限，我们将注意力主要放在 NumPy、pandas 以及 Matplotlib 这三个基础的工具上。

6.2.2　NumPy

NumPy 这个名字一般被认为是"Numeric Python"的缩写，它的使用方法和其他库一样：import numpy。我们还可以在 import 扩展模块时给它起一个"外号"，就像这样：

```
import numpy as np
```

NumPy 中的基本操作对象是 ndarray，与原生 Python 中的 list 和 array 不同，ndarray 的名字就暗示了这是一个"多维"的对象。首先我们可以创建一个这样的 ndarray：

```
raw_list = [i for i in range(10)]
a = numpy.array(raw_list)
pr(a)
```

输出：

```
array([0, 1, 2, 3, 4, 5, 6, 7, 8, 9])
```

这只是一个一维的数组。

我们还可以使用 arange()方法做等效的构建（提醒一下，Python 中的计数是从 0 开始的），然后，通过 reshape()方法，我们可以重新构造这个数组，如我们可以构造一个三维数组，其中 reshape 的参数表示各维度的大小，且按各维度顺序排列：

```
from pprint import pprint as pr
a = numpy.arange(20) # 构造一个数组
pr(a)
a = a.reshape(2,2,5)
pr(a)
pr(a.ndim)
pr(a.size)
pr(a.shape)
pr(a.dtype)
```

输出：

```
array([ 0,  1,  2,  3,  4,  5,  6,  7,  8,  9, 10, 11, 12, 13, 14, 15, 16,
       17, 18, 19])
array([[[ 0,  1,  2,  3,  4],
        [ 5,  6,  7,  8,  9]],

       [[10, 11, 12, 13, 14],
        [15, 16, 17, 18, 19]]])
3
20
(2, 2, 5)
dtype('int32')
```

我们通过 reshape() 方法将原来的数组构造为了 2×2×5 的数组（三个维度）后，还可进一步查看 a（ndarray 对象）的相关属性：ndim 表示数组的维度；shape 属性则为各维度的大小；size 属性表示数组中全部的元素个数（等于各维度大小的乘积）；dtype 可查看数组中元素的数据类型。

数组创建的方法比较多样，可以直接以 list 对象为参数创建，还可以通过特殊的方式。random.rand() 方法就会创建一个 0～1 的随机数组：

```
a = numpy.random.rand(2,4)
pr(a)
```

输出：

```
array([[ 0.61546266,  0.51861284,  0.04923905,  0.84436196],
       [ 0.98089299,  0.21496841,  0.23208293,  0.81651831]])
```

ndarray 也支持四则运算：

```
a = numpy.array([[1, 2], [2, 4]])
b = numpy.array([[3.2, 1.5], [2.5, 4]])
pr(a+b)
pr((a+b).dtype)
pr(a-b)
pr(a*b)
pr(10*a)
```

上面的代码演示了对 ndarray 对象进行基本的四则运算，输出：

```
array([[ 4.2,  3.5],
       [ 4.5,  8. ]])
dtype('float64')
array([[-2.2,  0.5],
       [-0.5,  0. ]])
array([[ 3.2,  3. ],
       [ 5. , 16. ]])
array([[10, 20],
       [20, 40]])
```

在两个 ndarray 做运算时，要求其维度满足一定条件（如加减时维度相同），另外，a+b 的结果作为一个新的 ndarray，其数据类型已经变为 float，这是因为 b 数组的类型为浮点类型，在执行加法时自动转换为了浮点类型。

另外，ndarray 还提供了十分方便的求和、最大/最小值方法：

```
ar1 = numpy.arange(20).reshape(5,4)
pr(ar1)
pr(ar1.sum())
pr(ar1.sum(axis=0))
pr(ar1.min(axis=0))
pr(ar1.max(axis=1))
```

axis=0 表示按行，axis=1 表示按列。输出：

```
array([[ 0,  1,  2,  3],
       [ 4,  5,  6,  7],
       [ 8,  9, 10, 11],
       [12, 13, 14, 15],
       [16, 17, 18, 19]])
190
array([40, 45, 50, 55])
array([0, 1, 2, 3])
array([ 3,  7, 11, 15, 19])
```

众所周知，在科学计算中我们常常用到矩阵的概念，NumPy 中也提供了基础的矩阵对象（numpy.matrixlib.defmatrix.matrix）。矩阵和数组的不同之处在于，矩阵一般是二维的，而数组可以是任意维度（正整数）。另外，矩阵进行的乘法运算是真正的矩阵乘法（数学意义上的），而在数组中的 "*" 则只是每一对应元素的数值相乘。

创建矩阵对象也非常简单，可以通过 asmatrix 把 ndarray 转换为矩阵：

```
ar1 = numpy.arange(20).reshape(5,4)
pr(numpy.asmatrix(ar1))
mt = numpy.matrix('1 2; 3 4',dtype=float)
pr(mt)
pr(type(mt))
```

输出：

```
matrix([[ 0,  1,  2,  3],
        [ 4,  5,  6,  7],
        [ 8,  9, 10, 11],
        [12, 13, 14, 15],
        [16, 17, 18, 19]])
matrix([[ 1.,  2.],
        [ 3.,  4.]])
<class 'numpy.matrixlib.defmatrix.matrix'>
```

对两个符合要求的矩阵可以进行乘法运算：

```
mt1 = numpy.arange(0,10).reshape(2,5)
mt1 = numpy.asmatrix(mt1)
mt2 = numpy.arange(10,30).reshape(5,4)
mt2 = numpy.asmatrix(mt2)
mt3 = mt1 * mt2
pr(mt3)
```

输出：

```
matrix([[220, 230, 240, 250],
        [670, 705, 740, 775]])
```

访问矩阵中的元素仍然使用类似于列表索引的方式：

```
pr(mt3[[1],[1,3]])
```

输出：

```
matrix([[705, 775]])
```

对于二维数组和矩阵，还可以进行一些更为特殊的操作，具体包括转置、求逆、求特征向量等：

```
import numpy.linalg as lg
a = numpy.random.rand(2,4)
pr(a)
a = numpy.transpose(a)  # 数组转置
pr(a)
b = numpy.arange(0,10).reshape(2,5)
b = numpy.mat(b)
pr(b)
pr(b.T)  # 矩阵转置
```

输出：

```
array([[ 0.73566352,  0.56391464,  0.3671079 ,  0.50148722],
       [ 0.79284278,  0.64032832,  0.22536172,  0.27046815]])
array([[ 0.73566352,  0.79284278],
       [ 0.56391464,  0.64032832],
```

```
         [ 0.3671079 , 0.22536172],
import numpy.linalg as lg

a = numpy.arange(0,4).reshape(2,2)
a = numpy.mat(a)  # 将数组构造为矩阵（方阵）
pr(a)
ia = lg.inv(a)  # 求逆矩阵
pr(ia)
pr(a*ia)  # 验证 ia 是否为 a 的逆矩阵，相乘结果应该为单位矩阵
eig_value, eig_vector = lg.eig(a)  # 求特征值与特征向量
pr(eig_value)
pr(eig_vector)
```

输出：

```
matrix([[0, 1],
        [2, 3]])
matrix([[-1.5,  0.5],
        [ 1. ,  0. ]])
matrix([[ 1.,  0.],
        [ 0.,  1.]])
array([-0.56155281,  3.56155281])
matrix([[-0.87192821, -0.27032301],
        [ 0.48963374, -0.96276969]])
```

另外，我们可以对二维数组进行拼接操作，包括横、纵两种拼接方式：

```
import numpy as np

a = np.random.rand(2,2)
b = np.random.rand(2,2)
pr(a)
pr(b)
c = np.hstack([a,b])
d = np.vstack([a,b])
pr(c)
pr(d)
```

输出：

```
array([[ 0.39433009,  0.61635481],
       [ 0.90390343,  0.58251318]])
array([[ 0.48100629,  0.89721558],
       [ 0.07523263,  0.33338738]])
array([[ 0.39433009,  0.61635481,  0.48100629,  0.89721558],
       [ 0.90390343,  0.58251318,  0.07523263,  0.33338738]])
array([[ 0.39433009,  0.61635481],
       [ 0.90390343,  0.58251318],
       [ 0.48100629,  0.89721558],
       [ 0.07523263,  0.33338738]])
```

最后，我们可以使用布尔屏蔽（Boolean Mask）来筛选需要的数组元素并绘图：

```
import matplotlib.pyplot as plt
a = np.linspace(0, 2 * np.pi, 100)
b = np.cos(a)
plt.plot(a,b)
mask = b >= 0.5
plt.plot(a[mask], b[mask], 'ro')
mask = b <= - 0.5
plt.plot(a[mask], b[mask], 'bo')
plt.show()
```

最终的绘图效果如图 6-12 所示。

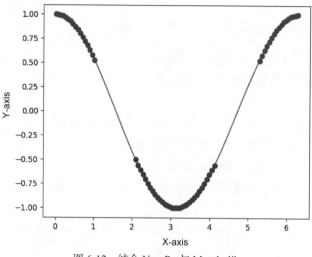

图 6-12　结合 NumPy 与 Matplotlib

6.2.3　pandas

pandas 一般被认为是基于 NumPy 设计的，由于其丰富的数据对象和强大的函数，pandas 成为数据分析与 Python 结合的最好范例之一。pandas 中主要的高级数据结构包括 Series 和 DataFrame，它帮助我们更方便、简单地处理数据，其受众也愈发广泛。

由于我们一般需要配合 NumPy 使用，因此可以这样导入两个模块：

```python
import pandas
import numpy as np
from pandas import Series, DataFrame
```

Series 可以看作一般的数组（一维数组），不过，Series 这个数据类型具有索引（index），这是与普通数组不同的一点：

```python
s = Series([1,2,3,np.nan,5,1]) # 从 list 创建
print(s)

a = np.random.randn(10)
s = Series(a, name='Series 1') # 指明 Series 的 name
print(s)

d = {'a': 1, 'b': 2, 'c': 3}
s = Series(d,name='Series from dict') # 从字典创建
print(s)

s = Series(1.5, index=['a','b','c','d','e','f','g']) # 指定索引
print(s)
```

需要注意的是，如果在使用字典创建 Series 时指定索引，那么索引的长度要和数据（数组）的长度相等。如果不相等，会被 NaN（Not a Number，表示数据缺失）填补，类似这样：

```python
d = {'a': 1, 'b': 2, 'c': 3}
s = Series(d,name='Series from dict',index=['a','c','d','b']) # 从字典创建
print(s)
```

输出：

```
a    1.0
c    3.0
d    NaN
b    2.0
Name: Series from dict, dtype: float64
```

注意这里索引的顺序和创建时索引的顺序一致的，"d"索引是"多余的"，因此被分配了 NaN 值。

当创建 Series 时的数据只是一个恒定的数值时，会为所有索引分配该值，因此，s = Series(1.5, index=['a','b','c','d','e','f','g'])会创建一个所有索引都对应 1.5 的 Series。另外，如果需要查看 index 或者 name，可以使用 Series.index 或 Series.name 来访问。

访问 Series 的数据仍然可使用类似列表的索引方法，或者直接通过索引名访问，不同的访问方式包括：

```python
s = Series(1.5, index=['a','b','c','d','e','f','g']) # 指定索引
print(s[1:3])
print(s['a':'e'])
print(s[[1,0,6]])
print(s[['g','b']])
print(s[s < 1])
```

输出：

```
b    1.5
c    1.5
dtype: float64
a    1.5
b    1.5
c    1.5
d    1.5
e    1.5
dtype: float64
b    1.5
a    1.5
g    1.5
dtype: float64
g    1.5
b    1.5
dtype: float64
Series([], dtype: float64)
```

想要单纯访问数据值，使用 values 属性：

```python
print(s['a':'e'].values)
```

输出：

```
[ 1.5  1.5  1.5  1.5  1.5]
```

除了 Series，pandas 中的另一个基础的数据结构就是 DataFrame。DataFrame 是将一个或多个 Series 按列逻辑合并的二维结构，也就是说，每一列单独取出来是一个 Series，DataFrame 听起来很像 MySQL 数据库中的表结构。我们仍然可以通过字典来创建一个 DataFrame，如通过一个值是列表的字典创建：

```python
d = {'c_one': [1., 2., 3., 4.], 'c_two': [4., 3., 2., 1.]}
df = DataFrame(d, index=['index1', 'index2', 'index3', 'index4'])
print(df)
```

输出：

```
       c_one  c_two
index1   1.0    4.0
index2   2.0    3.0
index3   3.0    2.0
index4   4.0    1.0
```

但从 DataFrame 的定义出发，我们应该用 Series 结构来创建。DataFrame 有一些基本的属性可供我们访问：

```
d = {'one': Series([1., 2., 3.], index=['a', 'b', 'c']),
     'two': Series([1, 2, 3, 4], index=['a', 'b', 'c', 'd'])}
df = DataFrame(d)
print(df)
print(df.index)
print(df.columns)
print(df.values)
```

输出：

```
   one  two
a  1.0    1
b  2.0    2
c  3.0    3
d  NaN    4
Index(['a', 'b', 'c', 'd'], dtype='object')
Index(['one', 'two'], dtype='object')
[[ 1.   1.]
 [ 2.   2.]
 [ 3.   3.]
 [ nan  4.]]
```

由于"one"这一列对应的 Series 数据个数少于"two"这一列，因此其中有一个 NaN 值，表示数据空缺。

创建 DataFrame 的方式多种多样，可以通过二维的 ndarray 来直接创建：

```
d =
DataFrame(np.arange(10).reshape(2,5),columns=['c1','c2','c3','c4','c5'], index= ['i1',
'i2'])
print(d)
```

输出：

```
   c1 c2 c3 c4 c5
i1  0  1  2  3  4
i2  5  6  7  8  9
```

还可以将各种方式结合起来。利用 describe()方法可以获得 DataFrame 的一些基本特征信息：

```
df2 = DataFrame({ 'A' : 1., 'B': pandas.Timestamp('20120110'), 'C': Series
(3.14,index=list(range(4))), 'D' : np.array([4] * 4, dtype='int64'), 'E' : 'This is E' })
print(df2)
print(df2.describe())
```

输出：

```
     A          B     C D         E
0  1.0 2012-01-10  3.14 4  This is E
1  1.0 2012-01-10  3.14 4  This is E
2  1.0 2012-01-10  3.14 4  This is E
3  1.0 2012-01-10  3.14 4  This is E
         A    C   D
count  4.0 4.00 4.0
```

```
mean  1.0  3.14  4.0
std   0.0  0.00  0.0
min   1.0  3.14  4.0
25%   1.0  3.14  4.0
50%   1.0  3.14  4.0
75%   1.0  3.14  4.0
max   1.0  3.14  4.0
```

DataFrame 中包括了两种形式的排序。第一种是按行列排序，即按照行名或者列名进行排序，指定 axis=0 表示按行名排序，axis=1 表示按列名排序，并可指定升序或降序。第二种排序是按值排序，同样，也可以自由指定列名和排序方式：

```python
d = {'c_one': [1., 2., 3., 4.], 'c_two': [4., 3., 2., 1.]}
df = DataFrame(d, index=['index1', 'index2', 'index3', 'index4'])
print(df)
print(df.sort_index(axis=0,ascending=False))
print(df.sort_values(by='c_two'))
print(df.sort_values(by='c_one'))
```

在 DataFrame 中访问（以及修改）数据的方式也非常多样化，基本的方式是使用类似列表索引的方式：

```python
dates = pd.date_range('20140101', periods=6)
df = pd.DataFrame(np.arange(24).reshape((6,4)),index=dates, columns=['A','B', 'C','D'])
print(df)
print(df['A'])  # 访问 A 这一列
print(df.A)  # 同上，另外一种方式
print(df[0:3])  # 访问前三行
print(df[['A','B','C']])  # 访问前三列
print(df['A']['2014-01-02'])  # 按列名、行名访问元素
```

除此之外，还有很多更复杂的访问方法：

```python
print(df.loc['2014-01-03'])  # 按照行名访问
print(df.loc[:,['A','C']])  # 访问所有行中的 A、C 两列
print(df.loc['2014-01-03',['A','D']])  # 访问 2014-01-03 行中的 A、D 两列
print(df.iloc[0,0])  # 按照下标访问，访问第 1 行第 1 列元素
print(df.iloc[[1,3],1])  # 按照下标访问，访问第 2、4 行的第 2 列元素
print(df.ix[1:3,['B','C']])  # 混合索引名和下标两种访问方式，访问第 2 到第 3 行的 B、C 两列
print(df.ix[[0,1],[0,1]])  # 访问前两行前两列的元素（共 4 个）
print(df[df.B>5])  # 访问所有 B 列数值大于 5 的数据
```

对于 DataFrame 中的 NaN 值，pandas 也提供了实用的处理方法。为了演示 NaN 的处理，我们先为目前的 DataFrame 添加 NaN 值：

```python
df['E'] = pd.Series(np.arange(1,7),index=pd.date_range('20140101',periods=6))
df['F'] = pd.Series(np.arange(1,5),index=pd.date_range('20140102',periods=4))
print(df)
```

这时的 df：

```
             A   B   C   D  E    F
2014-01-01   0   1   2   3  1  NaN
2014-01-02   4   5   6   7  2  1.0
2014-01-03   8   9  10  11  3  2.0
2014-01-04  12  13  14  15  4  3.0
2014-01-05  16  17  18  19  5  4.0
2014-01-06  20  21  22  23  6  NaN
```

我们通过 dropna()（丢弃 NaN 值，可以选择按行或按列丢弃）和 fillna()方法来处理（填充
NaN 部分）：

```
print(df.dropna())
print(df.dropna(axis=1))
print(df.fillna(value='Not NaN'))
```

对于两个 DataFrame 可以进行拼接（或者说合并），我们可以为拼接指定一些参数：

```
df1 = pd.DataFrame(np.ones((4,5))*0, columns=['a','b','c','d','e'])
df2 = pd.DataFrame(np.ones((4,5))*1, columns=['A','B','C','D','E'])
pd3 = pd.concat([df1,df2],axis=0) # 按行拼接
print(pd3)
pd4 = pd.concat([df1,df2],axis=1) # 按列拼接
print(pd4)
pd3 = pd.concat([df1,df2],axis=0,ignore_index=True) # 拼接时丢弃原来的索引
print(pd3)
pd_join = pd.concat([df1,df2],axis=0,join='outer') # 类似 SQL 中的外连接
print(pd_join)
pd_join = pd.concat([df1,df2],axis=0,join='inner') # 类似 SQL 中的内连接
print(pd_join)
```

对于"拼接"，其实还有另一种方法 append()，不过 append 和 concat 之间有一些小差异，有
兴趣的读者可以做进一步的了解，这里我们不再赘述。最后，我们要提到 pandas 自带的绘图功能
（这里导入 Matplotlib 只是为了使用 show()方法显示图表）：

```
from matplotlib import pyplot as plt

df = DataFrame(abs(np.random.randn(4,5)),
               columns=['Students','Doctors','Teachers','Drivers','Trader'],
               index = ['Beijing','Shanghai','Hangzhou','Shenzhen'])
df.plot(kind='bar')
plt.show()
```

绘图结果见图 6-13。

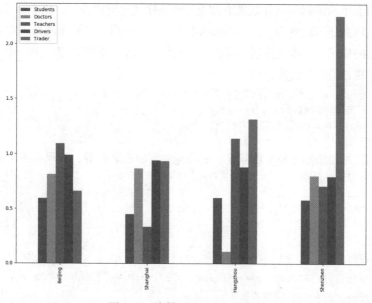

图 6-13　绘制 DataFrame 柱状图

6.2.4　Matplotlib

matplotlib.pyplot 是 Matplotlib 中常用的模块，几乎就是从 MATLAB 的风格"迁移"过来的 Python 工具包。每个绘图函数对应某种功能，如创建图形、创建绘图区域、设置绘图标签等。

```python
from matplotlib import pyplot as plt
import numpy as np

x = np.linspace(-np.pi, np.pi)
plt.plot(x,np.cos(x), color='red')
plt.show()
```

这就是一段基本的绘图代码，plot()方法会进行绘图工作，我们还需要使用 show()方法将图表显示出来，最终的绘制结果见图 6-14。

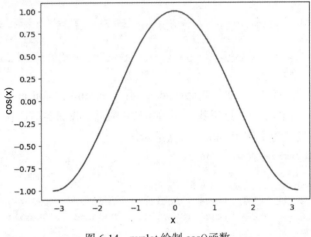

图 6-14　pyplot 绘制 cos()函数

在绘图时，我们可以通过一些参数设置图表的样式，如颜色可以使用英文字母（表示对应颜色）、RGB 数值、十六进制颜色等方式来设置，线条样式可设置为"："（表示点状线）、"-"（表示实线）等，点样式还可设置为"."（表示圆点）、"s"（方形）、"o"（圆形）等。我们可以通过前 3 种默认提供的样式，直接进行组合设置。我们使用一个参数字符串，第一个字母为颜色，第二个字母为点样式，最后是线段样式：

```python
x = np.linspace(0, 2*np.pi, 50)
plt.plot(x, np.sin(x),'c:',
         x, np.sin(x-np.pi/2),'b-.')
plt.show()
```

另外，我们还可以添加 x 和 y 轴标签、函数标签、图表名称等，效果见图 6-15。

```python
x=np.random.randn(20)
y=np.random.randn(20)
x1=np.random.randn(40)
y1=np.random.randn(40)
# 绘制散点图
plt.scatter(x,y,s=50,color='b',marker='<',label='S1') # s 表示散点尺寸
plt.scatter(x1,y1,s=50,color='y',marker='o',alpha=0.2,label='S2') # alpha 表示透明度
plt.grid(True) # 为图表打开网格效果
plt.xlabel('x axis')
```

```
plt.ylabel('y axis')
plt.legend() # 显示图例
plt.title('My Scatter')
plt.show()
```

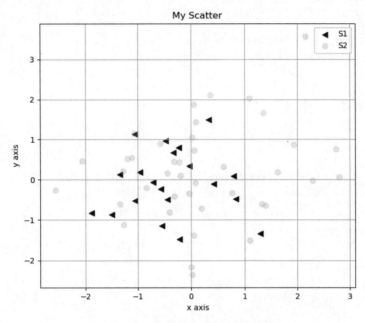

图 6-15 为散点图添加标签与名称

为了在一张图表中使用子图，我们需要添加一个额外的语句：在调用 plot() 函数之前先调用 subplot()函数。该函数的第一个参数代表子图的总行数，第二个参数代表子图的总列数，第三个参数代表子图的活跃区域。绘图效果如图 6-16 所示。

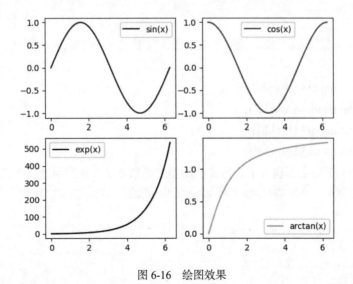

图 6-16 绘图效果

```
x = np.linspace(0, 2 * np.pi, 50)
plt.subplot(2, 2, 1)
plt.plot(x, np.sin(x), 'b',label='sin(x)')
```

```
plt.legend()
plt.subplot(2, 2, 2)
plt.plot(x, np.cos(x), 'r',label='cos(x)')
plt.legend()
plt.subplot(2, 2, 3)
plt.plot(x, np.exp(x), 'k',label ='exp(x)')
plt.legend()
plt.subplot(2, 2, 4)
plt.plot(x, np.arctan(x), 'y',label='arctan(x)')
plt.legend()
plt.show()
```

另外几种常用的图表绘图方式如下：

```
# 条形图
x=np.arange(12)
y=np.random.rand(12)
labels=['Jan','Feb','Mar','Apr','May','Jun','Jul','Aug','Sep','Oct','Nov','Dec']
plt.bar(x,y,color='blue',tick_label=labels) # 条形图（柱状图）
# plt.barh(x,y,color='blue',tick_label=labels) # 横条
plt.title('bar graph')
plt.show()


# 饼图
size=[20,20,20,40] # 各部分占比
plt.axes(aspect=1)
explode=[0.02,0.02,0.02,0.05] # 突出显示
plt.pie(size,labels=['A','B','C','D'],autopct='%.0f%%',explode=explode,shadow=True)
plt.show()


# 直方图
x = np.random.randn(1000)
plt.hist(x, 200)
plt.show()
```

最后要提到的是 3D 绘图功能，绘制三维图像主要通过 mplot3d 模块实现，它主要包含以下 4 个大类。

- mpl_toolkits.mplot3d.axes3d()；
- mpl_toolkits.mplot3d.axis3d()；
- mpl_toolkits.mplot3d.art3d()；
- mpl_toolkits.mplot3d.proj3d()。

其中，axes3d() 下面主要包含了各种实现绘图的类和方法，我们通过以下语句导入：

```
from mpl_toolkits.mplot3d.axes3d import Axes3D
```

导入后开始作图：

```
from mpl_toolkits.mplot3d import Axes3D

fig = plt.figure() # 定义 figure
ax = Axes3D(fig)
x = np.arange(-2, 2, 0.1)
y = np.arange(-2, 2, 0.1)
X, Y = np.meshgrid(x, y) # 生成网格数据
```

```
Z = X**2 + Y**2
ax.plot_surface(X, Y, Z ,cmap = plt.get_cmap('rainbow')) # 绘制 3D曲面
ax.set_zlim(-1, 10) # Z轴区间
plt.title('3d graph')
plt.show()
```

运行代码绘制出的图如图 6-17 所示。

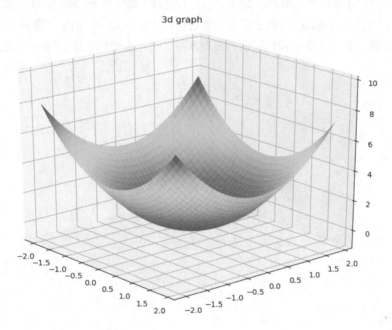

图 6-17　3D 绘图下的 z = x^2+y^2 函数曲线

Matplotlib 中还有很多实用的工具和细节用法（如等高线图、图形填充、图形标记等），我们在有需求的时候查询用法和 API 即可。掌握上面的内容即可绘制一些基础的图表，便于我们进一步数据分析或者做数据可视化应用。如果需要更多图表样例，可以参考官方页面，其中提供了十分丰富的图表示例。

6.2.5　SciPy 与 SymPy

SciPy 也是基于 NumPy 的库，它包含众多的数学、科学工程计算中常用的函数，如线性代数、常微分方程数值求解、信号处理、图像处理、稀疏矩阵等。SymPy 是数学符号计算库，可以进行数学公式的符号推导。如求定积分：

```
from sympy import integrate
from sympy.abc import a,x,y
a = integrate(x,
              (x,0,2.0)
              )
print(a) # 输出为 2.0
```

SciPy 和 SymPy 在信号处理、概率统计等方面还有其他更复杂的应用，超出了我们主题的范围，在此就不做讨论了。

6.3　本章小结

　　Python 在数据挖掘和科学计算等领域发展十分迅猛，除了本章中我们关注的文本分析和数据统计等领域，我们还可以对抓取的多媒体数据进行处理（如使用 Python 中的图像处理包进行一些基本的处理）。另外，Python 与机器学习的紧密结合使得在大量数据集上做高准确度、高智能化的分析成为可能。在第 7 章中我们将回到抓取本身，讨论更多的抓取思路和方式。

第7章
更灵活的爬虫

有些时候，一个小小的爬虫的"出发点"可能并不是抓取某些"网页"上的信息，而是将本无法通过爬虫解决的问题转化为爬虫问题。爬虫本身就是十分灵活的，只要结合合适的应用场景和开发工具，就能获得意想不到的效果。在本章中，我们将思路打开，从各个角度讨论爬虫的更多可能性，了解新的网页数据定位工具，并介绍在线爬虫平台和爬虫部署等各个方面的内容。

7.1 更灵活的爬虫——以微信数据抓取为例

7.1.1 用 Selenium 抓取 Web 微信信息

微信群聊是微信中十分常用的一个功能，与 QQ 不同的是，微信群聊并没有显示群成员性别比例的选项，我们如果对所在微信群聊的成员性别分布感兴趣，却无法得到直观的信息（见图 7-1）。对于人数很少的群，可以自行统计。但如果群成员太多，就很难方便地得到性别分布结果。这个问题可以通过使用一种灵活的爬虫来解决：利用微信的网页端版本，我们可以通过 Selenium 操控浏览器解析其中的群成员信息来进行成员性别的分析。

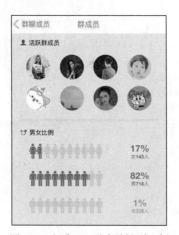

图 7-1　查看 QQ 群成员性别比例

首先设计一下整体思路，通过 Selenium 访问网页微信，我们可以在网页中打开群聊并查看成员头像，通过头像旁的性别分类图标来完成对群成员性别的统计，最终通过统计的数据来绘制性别比例图。

在 Selenium 访问网页版微信时，我们首先需要扫码登录，登录成功后还需调出想要统计的群聊子页面，这些操作都需要时间。因此在抓取正式开始之前，我们需要让程序等待一段时间，最简单的实现方法就是 time.sleep()方法。

通过 Chrome 开发者工具分析网页，可以发现群成员头像的 XPath 都是类似于 "//*[@id="mmpop_chatroom_members"]/div/div/div[1]/div[3]/img" 这样的格式。通过 XPath 定位元素后，我们通过 click()方法模拟一次单击，然后定位成员的性别图标，便能够获取性别信息，将这些数据保存在字典结构的变量中（由于网页版微信的更新，读者在分析网页时得到的 XPath 可能与上述并不一致，但整个抓取的框架与例 7-1 是一致的。对于变更了的网页，我们进行一些细节上的修改，即可完成新的程序）。最后，通过已保存的字典数据作图，见例 7-1。

【例 7-1】WechatSelenium.py，使用 Selenium 工具分析微信群成员的性别。

```python
from selenium import webdriver
import selenium.webdriver, time, re
from selenium.common.exceptions import WebDriverException
import logging
import matplotlib.pyplot as pyplot
from collections import Counter

path_of_chromedriver = 'your path of chromedriver'
driver = webdriver.Chrome(executable_path=path_of_chromedriver)
logging.getLogger().setLevel(logging.DEBUG)

if __name__ == '__main__':

  try:
    driver.get('https://wx.qq.com')
    time.sleep(20)  # 等待扫描二维码打开聊天界面
    logging.debug('Starting traking the webpage')
    group_elem = driver.find_element_by_xpath('//*[@id="chatArea"]/div[1]/div[2]/
div/span')
    group_elem.click()
    group_num = int(str(group_elem.text)[1:-1])
    # group_num = 64
    logging.debug('Group num is {}'.format(group_num))

    gender_dict = {'MALE': 0, 'FEMALE': 0, 'NULL': 0}
    for i in range(2, group_num + 2):
      logging.debug('Now the {}th one'.format(i-1))
      icon = driver.find_element_by_xpath('//*[@id="mmpop_chatroom_members"]/ div/div/
div[1]/div[%s]/img' % i)
      icon.click()
      gender_raw = driver.find_element_by_xpath('//*[@id="mmpop_profile"]/div/ div[2]/
div[1]/i').get_attribute('class')
      if 'women' in gender_raw:
        gender_dict['FEMALE'] += 1
      elif 'men' in gender_raw:
        gender_dict['MALE'] += 1
      else:
        gender_dict['NULL'] += 1

      myicon = driver.find_element_by_xpath('/html/body/div[2]/div/div[1]/div[1]/
div[1]/img')
```

```
            logging.debug('Now click my icon')
            myicon.click()
            time.sleep(0.7)
            logging.debug('Now click group title')
            group_elem.click()
            time.sleep(0.3)

        print(gender_dict)
        print(gender_dict.items())
        counts = Counter(gender_dict)

        pyplot.pie([v for v in counts.values()],
                   labels=[k for k in counts.keys()],
                   pctdistance=1.1,
                   labeldistance=1.2,
                   autopct='%1.0f%%')
        pyplot.show()

    except WebDriverException as e:
        print(e.msg)
```

在上面的代码中需要解释的主要是 Matplotlib 的使用和 Counter 这个对象。pyplot 是 Matplotlib 的一个子模块，这个模块提供了和 MATLAB 类似的绘图 API，可以使得用户快捷地绘制 2D 图表。其中一些主要参数的意义如下。

- labels：定义饼图的标签（文本列表）。
- labeldistance：文本的位置离远点有多远，如"1.1"指 1.1 倍半径的位置。
- autopct：百分比文本的格式。
- shadow：饼是否有阴影。
- pctdistance：百分比的文本离圆心的距离。
- startangle：起始绘制的角度。默认是从 x 轴正方向逆时针画，一般会设定为 90°，即从 y 轴正方向画起。
- radius：饼图半径。

Counter 可以用来跟踪值出现的次数。这是一个无序的容器类型，它以字典的键值对形式存储计数结果，其中元素作为 key，其计数值（出现次数）作为 value，计数值可以是任意非负整数。Counter 的常用方法如下：

```
from collections import Counter

# 以下是几种初始化 Counter 的方法
c = Counter()  # 创建一个空的 Counter 类
print(c)
c = Counter(
  ['Mike','Mike','Jack','Bob','Linda','Jack','Linda']
)  # 从一个可迭代对象（列表、元组、字符串等）创建
print(c)
c = Counter({'a': 5, 'b': 3})  # 从一个字典对象创建
print(c)
c = Counter(A=5, B=3, C=10)  # 从一组键值对创建
print(c)
```

```
# 获取一段文字中出现频率前 10 的字符
s = 'I love you, I like you, I need you'.lower()
ct = Counter(s)
print(ct.most_common(3))

# 返回一个迭代器。元素被重复了多少次，在该迭代器中就包含多少个该元素
print(list(ct.elements()))

# 使用 Counter 对文件计数
with open('tobecount', 'r') as f:
    line_count = Counter(f)
print(line_count)
```

上述代码的输出：

```
Counter()
Counter({'Mike': 2, 'Jack': 2, 'Linda': 2, 'Bob': 1})
Counter({'a': 5, 'b': 3})
Counter({'C': 10, 'A': 5, 'B': 3})
[(' ', 8), ('i', 4), ('o', 4)]
['i', 'i', 'i', 'i', ' ', ' ', ' ', ' ', ' ', ' ', ' ', ' ', ' ', 'l', 'l', 'o', 'o', 'o',
'o', 'v', 'e', 'e', 'e', 'e', 'y', 'y', 'y', 'u', 'u', 'u', ',', ',', 'k', 'n', 'd']
Counter({'dog\n': 3, 'cat\n': 2, 'whale\n': 2, 'lion\n': 1, 'tiger\n': 1, 'dolphin\n':
1, 'cat': 1})
```

collections 模块是 Python 的一个内置模块，其中包含了字典、集合、列表、元组以外的一些特殊的容器类型。

- OrderedDict 类：有序字典，是字典的子类。
- namedtuple()函数：命名元组，是一个工厂函数。
- Counter 类：计数器，是字典的子类。
- deque：双向队列。
- defaultdict：使用工厂函数创建字典，带有默认值。

我们运行这个 Selenium 抓取程序并扫码登录微信，打开希望统计分析的群聊页面，等待程序运行完毕后，就会看到图 7-2 所示的饼图，显示了当前群聊的性别比例，实现了和 QQ 群类似的效果。

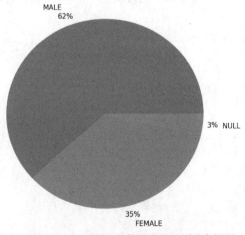

图 7-2　pyplot 绘制的微信群成员性别分布饼图

7.1.2　基于 Python 的微信 API 工具

虽然我们上述的程序实现了目的，但总体还很简陋，如果需要对微信中的其他数据进行分析，很可能有需要重构绝大部分代码。另外使用 Selenium 模拟浏览器的速度毕竟很慢，如果结合微信提供的开发者 API，我们可以达到更好的效果。如果能够直接访问 API，这个时候的爬虫，抓取的就是纯粹的网络通信信息，而不是网页的元素了。

itchat 是一个简洁高效的开源微信个人号接口库，仍然可通过 pip 安装（当然，也可以直接在 PyCharm 中使用 GUI 安装）。itchat 的设计非常方便，如使用 itchat 给微信文件助手发信息：

```python
import itchat
itchat.auto_login()
itchat.send('Hello', toUserName='filehelper')
```

auto_login()方法即微信登录，可附带 hotReload 参数和 enableCmdQR 参数。如果设置为 True 即分别开启短期免登录和命令行显示二维码功能。具体来说，如果给 auto_login()方法传入值为真的 hotReload，即使程序关闭，在一定时间内重启也可以不用再次扫码。该方法会生成一个静态文件 itchat.pkl，用于存储登录的状态。如果给 auto_login()方法传入值为真的 enableCmdQR，那么可以在登录的时候使用命令行显示二维码。这里需要注意的是，默认情况下控制台背景色为黑色，如果背景色为浅色（白色），可以将 enableCmdQR 赋值为负值。

get_friends()方法可以帮助我们轻松获取所有的好友（其中好友首位是自己，如果不设置 update 参数，会返回本地的信息）：

```python
friends = itchat.get_friends(update=True)
```

借助 pyplot 模块和上面介绍的 itchat 使用方法，我们就能够编写一个简洁实用的微信好友性别分析程序，见例 7-2。

【例 7-2】itchatWX.py，使用第三方库分析微信数据。

```python
import itchat
from collections import Counter
import matplotlib.pyplot as plt
import csv
from pprint import pprint


def anaSex(friends):
  sexs = list(map(lambda x: x['Sex'], friends[1:]))
  counts = list(map(lambda x: x[1], Counter(sexs).items()))
  labels = ['Unknow', 'Male', 'Female']
  colors = ['Grey', 'Blue', 'Pink']
  plt.figure(figsize=(8, 5), dpi=80) # 调整绘图大小
  plt.axes(aspect=1)
  # 绘制饼图
  plt.pie(counts,
          labels=labels,
          colors=colors,
          labeldistance=1.1,
          autopct='%3.1f%%',
          shadow=False,
          startangle=90,
          pctdistance=0.6
```

```
            )
        plt.legend(loc='upper right',)
        plt.title('The gender distribution of {}\'s WeChat Friends'.format(friends[0]
['NickName']))
        plt.show()

    def anaLoc(friends):
        headers = ['NickName', 'Province', 'City']
        with open('location.csv', 'w', encoding='utf-8', newline='', ) as csvFile:
            writer = csv.DictWriter(csvFile, headers)
            writer.writeheader()
            for friend in friends[1:]:
                row = {}
                row['NickName'] = friend['RemarkName']
                row['Province'] = friend['Province']
                row['City'] = friend['City']
                writer.writerow(row)

    if __name__ == '__main__':

        itchat.auto_login(hotReload=True)
        friends = itchat.get_friends(update=True)
        anaSex(friends)
        anaLoc(friends)
        pprint(friends)
        itchat.logout()
```

其中 "anaSex" "anaLoc" 分别为分析好友性别与分析好友地区的函数。anaSex()会将性别比例绘制为饼图,而 anaLoc()函数会将好友及其所在地区信息保存至 CSV 文件中。这里需要稍微解释的是下面的代码:

```
sexs = list(map(lambda x: x['Sex'], friends[1:]))
counts = list(map(lambda x: x[1], Counter(sexs).items()))
```

这里的 "map" 是 Python 中的一个特殊函数,原型为 map(func, *iterables),函数执行时对 *iterables(可迭代对象)中的 item 依次执行 function(item),返回一个迭代器,然后我们执行 list() 变为列表对象。lambda 可以理解为匿名函数,即输入 x,返回 x 的'Sex'字段值。

friends 是一个以字典为元素的列表,由于其首位元素是我们自己的微信账户,因此使用 friends[1:]获得所有好友的列表。而用 list(map(lambda x: x['Sex'], *friends*[1:]))就将获得一个所有好友性别的列表,微信中好友的性别值包括 Unknow、Male 和 Female 三种,其对应的数值分别为 0、1、2。如果我们输出该列表,得到的结果如下:

```
[1, 2, 1, 1, 1, 1, 0, 1…]
```

第二行通过 Collection 模块中的 Counter()方法对这三种不同的取值进行统计,Counter 对象的 items()方法返回的是一个元组的集合。该元组的第一维元素表示键,即 0、1、2;该元组的第二维元素表示对应的键的数目,且该元组的集合是排序过的,即按照 0、1、2 的顺序排列。最后,我们通过 map()方法中调用匿名函数(即 Lambda 表达式)来执行,就可以得到这三种不同性别的数目。

main 中的 itchat.logout()为注销登录状态。在执行该程序后,我们就能看到绘制的性别分析图,见图 7-3。

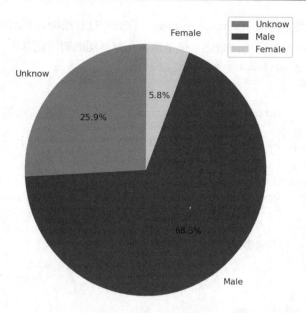

图 7-3　微信好友性别分析

在本地查看 location.csv 文件，结果类似这样：

```
......
王小明,北京,海淀
李小男,江苏,无锡
陈小刚,陕西,延安
张辉,北京,
刘强,北京,西城
......
```

我们的性别分析已经圆满完成。就微信接口而言，除了 itchat、Python 开发社区还有很多不错的工具，如 wxPy、wxBot 等，它们在使用上非常方便。对微信接口有兴趣的读者可做更深入的了解。

7.2　多样的爬虫

7.2.1　在 BeautifulSoup 和 XPath 之外

PyQuery 这个 Python 库，从名字就大概能够猜到，这是一个类似于 jQuery 的东西。实际上，PyQuery 的主要用途就是以类似 jQuery 的形式来解析网页，并且支持 CSS 选择器，它使用起来与XPath 和 BeautifulSoup 一样简洁方便。前文中主要使用 XPath（Python 中的 lxml 库）和 BeautifulSoup（bs4 库）来解析网页和寻找元素，接下来我们将继续学习使用 PyQuery。

　　　　jQuery 是目前较为流行的 JavaScript 函数库。jQuery 的基本思想是"选择某个网页元素，对其进行一些操作"，其语法和使用方法也基本都基于这个思路，因此将 jQuery 迁移到 Python 网页解析中也是十分合适的。

安装 PyQuery 依然是使用 pip install pyquery，我们通过豆瓣网首页的例子来介绍它的基本使用方法。首先是 PyQuery 对象的初始化，这里存在几种不同的初始化方式：

```
from pyquery import PyQuery as pq
import requests

ht = requests.get('https://www.douban.com/').text  # 获取网页内容
doc = pq(ht)  # 初始化一个网页文档对象

print(doc('a'))
# 输出所有<a></a>节点
# < a href = "https://www.douban.com/gallery/topic/3394/?from=hot_topic_anony_sns"
class ="rec_topics_name" > 你人生中哪件小事产生了蝴蝶效应?  < / a >
# < a href = "https://www.douban.com/gallery/topic/892/?from=hot_topic_anony_sns"
class ="rec_topics_name" > 哪些关于书的书是值得一看的 < / a >
# ...

# 使用本地文件初始化
doc = pq(filename='h1.html')

# 直接使用一个 URL 来初始化
doc1 = pq('https://www.douban.com')
print(doc1('title'))
# 输出: <title>豆瓣</title>
```

通过 jQuery，以 CSS 选择器（可使用 Chrome 开发者工具得到，见图 7-4）来定位网页中的元素。

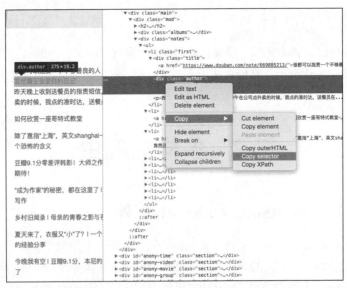

图 7-4   通过 Chrome 开发者工具复制选择器

```
# 元素选择
print(doc1('#anony-sns > div > div.main > div > div.notes > ul > li.first > div.title
> a'))
# 一种简便的选择器表达式获取方式是在 Chrome 的开发者工具中选中元素，复制得到
```

```
print(doc1('div.notes').find('li.first').find('div.author').text())
# 在<div class="notes">节点下寻找 li 节点且 class 为 first 的节点，输出其文本
# find() 方法会将符合条件的所有节点选择出来
```

上面的语句输出：

```
<a href="https://www.douban.com/note/669285810/">猫咪会如何与你告别</a>
皇后大道西的日记
```

我们可以通过定位到的一个节点来获取其子节点：

```
# 查找子节点
print(doc1('div.notes').children())
# 在子节点中查找符合 class 为 title 这个条件的
print(doc1('div.notes').children().find('.title'))
```

上面的语句会获得所有<div class="notes"></div>下的子节点，第二句则将获得子节点中 class 为 title 的节点，输出：

```
<ul>
    <li class="first">
    <div class="title">
        <a href="https://www.douban.com/note/669285810/">猫咪会如何与你告别</a>
    </div>
    <div class="author">
        皇后大道西的日记
    </div>
    <p>2018 年 5 月 11 日，星期五，一周里最清闲的一天。上午没有课，下午的课正好轮到不是我...</p>
    </li>
    …
    </ul>

<div class="title">
        <a href="https://www.douban.com/note/669285810/">猫咪会如何与你告别</a>
    </div>
```

同样，可以获取某个节点的兄弟节点，通过 text()方法来获取元素的文本内容：

```
# 查找兄弟节点，获取文本
print(doc1('div.notes').find('li.first').siblings().text())
```

输出：

一周豆瓣热门图书 ｜《斯通纳》之后，他用这部书信体小说重塑了罗马皇帝的一生 猫咪会如何与你告别 一周豆瓣热门图书 ｜ 他曾是嬉皮一代的文化偶像，代表作在沉寂半世纪后首出中文版 如何欣赏一座哥特式教堂 明明想写作的你，为什么迟迟没有动笔？ 海内文章谁是我——关于我所理解的汪曾祺及其作品 乡村旧闻录 ｜ 母亲的青春之影与苍老之门

最后，除了子节点、兄弟节点，还可获取父节点：

```
# 查找父节点
print(type(doc1('div.notes').find('li.first').parent()))
# 输出: <class 'pyquery.pyquery.PyQuery'>
# 父节点、子节点、兄弟节点都可以使用 find()方法
```

当需要遍历节点时，使用 items()方法来获取一组节点的列表结构：

```
# 使用 items()方法获取节点的列表
li_list = doc1('div.notes').find('li').items()
for li in li_list:
```

```
print(li.text())
# 选取 li 节点中的 a 节点，获取其属性
print(li('a').attr('href'))
# 另外一种等效的获取属性的方法
# print(li('a').attr.href)
# 请读者注意，输出内容可能随时间变化而变化，下面输出内容仅作示例用途
```

输出为：

```
最推荐的 10 部舞蹈电影
https://www.douban.com/note/618700834/
开始学书法，看这一篇就够了
https://www.douban.com/note/681408043/
你的努力，时间会记得
https://www.douban.com/note/735011949/
…

…
```

PyQuery 还支持所谓的伪类选择器，其语法非常友好：

```
# 其他的一些选择方式
from pyquery import PyQuery as pq
doc1 = pq('https://www.douban.com')
# 获取<div class="notes">类的第一个子节点下的第一个 li 节点中的第一个子节点
print(doc1.find('div.notes').find(':first-child').find('li.first').find(':first-ch-
ild'))
print('-*'*20)
print(doc1.find('div.notes').find('ul').find(':nth-child(3)'))
# :nth-child(3)获取第三个子节点
print('-*'*20)
print(doc1('p:contains("书法")')) # 获取内容包含"书法"的 p 节点
```

输出：

```
<div class="image-wrapper">
    <img height="auto" src="https://img9.doubanio.com/view/note/l/public/p51910404.
webp"/></div>
</div>
<p>一年的时间</p>
<p>我从书法菜鸟</p>
<p>到写得一手还不错的字</p>
<p>两年过去了</p>
<p>可以脱帖写一些自己喜欢的文字</p>
```

由上面的基本用法可知，PyQuery 拥有着不输 BeautifulSoup 的简洁，其函数接口设计也十分方便，我们可以将它作为与 lxml、BeautifulSoup 并列的几大爬虫网页解析工具。

7.2.2 在线爬虫应用平台

随着爬虫技术的广泛应用，目前还出现了一些旨在提供网络数据采集服务或爬虫辅助服务的在线爬虫应用平台。这些平台在一定程度上能够帮助我们减少一些编写复杂抓取程序的成本，其中的一些优秀产品也具有很强大的功能。国外的 import.io 就是一个提供网络数据采集服务的平台，允许用户通过 Web 页面来筛选并收集对应的网页数据。另外一款产品 ParseHub 则提供了下载到

Windows、macOS 操作系统的桌面应用，这个产品基于 Firefox 浏览器开发，支持页面结构分析、可视化元素抓取等多种功能，如图 7-5 所示。

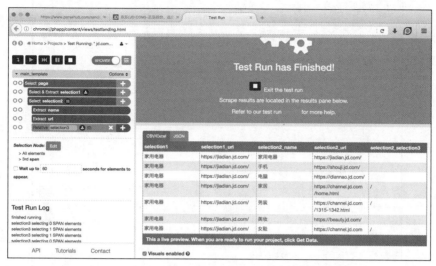

图 7-5　使用 ParseHub 应用抓取京东首页的商品分类

在 Chrome 上，甚至出现了一些用于网页数据抓取的插件，如比较主流的 Web Scraper。

国内的网络数据采集平台也可以说方兴未艾，八爪鱼（见图 7-6）、神箭手采集平台（见图 7-7）、集搜客等都是具有一定市场的服务平台。其中神箭手主打面向开发者的服务（官方介绍是"一个大数据和人工智能的云操作系统"），它提供了一系列具有实用价值的 API，同时还提供有针对性的云爬虫服务，对于开发者而言是非常方便的。

图 7-6　八爪鱼网站

这些在线爬虫应用平台往往能够很方便地解决我们的一些简单的爬虫需求，而一些 API 服务则能够大大简化我们编写爬虫的过程，有兴趣的读者可对此做深入了解。随着机器学习、大数据技术的逐渐发展，数据采集服务会迎来更广阔的市场。

图 7-7　神箭手采集平台的腾讯数码文章爬虫服务

7.2.3　使用 urllib

虽然我们在爬虫编写中大量使用 requests，但由于 urllib 是老牌的 HTTP 库，而且网络上使用 urllib 来编写爬虫的样例也十分繁多，因此这里有必要讨论一下 urllib 的具体使用方法。在 Python 中，urllib 算是一个比较特殊的库了。从功能上说，urllib 是用于操作 URL（主要就是访问 URL）的 Python 库，在 Python 2.x 中，分为 urllib 和 urllib2。这两个名称十分相近的库的关系比较复杂，但简单地说就是，urllib2 作为 urllib 的扩展而存在。它们的主要区别如下。

- urllib2 可以接受 Request 对象为 URL 设置 headers、修改用户代理、设置 Cookie 等。与之对比，urllib 只能接受一个普通的 URL；
- urllib 会提供一些比较原始基础的方法，但在 urllib2 中并不存在这些，如 urlencode()方法。

Python 2.x 中的 urllib 可以实现基本的 GET 和 POST 操作，下面的这段代码根据 params 发送 POST 请求。下面的代码使用了百度搜索的关键字查询 URL 演示 POST 请求，读者还可以使用其他网址。

```
import urllib
params = urllib.urlencode({'wd': 1})
f = urllib.urlopen("https://www.baidu.com/s?", params)
print f.read()
```

而在 Python 2.x 的 urllib2 中，urlopen()方法也是常用且简单的方法。它打开一个 URL 网址，URL 参数可以是一个字符串 url 或者是一个 Request 对象：

```
import urllib2
response = urllib2.urlopen('http://www.baidu.com/')
html = response.read()
print html
```

urlopen()方法还可以以一个 Request 对象为参数。调用 urlopen()方法后，对请求的 URL 返回一个 response 对象，可以用 read()方法操作这个 response：

```
import urllib2
req = urllib2.Request('http://www.baidu.com/')
response = urllib2.urlopen(req)
the_page = response.read()

print the_page
```

上面代码的 Request 类描述了一个 URL 请求，它的定义如图 7-8 所示。

```
class Request:

    def __init__(self, url, data=None, headers={},
                 origin_req_host=None, unverifiable=False):
        # unwrap('<URL:type://host/path>') --> 'type://host/path'
        self.__original = unwrap(url)
        self.__original, self.__fragment = splittag(self.__original)
        self.type = None
        # self.__r_type is what's left after doing the splittype
        self.host = None
        self.port = None
        self._tunnel_host = None
        self.data = data
```

图 7-8　Request 类

其中 url 是一个字符串，代表一个有效的 URL。data 指定了发送到服务器的数据，使用 data 时的 HTTP 请求是唯一的，即 POST，没有 data 时默认为 GET。headers 是字典类型，这个字典可以作为参数在 Request 中直接传入，也可以把每个键和值作为参数并调用 add_header()方法来添加：

```
import urllib2
req = urllib2.Request('http://www.baidu.com/')
req.add_header('User-Agent', 'Mozilla/5.0')
r = urllib2.urlopen(req)
```

当不能正常处理一个 response 时，urlopen()方法会抛出一个 URLError。另外一种异常 HTTPError，则是在特别的情况下被抛出的 URLError 的一个子类。URLError 通常是在没有网络连接也就是没有路由到指定的服务器，或指定的服务器不存在时抛出这个异常，如下面这段代码：

```
import urllib2
req = urllib2.Request('http://www.wikipedia123.org/')
try:
    response=urllib2.urlopen(req)
except urllib2.URLError,e:
    print e.reason
```

其输出：

```
[Errno 8] nodename nor servname provided, or not known
```

另外，因为每个来自服务器的响应都有一个"status code"（状态码），有时，对于不能处理的请求，urlopen 将抛出 HTTPError 异常。典型的错误如"404"（没有找到页面），"403"（禁止请求），"401"（需要验证）等。下面使用知乎网的 404 页面来说明：

```
import urllib2
req = urllib2.Request('http://www.zhihu.com/404')
try:
    response=urllib2.urlopen(req)
except urllib2.HTTPError,e:
    print e.code
    print e.reason
    print e.geturl()
```

上面代码的输出就会是：

```
404
Not Found
https://www.zhihu.com/404
```

如果我们需要同时处理 HTTPError 和 URLError 两种异常，应该把捕获处理 HTTPError 的部分放在 URLError 的前面，原因在于 HTTPError 是 URLError 的子类。

在 Python 3 中，urllib 整理了 Python 2.x 版本中 urllib 和 urllib2 的内容，合并了它们的功能，并最终以 4 个不同模块的面貌呈现，它们分别是 urllib.request、urllib.error、urllib.parse、urllib.robotparser。Python 3 的 urllib 相对于 2.x 版本就更为简洁了，如果说非要在这些库中做一个选择，我们当然应该首先考虑使用 urllib（3.x 版本）。

urllib.request 模块主要用来访问网页等基本操作，是常用的一个模块。如，我们模拟浏览器来发起一个 HTTP 请求，这时我们就需要用到 urllib.request 模块。urllib.request 同时能够获取请求返回结果，使用 urllib.request.urlopen()方法来访问 URL 并获取其内容：

```python
import urllib.request

url = "http://www.baidu.com"
response = urllib.request.urlopen(url)
html = response.read()
print(html.decode('utf-8'))
```

这样会输出百度首页的网页源代码。在某些情况下，请求可能因为网络原因无法得到响应。因此，我们可以手动设置超时时间，当请求超时，我们可以采取进一步措施，如选择直接丢弃该请求。

```python
import urllib.request

url = "http://www.baidu.com"
response = urllib.request.urlopen(url,timeout=3)
html = response.read()
print(html.decode('utf-8'))
```

从 URL 下载一个图片也很简单，我们依旧通过 response 的 read()方法来完成。下面代码中的 url 地址为百度图片网站上一张照片的地址。

```python
from urllib import request

url = 'https://ss1.bdstatic.com/70cFvXSh_Q1YnxGkpoWK1HF6hhy/it/u=320188414,720873459&fm=26&gp=0.jpg'
response = request.urlopen(url)

data = response.read()
with open('pic.jpg', 'wb') as f:
  f.write(data)
```

urlopen()方法的 API 是这样的：

```
urllib.request.urlopen(url, data=None, [timeout, ]*, cafile=None, capath=None, cadefault=False, context=None)
```

其中 url 为需要打开的网址，data 为 POST 提交的数据（如果没有 data 参数则使用 GET 请求），timeout 即设置访问超时时间。还要注意的是，如果直接用 urllib.request 模块的 urlopen()方法获取页面，page 的数据格式为 bytes 类型，需要 decode()解码，转换成 str 类型。

我们通过一些 HTTPResponse 的方法来获取更多信息。

- read()、readline()、readlines()、fileno()、close()：对 HTTPResponse 类型数据进行操作。
- info()：返回 HTTPMessage 对象，表示远程服务器返回的 headers。
- getcode()：返回 HTTP 状态码。如果是 HTTP 请求，200 表示请求成功完成。
- geturl()：返回请求的 URL。

用一段代码试一下：

```python
from urllib import request

url = 'http://www.baidu.com'
response = request.urlopen(url)
print(type(response))
print(response.geturl())
print(response.info())
print(response.getcode())
```

最终的输出见图 7-9。

```
<class 'http.client.HTTPResponse'>
http://www.baidu.com
Date:
Conte                                      -8
Transfer-Encoding: chunked
Connection: Close
Vary: Accept-Encoding
Set-Cookie: BAIDUID=C80EC1722A5D2AD324F79264513F7ECE:FG=1; expires=       :55:55 GMT; max-age=2147483647; path=/; domain=.baidu.com
Set-Cookie: BIDUPSID=                                         expires=Th,       :55:55 GMT; max-age=2147483647; path=/; domain=.baidu.com
Set-Cookie:                                                      -age=2147483647; path=/; domain=.baidu.com
Set-Cookie: BDSVRTM=0; path=/
Set-Cookie: BD_HOME=0; path=/
Set-Cookie: H_PS_PSSID=1442_25809_21102_17001_20927; path=/; domain=.baidu.com
P3P: CP=" OTI DSP COR IVA OUR IND COM "
Cxy_all:              eb6963f0401bh5c0899865
Expires
X-Powered-By: HPHP
Server: BWS/1.1
X-UA-Compatible: IE=Edge,chrome=1
BDPAGETYPE:
BDQID
BDUSERID: 0

200
```

图 7-9 response 对象相关方法的输出

当然，我们还可以设置一些 headers，模拟浏览器去访问网站（正如我们在爬虫开发中常做的那样）。在这里我们设置一下 User-Agent 信息。打开百度主页（或者任意一个网站），然后进入 Chrome 的开发者模式（按 F12 键），这时会出现一个窗口。我们切换到 Network 标签。然后输入某个关键词（这里是"猫"），之后单击网页中的"百度一下"，让网页发生一个动作。此时，我们看到下方的窗口出现了一些数据。将界面右上方的标签切换到"Headers"中，就会看到对应的 headers（见图 7-10），在这些信息中找到 User-Agent 对应的信息。我们将其复制出来，作为自己 urllib.request 执行访问时的 UA 信息，这时我们需要用到 request 模块里的 Request 对象来"包装"我们的这个请求。

图 7-10 查看 headers

编写代码如下：

```
import urllib.request

url='https://www.baidu.com'
header={
    'User-Agent':'Mozilla/5.0 (X11; Fedora; Linux x86_64) AppleWebKit/537.36 (KHTML,
like Gecko) Chrome/58.0.3029.110 Safari/537.36'
}
request=urllib.request.Request(url, headers=header)
reponse=urllib.request.urlopen(request).read()

fhandle=open("./zyang-htmlsample-1.html","wb")
fhandle.write(reponse)
fhandle.close()
```

在上面的代码中，我们给出了要访问的网址，然后调用 urllib.request.Request()函数创建一个 Request 对象，第一个参数传入访问的 url，第二个传入 headers。最后通过 urlopen()方法打开该 Request 对象即可读取并保存网页内容。在本地打开 zyang-htmlsample-1.html 文件，即可看到百度的主页，如图 7-11 所示。

图 7-11　本地保存的 HTML（百度主页页面）

除了访问网页（即 HTTP 中的 GET 请求），我们在进行注册、登录等操作的时候，也会用到 POST 请求。我们仍旧是使用 request 模块中的 Request 对象来构建一个 POST 操作。代码如下（下面示例代码中使用豆瓣的登录页面地址作一演示，实际的 url 与 postdata 等参数的内容，要以读者的目标网站为准）：

```
import urllib.request
import urllib.parse
url = 'https://www.douban.com/accounts/'
postdata = {
  'username': 'yourname',
  'password': 'yourpw'
}
post = urllib.parse.urlencode(postdata).encode('utf-8')
req = urllib.request.Request(url, post)
r = urllib.request.urlopen(req)
```

其他请求类型（如 PUT）可以通过 Request 对象这样实现：

```
import urllib.request
data='some data'
req = urllib.request.Request(url='http://accounts.douban.com', data=data,method=
'PUT')
with urllib.request.urlopen(req) as f:
    pass
```

```
print(f.status)
print(f.reason)
```

urllib.parse 的目标是解析 url 字符串，我们可以使用它分解或合并 url 字符串。试试用它来转换一个包含查询的 URL 地址。

```
import urllib.parse

url = 'https://www.baidu.com/s?ie=utf-8&f=8&rsv_bp=1&tn=baidu&wd=cat&oq=cat'
result = urllib.parse.urlparse(url)
print(result)
print(result.netloc)
print(result.geturl())
```

这里我们使用了函数 urlparse()，把一个包含搜索查询"cat"的百度 URL 作为参数传给它。最终，它返回了一个 ParseResult 对象，我们可以用这个对象了解更多关于 URL 的信息（如网络位置）。上面代码的输出如下：

```
ParseResult(scheme='https', netloc='www.baidu.com', path='/s', params='', query=
'ie=utf-8&f=8&rsv_bp=1&tn=baidu&wd=cat&oq=cat', fragment='')
www.baidu.com

https://www.baidu.com/s?ie=utf-8&f=8&rsv_bp=1&tn=baidu&wd=cat&oq=cat
```

urllib.parse 也可以在其他场合发挥作用，比如我们使用百度来进行一次搜索：

```
import urllib.parse
import urllib.request
data = urllib.parse.urlencode({'wd': 'OSCAR'})
print(data)
url = 'http://baidu.com/s'
full_url = url + '?' + data
response = urllib.request.urlopen(full_url)
```

我们使用 urllib 就足以完成一些简单的爬虫，如通过 urllib 编写一个在线翻译程序。我们使用爱词霸翻译来达成这个目标。首先进入爱词霸网页并通过 Chrome 开发者工具来检查页面，仍旧是选择 Network 标签，在左侧输入翻译内容，并观察 POST 请求，如图 7-12 所示。

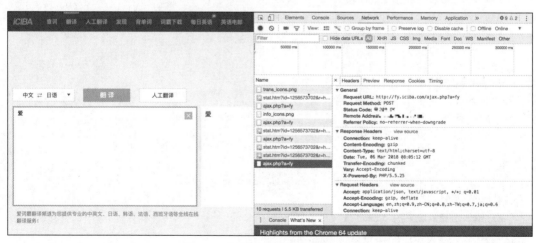

图 7-12　爱词霸页面上的 POST 请求

我们查看 Form Data 中的数据（见图 7-13），可以发现这个表单的构成较为简单，不难通过程序直接发送。

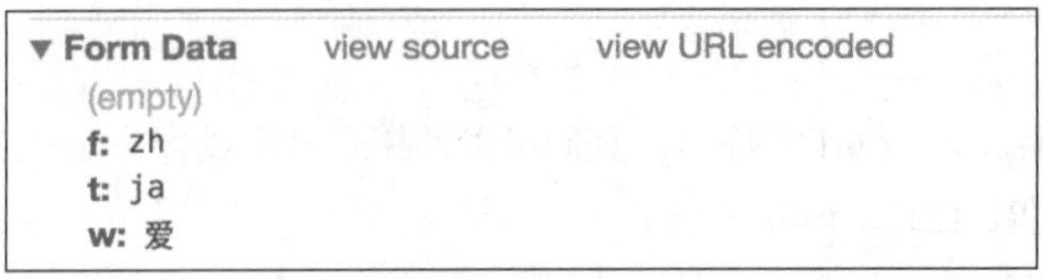

图 7-13 爱词霸翻译的表单数据

有了这些信息，结合我们之前掌握的 request 和 parse 模块的知识，就可以写出一个简单的翻译程序：

```python
import urllib.request as request
import urllib.parse as parse
import json

if __name__ == "__main__":
  query_word = input("输入需翻译的内容：\t")
  query_type = input("输入目标语言，英文或日文：\t")
  query_type_map = {
    '英文': 'en',
    '日文': 'ja',
  }
  url = 'http://fy.iciba.com/ajax.php?a=fy'
  headers = {
    'User-Agent': 'Mozilla/5.0 (Macintosh; Intel Mac OS X 10_13_3) AppleWebKit/537.36
(KHTML, like Gecko) Chrome/64.0.3282.186 Safari/537.36'
  }
  formdata = {
    'f': 'zh',
    't': query_type_map[query_type],
    'w': query_word,
  }

  # 使用 urlencode()方法进行编码
  data = parse.urlencode(formdata).encode('utf-8')
  # 创建 Request 对象
  req = request.Request(url, data, headers)
  response = request.urlopen(req)
  # 读取信息
  content = response.read().decode()
  # 使用 JSON
  translate_results = json.loads(content)

  # 找到翻译结果
  translate_results = translate_results['content']['out']
  # 输出最终翻译结果
  print("翻译的结果是：\t%s" % translate_results.split('<')[0])
```

运行程序，输入对应的信息就能够看到翻译的结果：

输入需翻译的内容：　我爱你
输入目标语言，英文或日文：日文
翻译的结果是：　あなたのことが好きです

urllib 还有两个模块，其中 urllib.robotparser 模块则比较特殊，它是由一个单独的 RobotFileParser 类构成的。这个类的目标是网站的 robot.txt 文件。通过使用 urllib、robotparser 模块解析 robot.txt 文件，我们会得知网站方面认为网络爬虫不应该访问哪些内容，一般使用 can_fetch()方法来对一个 URL 进行判断。还有 urllib.error 模块，它主要负责"由 urllib.request 引发的异常类"（按照官方文档的说法），urllib.error 模块有两个方法，URLError 和 HTTPError。

官方文档在介绍 urllib 的最后，推荐人们尝试第三方库 Requests：一个高级的 HTTP 客户端接口，不过熟悉 urllib 也是值得的，这有助于我们理解 Requests 的设计。

7.3　爬虫的部署和管理

7.3.1　配置远程主机

使用一些强大的爬虫框架（如前面曾提到过的 Scrapy 框架），我们可以开发出效率高、扩展性强的各种爬虫。在抓取时，我们可以使用自己的服务器来完成整个运行的过程，但问题在于，服务器资源是有限的，尤其是在抓取数据量比较大的时候，直接在自己的服务器上运行爬虫不仅不方便，也不现实。这时一个不错的方法就是将我们本地的爬虫部署到远程服务器上来执行。

在部署之前，我们首先需要拥有一台远程服务器，购买 VPS 是一个比较方便的选择。虚拟专用服务器（Virtual Private Server，VPS）是指将一台服务器分区成多个虚拟专享服务器。因而每个 VPS 都可分配独立公网 IP 地址、独立操作系统，为用户和应用程序模拟出"独占"计算资源的体验。这么听起来，VPS 似乎很像是现在流行的云服务器，但二者也并不相同。云服务器（Elastic Compute Service，ECS）是一种简单高效、处理能力可弹性伸缩的计算服务。特点是能在多个服务器资源（CPU、内存等）中调度，而 VPS 一般只是在一台物理服务器上分配资源。当然，VPS 相比于 ECS 在价格上低廉很多。作为普通开发者，如果只是需要做一些小网站或者简单程序，那么使用 VPS 就已足够了。接下来我们就从购买 VPS 服务开始，说明在 VPS 部署普通爬虫的过程。

VPS 提供商众多，其中有名的包括 Linode、Vultr、Bandwagon 等厂商。方便起见，我们在此选择 Bandwagon 作为示例（见图 7-14），主要原因是它支持支付宝付款，无须信用卡（其他很多 VPS 服务的支付方式是使用支持 VISA 的信用卡），而且可供选择的服务项目也比较多样化。

图 7-14　Bandwagon 的服务项目

进入 Bandwagon 的网站，注册账号并填写相关信息，包括姓名、所在地等，如图 7-15 所示。

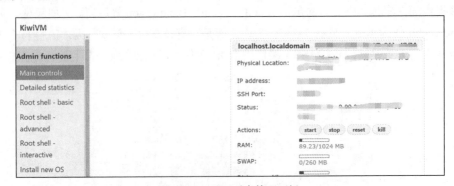

图 7-15　Bandwagon 的注册账号页面

填写相关信息完毕，拿到了账号之后，选择合适的 VPS 服务项目并订购。这里需要注意的是订购周期（年度、季度等）和架构（OpenVZ 或者 KVM）这两个关键信息。一般而言如果选择年度周期，平均计算下来会享受更低的价格。至于 OpenVZ 和 KVM，作为不同的架构各有特点。由于 KVM 提供更好的内核优化，也有不错的稳定性，因此在此选择 KVM。付款成功回到管理后台，单击"KiviVM Control Panel"进入控制面板。

OpenVZ 是基于 Linux 内核和作业系统的虚拟化技术，是操作系统级别的。OpenVZ 的特征是允许物理机器（一般就是服务器）运行多个操作系统，这被称为 VPS 或虚拟环境（Virtual Environment,VE）。KVM 则是嵌入在 Linux 内核中的一个虚拟化模块，是完全虚拟化的。

如图 7-16 所示，在管理后台安装 CentOS 6 操作系统，我们选择左侧的"Install new OS"选项，选择带 bbr 加速的 CentOS 6 x86 操作系统，然后单击"reload"按钮，等待安装完成。这时系统就会提供对应的密码和端口（以后还可以更改），然后开启 VPS（单击"start"按钮）。

图 7-16　KVM 后台管理面板

成功开启 VPS 后，我们在本地服务器（如个人计算机上）使用 ssh 命令即可登录 VPS，如下：

```
ssh username@hostip -p sshport
```

其中 username 和 hostip 分别为用户名和服务器 IP，sshport 为设定的 ssh 端口。执行 ssh 命令后，若看到带有"Last Login"字样的提示就说明登录成功。

当然，如果想要更好的计算资源，还可以使用一些国内的云服务器服务，阿里云云服务器（见图 7-17）就是值得推荐的选择，购买过程中配置想要的预装系统（如 Ubuntu 14.04），成功购买并开机后即可使用 SSH 等方式连接访问，部署自己的程序。

图 7-17　阿里云云服务器

7.3.2　编写本地爬虫

这次的爬虫，我们打算将目标着眼于论坛网站，很多时候，论坛网站中的一些用户发表的帖子是一种有价值的信息。一亩三分地论坛是一个比较典型的论坛，上面有很多关于留学和国外生活的帖子，受到年轻人的普遍喜爱。我们希望在论坛中抓取特定的帖子，将帖子的关键信息存储到本地文件，同时通过程序将这些信息发送到自己的电子邮箱。从技术上说，我们可以通过 requests 模块获取页面信息，通过简单的字符串处理，最终将这些信息通过 smtplib 库发送到邮箱。

使用 Chrome 开发者工具分析网页，我们希望提取帖子的标题信息，还是使用右键复制其 XPath 路径。另外，Chrome 其实还提供了一些对于解析网页有用的扩展程序。XPath Helper 就是这样一款扩展程序（见图 7-18），输入查询（即 XPath 表达式）后会输出高亮显示网页中的对应元素，效果如图 7-19 所示，便可以帮助我们验证 XPath 路径，保证了爬虫编写的准确性。根据验证了的 XPath，我们就可以着手编写抓取帖子信息的爬虫了，见例 7-3。

图 7-18　在 Chrome 扩展程序中搜索 XPath Helper

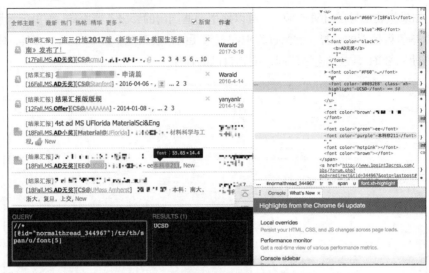

图 7-19 使用 XPath Helper 验证的结果

【例 7-3】crawl-1p.py，抓取一亩三分地论坛帖子的爬虫。

```python
from lxml import html
import requests
from pprint import pprint
import smtplib
from email.mime.text import MIMEText
import time, logging, random
import os


class Mail163():
  _sendbox = 'yourmail@mail.com'
  _receivebox = ['receive@mail.com']
  _mail_password = 'password'
  _mail_host = 'server.smtp.com'
  _mail_user = 'yourusername'
  _port_number = 465  # 465 是 smtp 服务器的默认端口号


  def SendMail(self, subject, body):
    print("Try to send...")
    msg = MIMEText(body)
    msg['Subject'] = subject
    msg['From'] = self._sendbox
    msg['To'] = ','.join(self._receivebox)
    try:
      smtpObj = smtplib.SMTP_SSL(self._mail_host, self._port_number)  # 获取服务器
      smtpObj.login(self._mail_user, self._mail_password)  # 登录
      smtpObj.sendmail(self._sendbox, self._receivebox, msg.as_string())  # 发送邮件
      print('Sent successfully')
    except:
      print('Sent failed')


# Global Vars
header_data = {
```

```python
        'Accept':
'text/html,application/xhtml+xml,application/xml;q=0.9,image/webp,*/*;q=0.8',
        'Accept-Encoding': 'gzip, deflate, sdch, br',
        'Accept-Language': 'zh-CN,zh;q=0.8',
        'Upgrade-Insecure-Requests': '1',
        'User-Agent': 'Mozilla/5.0 (Windows NT 6.1; WOW64) AppleWebKit/537.36 (KHTML, like
Gecko) Chrome/36.0.1985.125 Safari/537.36',
    }
    url_list = [
        'http://www.1point3acres.com/bbs/forum.php?mod=forumdisplay&fid=82&sortid=
164&%1=&sortid=164&page={}'.format(i) for i
    in range(1, 5)]
    url = 'http://www.1point3acres.com/bbs/forum-82-1.html'
    mail_sender = Mail163()
    shit_words = ['PhD', 'MFE', 'Spring', 'EE', 'Stat', 'ME', 'Other']
    DONOTCARE = 'DONOTCARE'
    DOCARE = 'DOCARE'
    PWD = os.path.abspath(os.curdir)
    RECORDTXT = os.path.join(PWD, 'Record-Titles.txt')
    ses = requests.Session()


    def SentenceJudge(sent):
        for word in shit_words:
            if word in sent:
                return DONOTCARE

        return DOCARE


    def RandomSleep():
        float_num = random.randint(-100, 100)
        float_num = float(float_num / (100))
        sleep_time = 5 + float_num
        time.sleep(sleep_time)
        print('Sleep for {} s.'.format(sleep_time))


    def SendMailWrapper(result):
        mail_subject = 'New AD/REJ @ 一亩三分地: {}'.format(result[0])
        mail_content = 'Title:\t{}\n' \
                       'Link:\n{}\n' \
                       '{} in\n' \
                       '{} of\n' \
                       '{}\n' \
                       'Date:\t{}\n' \
                       '---\nSent by Python Toolbox.' \
            .format(result[0], result[1], result[3], result[4], result[5], result[6])

        mail_sender.SendMail(mail_subject, mail_content)


    def RecordWriter(title):
        with open(RECORDTXT, 'a') as f:
            f.write(title + '\n')
        logging.debug("Write Done!")
```

```python
def RecordCheckInList():
  checkinlist = []
  with open(RECORDTXT, 'r') as f:
    for line in f:
      checkinlist.append(line.replace('\n', ''))

  return checkinlist

def Parser():
  final_list = []
  for raw_url in url_list:
    RandomSleep()
    pprint(raw_url)
    r = ses.get(raw_url, headers=header_data)
    text = r.text
    ht = html.fromstring(text)
    for result in ht.xpath('//*[@id]/tr/th'):
      # pprint(result)
      # pprint('------')
      content_title = result.xpath('./a[2]/text()')  # 0
      content_link = result.xpath('./a[2]/@href')  # 1
      content_semester = result.xpath('./span[1]/u/font[1]/text()')  # 2
      content_degree = result.xpath('./span[1]/u/font[2]/text()')  # 3
      content_major = result.xpath('./span/u/font[4]/b/text()')  # 4
      content_dept = result.xpath('./span/u/font[5]/text()')  # 5
      content_releasedate = result.xpath('./span/font[1]/text()')  # 6

      if len(content_title) + len(content_link) >= 2 and content_title[0] != '预览':
        final = []
        final.append(content_title[0])
        final.append(content_link[0])

        if len(content_semester) > 0:
          final.append(content_semester[0][1:])
        else:
          final.append('No Semester Info')
        if len(content_degree) > 0:
          final.append(content_degree[0])
        else:
          final.append('No Degree Info')
        if len(content_major) > 0:
          final.append(content_major[0])
        else:
          final.append('No Major Info')
        if len(content_dept) > 0:
          final.append(content_dept[0])
        else:
          final.append('No Dept Info')
        if len(content_releasedate) > 0:
          final.append(content_releasedate[0])
        else:
          final.append('No Date Info')
        # print('Now :\t{}'.format(final[0]))
        if SentenceJudge(final[0]) != DONOTCARE and \
```

```
                    SentenceJudge(final[3]) != DONOTCARE and \
                    SentenceJudge(final[4]) != DONOTCARE and \
                    SentenceJudge(final[2]) != DONOTCARE:
            final_list.append(final)
        else:
          pass

    return final_list

if __name__ == '__main__':

    print("Record Text Path:\t{}".format(RECORDTXT))
    final_list = Parser()
    pprint('final_list:\tThis time we have these results:')
    pprint(final_list)
    print('*' * 10 + '-' * 10 + '*' * 10)
    sent_list = RecordCheckInList()
    pprint("sent_list:\tWe already sent these:")
    pprint(sent_list)
    print('*' * 10 + '-' * 10 + '*' * 10)
    for one in final_list:
      if one[0] not in sent_list:
        pprint(one)
        SendMailWrapper(one)  # 发送新帖子
        RecordWriter(one[0])  # 把新帖子写入 TXT
        RandomSleep()

    RecordWriter('-' * 15)

    del mail_sender
    del final_list
    del sent_list
```

在上面的代码中，Mail163 类是一个邮件发送类，其对象可以被理解为一个抽象的发信操作。负责发信的是 SendMail()方法，shit_words 是一个包含屏蔽词的列表，SentenceJudge()方法通过该列表判断信息是否应该保留。SendMailWrapper()方法包装了 SendMail()方法，最终可以在邮件中发出格式化的文本。RecordWriter()方法负责将抓取的信息保存到本地，RecordCheckInList()方法则读取本地已保存的信息。如果本地已保存（即旧帖子），便不再将帖子添加到发送列表 sent_list（见 main 中的语句）。

Parser 是负责解析网页和爬虫逻辑的主要部分，其中连续的 ifelse 判断部分是为了判断帖子是否包含我们关心的信息。编写爬虫完毕后，我们可以先使用自己的邮箱账号在本地测试一下，发送邮箱和接收邮箱都设置为自己的邮箱。

7.3.3　部署爬虫

编辑并调试好爬虫程序后，使用 scp -P 可以将本地的脚本文件传输（实际上是一种远程复制）到服务器上。实际上，scp 是 secure copy 的简写，这个命令用于在 Linux 操作系统下进行远程复制文件，和它类似的命令有 cp，不过 cp 是在本机进行复制。

将文件从本地服务器复制到远程服务器的命令如下：

```
scp local_file remote_username@remote_ip:remote_file
```

将 remote_username 和 remote_ip 等参数替换为自己想要的内容（如将 remote_username 替换为 root，因为 VPS 的用户名一般就是 root），执行命令并输入密码即可。如果需要通过端口号传输，命令：

```
scp -P port local_file remote_username@remote_ip:remote_file
```

当 scp 执行完毕，我们的远程服务器上便有了一份本地爬虫的副本。这时可以选择直接手动执行这个爬虫，只要远程服务器的运行环境能够满足要求，就能够成功运行这个爬虫。也就是说，一般只要安装好爬虫所需的 Python 环境与各个扩展库等即可，可能还需要配置数据库，本例中爬虫较为简单，数据通过文件存取，故暂不需要这一环节。不过，我们可以使用一些简单的命令将爬虫变得更"自动化"，其中 Linux 操作系统下的 crontab 定时命令很方便。

> crontab 是一个控制计划任务的命令，而 crond 是 Linux 操作系统用来周期性地执行某种任务或等待处理某些事件的一个守护进程。如果发现计算机上没有 crontab 服务，可以通过 yum install crontabs 来进行安装。crontab 的基本命令行格式是 crontab [-u user] [-e | -l | -r]，其中-u user 表示用来设定某个用户的 crontab 服务。-e 表示编辑某个用户的 crontab 文件内容，如果不指定用户，则表示编辑当前用户的 crontab 文件。-l 表示显示某个用户的 crontab 文件内容，如果不指定用户，则表示显示当前用户的 crontab 文件内容。-r 表示从/var/spool/cron 目录中删除某个用户的 crontab 文件，如果不指定用户，则默认删除当前用户的 crontab 文件，等效于一个归零操作。

在用户所建立的 crontab 文件中，每一行都代表一项任务，每行的每个字段代表一项设置，它的格式共分为 6 个字段，前 5 段是时间设定段，第 6 段是要执行的命令段。

执行 crontab 命令的时间格式一般如图 7-20 所示。

```
# .——————— minute (0 – 59)
# | .——————— hour (0 – 23)
# | | .——————— day of month (1 – 31)
# | | | .——————— month (1 – 12) OR jan,feb,mar,apr ...
# | | | | .——————— day of week (0 – 6) (Sunday=0 or 7)  OR
#sun,mon,tue,wed,thu,fri,sat
# | | | | |
# * * * * * command to be executed
```

图 7-20   crontab 的时间格式

我们在远程服务器上执行 crontab -e 命令，再添加一行：

```
0 * * * * python crawl-1p.py
```

保存并退出（对于 Vi 编辑器而言，即按 Esc 键后输入:wq），使用 crontab -l 命令可查看这条定时任务。然后要做的就是等待程序每隔一小时运行一次，并将抓取的格式化信息发送到自己的邮箱。不过这里要说明的是，在这个程序中将邮箱用户名、密码等信息直接写入程序是不可取的，正确的方式是在执行程序时通过参数传递，这里为了重点展示远程爬虫，省去了对数据安全性的考虑。

7.3.4   查看运行结果

根据在 crontab 中设置的时间间隔，等待程序自动运行后，我们进入自己的邮箱，可以看到远程服务器自动发送来的邮件（见图 7-21），其内容即抓取的论坛数据（见图 7-22）。这个程序没有考虑性能上的问题。另外，在抓取的帖子数据较多时应该考虑使用数据库进行存储。

图 7-21　邮件列表

图 7-22　邮件内容

这样的结果说明，本次对爬虫程序的远程部署已经成功。本例中的爬虫较为简单，如果涉及更复杂的内容，我们可能还需要用到一些专业的工具。

7.3.5　使用爬虫管理框架

Scrapy 作为一个非常强大的爬虫框架，受众广泛。正因如此，它在被大家作为基础爬虫框架进行开发的同时，也衍生出了一些其他的实用工具。Scrapyd 就是这样一个库，它能够用来方便地部署和管理爬虫。

如果在远程服务器上安装 Scrapyd，启动服务，我们就可以将自己的 Scrapy 项目直接部署到远程主机上。另外，Scrapyd 还提供了一些便于操作的方法和 API，因此我们可以控制 Scrapy 项目的运行。Scrapyd 的安装依然是通过 pip 命令：

```
pip install scrapyd
```

安装完成后，在 Shell 中通过 scrapyd 命令直接启动服务。在浏览器中根据 Shell 的提示输入地址，即可看到 scrapyd 已在运行中。

scrapyd 的常用命令（在本地计算机的命令）如下。

* 列出所有爬虫：curl http://localhost:6800/listprojects.json。
* 启动远程爬虫：curl http://localhost:6800/schedule.json -d project=myproject -d spider=somespider。

- 查看爬虫：curl http://localhost:6800/listjobs.json?project=myproject。

另外，在启动爬虫后，会返回一个 jobid，如果想要停止刚才启动的爬虫，我们就需要通过这个 jobid 执行新命令：

```
curl http://localhost:6800/cancel.json -d project=myproject -d job=jobid
```

但这些都不涉及爬虫部署的操作。在控制远程的爬虫运行之前，我们需要将爬虫上传到远程服务器，这就涉及打包和上传等操作。为了解决这个问题，我们可以使用另一个包 Scrapyd-Client 来完成。安装命令如下，依然是通过 pip 安装：

```
pip3 install scrapyd-client
```

熟悉 Scrapy 爬虫的读者可能会知道，每次创建 Scrapy 新项目之后，会生成一个配置文件 scrapy.cfg，如图 7-23 所示。

```
# Automatically created by: scrapy startproject
#
# For more information about the [deploy] section see:
# https://scrapyd.readthedocs.org/en/latest/deploy.html

[settings]
default = newcrawler.settings

[deploy]
#url = http://localhost:6800/
project = newcrawler
```

图 7-23　Scrapy 爬虫中的 scrapy.cfg 配置文件内容

我们打开此配置文件进行一些配置：

```
#Scrapyd 的配置名
[deploy:scrapy_cfg1]
#启动 Scrapyd 服务的远程主机 IP, localhost 默认为本机
url = http://localhost:6800/
#url = http:xxx.xxx.xx.xxx:6800  # 服务器的 IP 地址
username = yourusername
password = password
#项目名称
project = ProjectName
```

完成之后，就能够省略 scp 等烦琐操作，通过 scrapyd-deploy 命令实现一键部署。如果还想实时监控服务器上 Scrapy 爬虫的运行状态，可以通过请求 Scrapyd 的 API 来实现。Scrapyd-API 库能完美地满足这个要求，安装这个工具后，我们就可以通过简单的 Python 语句来查看远程爬虫的状态（如下面的代码），我们得到的输出结果就是以 JSON 形式呈现的爬虫运行情况：

```
from scrapyd_api import ScrapydAPI
scrapyd = ScrapydAPI('http://host:6800')
scrapyd.list_jobs('project_name')
```

当然，在爬虫的部署和管理方面，还有一些更具有综合性、在功能上更为强大的工具，如 Gerapy。这是一个基于 Scrapy、Scrapyd、Scrapyd-Client、Scrapy-Redis、Scrapyd-API、Scrapy-Splash、Django、Jinjia2 等众多强大工具的库，能够帮助用户通过网页 UI 查看并管理爬虫。

安装 Gerapy 仍然是通过 pip：

```
pip3 install gerapy
```

pip3 指明是为 Python 3 安装的。当计算机中同时存在 Python 2 与 Python 3 环境时，使用 pip2 和 pip3 便能够区分。

安装完成之后，就可以马上使用 gerapy 命令。初始化命令：

```
gerapy init
```

该命令执行完毕之后就会在本地生成一个 gerapy 的文件夹，进入该文件夹（cd 命令）可以看到有一个 projects 文件夹（ls 命令）。之后执行数据库初始化命令：

```
gerapy migrate
```

它会在 gerapy 目录下生成一个 SQLite 数据库，同时建立数据库表。然后执行启动服务的命令（见图 7-24）。

```
gerapy runserver
```

```
Django version 2.0.2, using settings 'gerapy.server.server.settings'
Starting development server at http://127.0.0.1:8000/
Quit the server with CONTROL-C.
```

图 7-24　runserver 命令的结果

最后我们在浏览器中打开 Gerapy 的主界面，如图 7-25 所示。

图 7-25　Gerapy 主界面

Gerapy 的主要功能就是项目管理，我们可以通过它配置、编辑和部署 Scrapy 爬虫。如果我们想要对一个 Scrapy 项目进行管理和部署，将项目移动到刚才 Gerapy 运行目录的 projects 文件夹下即可。

接下来，我们通过单击按钮进行打包和部署，单击"打包"按钮，即可发现一段时间后 Gerapy 会提示打包成功，之后便可以开始部署。当然，对于部署的项目，Gerapy 也能够监控服务器的状态。Gerapy 甚至提供了基于 GUI 的代码编辑界面，如图 7-26 所示。

图 7-26　Gerapy 中的程序编辑功能

Scrapy 中的 CrawlSpider 是一个非常常用的模板，我们已经看到，CrawlSpider 通过一些简单的规则来完成爬虫的核心配置（如抓取逻辑等）。因此，基于这个模板，如果要新建一个爬虫，我们只需要写好对应的规则即可。Gerapy 利用了 Scrapy 的这一特性，如果用户写好规则，Gerapy 就能够自动生成 Scrapy 项目代码。

单击项目页面右上角的"Create"按钮，我们就能够增加一个可配置爬虫，然后添加实体、字段及爬虫。配置完所有相关规则内容后，生成代码，我们最后只需要继续在 Gerapy 的 Web 页面操作，对项目进行部署和运行。也就是说，通过 Gerapy 完成了从创建到运行完毕这一过程的所有的工作。

7.4 本章小结

在这一章，我们介绍了不同应用领域的爬虫，还讨论了对爬虫的远程部署和管理。接下来的第 8 章，我们将转向爬虫的另一个应用领域，那就是利用爬虫进行网站测试。

第8章
模拟浏览器与网站测试

爬虫是为采集网络数据而生的，不过作为与网站进行交互的程序，爬虫还可以扮演网站测试的角色。对于很多 Web 应用而言，通常会将注意力放在后端的各项测试上，前端界面测试一般由一个程序员自行完成。使用爬虫程序，尤其是模拟浏览器，我们可以轻松地使用 Python 编写的爬虫来对网站进行测试，将可能需要手动的 GUI 操作用代码自动化进行。事实上，Selenium 这个工具本身就是为网页测试而开发出来的，使用 Selenium WebDriver 可以使得网站开发者十分方便地进行 UI 测试。其丰富的 API 可以帮助我们访问 DOM、模拟键盘输入，甚至运行 JavaScript。

8.1　关于测试

8.1.1　测试简介

在人们提到"测试"这个概念时，很多时候指代的就是"单元测试"。单元测试（有时候也叫模块测试）就是开发者编写的一段代码，用于检验被测代码的一个较小的、明确的功能是否正确。一个单元测试是用于判断某个特定条件（或者场景）下某个特定函数的行为，而一个小模块的所有单元测试都会被集中到同一个类（Class）中，并且每个单元测试都能够独立地运行。当然，单元测试的代码与生产代码是独立的，一般会被保存在独立的项目和目录中。

作为程序开发中的重要一环，单元测试的作用包括确保代码质量、改善代码设计、保证代码重构不会引入新问题（以函数为单位进行重构的时候，只需要重新测试就基本可以保证重构没引入新问题）。

除了单元测试，我们还会听到"集成测试""系统测试"等其他名词。集成测试就是在软件系统集成过程中进行的测试，一般安排在单元测试完成之后，目的是检查模块之间的接口是否正确。系统测试则是对已经集成好的软件系统进行彻底的测试，目的是验证软件系统的正确性和性能等是否满足要求。本章我们将主要讨论单元测试。

8.1.2　TDD

按照理解，测试似乎是在代码完成之后实现的部分，毕竟测试的是代码，但是测试可以先行，而且会收到良好的效果，这就是所谓的测试驱动开发（Test-Driven Development，TDD）。换句话说，TDD 就是先写测试，再写代码。《代码大全》中有以下描述。

- 在开始写代码之前先写测试用例，并不比之后再写要多花工夫，只是调整了一下测试用例编写活动的工作顺序而已；

- 假如你首先编写测试用例，那么你将可以更早发现缺陷，同时也更容易修正它们；
- 首先编写测试用例将迫使你在开始写代码之前至少思考一下需求和设计，而这往往会催生更高质量的代码；
- 在编写代码之前先编写测试用例，能更早地把需求上的问题暴露出来。

实际上，《代码整洁之道》中还描述了 TDD 三定律。

- 定律一：在编写不能通过的单元测试前，不可编写生产代码。
- 定律二：只可编写刚好无法通过的单元测试，不能编译也算不通过。
- 定律三：只可编写刚好足以通过当前失败测试的生产代码。

产品代码能够让当前失败的单元测试成功通过即可，不要多写。无论是先写测试还是后写测试，测试都是需要重视的环节，我们的最终目的是提供可用的完善的程序模块。

8.2 Python 的单元测试

8.2.1 使用 unittest

在 Python 中，我们可以使用自带的 unittest 模块编写单元测试，见例 8-1。

【例 8-1】TestStringMethods.py，unittest 简单示例。

```python
import unittest

class TestStringMethods(unittest.TestCase):

    def test_upper(self):
        self.assertEqual('test'.upper(), 'TEST')       # 判断两个值是否相等

    def test_isupper(self):
        self.assertTrue('TEST'.isupper())              # 判断值是否为 True
        self.assertFalse('Test'.isupper())             # 判断值是否为 False
```

我们在 PyCharm IDE 中运行这个程序，可以看到与普通的脚本不同，这个程序被作为一个测试来执行，见图 8-1。

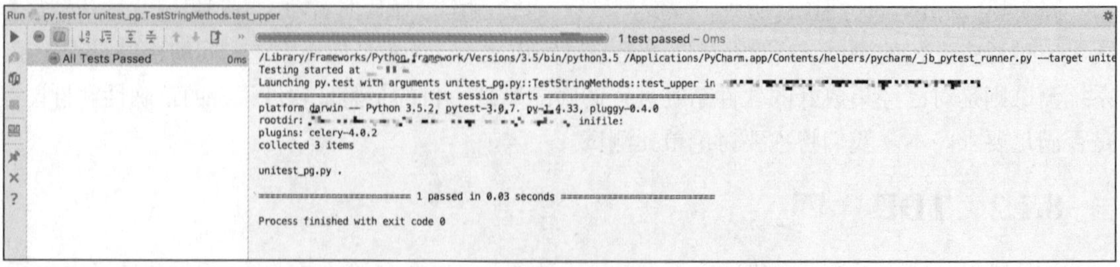

图 8-1 在 PyCharm 中运行 TestStringMethods

当然，也可以使用命令行来运行：

```
python3 -m unittest TestStringMethods
```

输出：

```
..
----------------------------------------------------------------------
Ran 2 tests in 0.000s

OK
```

使用 -v 参数执行命令可以获得更多信息，见图 8-2。

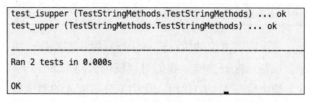

图 8-2　运行 TestStringMethods 获得的信息

以上输出说明我们的测试都已通过。如果你想换一种方式，使用运行普通脚本的方式来执行测试，例如 python3 TestStringMethods.py，那么你还需要在脚本末尾增加两行代码：

```
if __name__ == '__main__':
  unittest.main()
```

在这个示例中，我们创建了一个 TestStringMethods 类，并继承了 unittest.TestCase。我们的方法都以 test 开头命名，表明该方法是测试方法。实际上，不以 test 开头的方法在测试的时候就不会被 Python 解释器执行。因此，如果我们添加这样的一个方法：

```
def nottest_isupper(self):
  self.assertEqual('TEST'.upper(),'test')
```

虽然**'TEST'**.upper()与**'test'** 并不相等，但是这个测试仍然会通过，因为 nottest_isupper 方法不会被执行。在上述的各个方法里面，我们使用了断言（Assert）来判断运行的结果是否和预期相符。

- assertEqual：判断两个值是否相等。
- assertTrue/assertFalse：判断表达式的值是 True 还是 False。

断言方法主要分为三种类型。

- 检测两个值的大小关系：相等、大于、小于。
- 检查逻辑表达的值：True、False。
- 检查异常。

我们在实践中常用的断言方法如表 8-1 所示。

表 8-1　　　　　　　　　　　　常用的断言方法

断言方法	意义
assertEqual(a, b)	判断 a==b
assertNotEqual(a, b)	判断 a!=b
assertTrue(x)	bool(x) is True
assertFalse(x)	bool(x) is False
assertIs(a, b)	a is b
assertIsNot(a, b)	a is not b
assertIsNone(x)	x is None

续表

断言方法	意义
assertIsNotNone(x)	x is not None
assertIn(a, b)	a is in b
assertNotIn(a, b)	a is not in b
assertIsInstance(a, b)	isinstance(a, b)
assertNotIsInstance(a, b)	not isinstance(a, b)

有时候我们还需要在每个测试方法的执行前和执行后做一些操作，如，我们需要在每个测试方法执行前连接数据库，执行后断开连接。我们可以使用启动（setUp）和退出（tearDown），这样就不需要在每个测试方法中编写重复的代码。我们来改写刚才的测试类：

```python
import unittest

class TestStringMethods(unittest.TestCase):
  def setUp(self):
    print("set up the test")

  def tearDown(self):
    print("tear down the test")

  def test_upper(self):
    self.assertEqual('test'.upper(), 'TEST')  # 判断两个值是否相等

  def test_isupper(self):
    self.assertTrue('TEST'.isupper())  # 判断值是否为 True
    self.assertFalse('Test'.isupper())  # 判断值是否为 False

  def nottest_isupper(self):
    self.assertEqual('TEST'.upper(),'test')
```

再次使用命令 python3 -m unittest -v TestStringMethods 来执行测试，见图 8-3。

```
test_isupper (TestStringMethods.TestStringMethods) ... set up the test
tear down the test
ok
test_upper (TestStringMethods.TestStringMethods) ... set up the test
tear down the test
ok

----------------------------------------
Ran 2 tests in 0.000s

OK
```

图 8-3　再次执行 TestStringMethods 的测试

可见测试类在执行测试之前和之后会分别执行 setUp() 和 tearDown() 函数。注意，这两个函数在每个测试的开始和结束时都运行，而不是把 TestStringMethods 这个测试类作为一个整体只在开始或结束运行一次。

8.2.2　其他方法

除了 Python 内置的 unittest，我们还有不少别的选择，pytest 模块就是个不错的选择。pytest

兼容 unittest，目前很多开源项目也都在用。安装也是一如既往的方便：

```
pip install pytest
```

pytest 的功能比较全面而且可扩展，但是语法很简单，甚至比 unittest 还要简单，见例 8-2。

【例 8-2】pytestCalculate.py，pytest 模块示例。

```
def add(a, b):
  return a + b


def test_add():
  assert add(2, 4) == 6
```

我们使用 pytestCalculate.py 命令来执行测试，如图 8-4 所示。

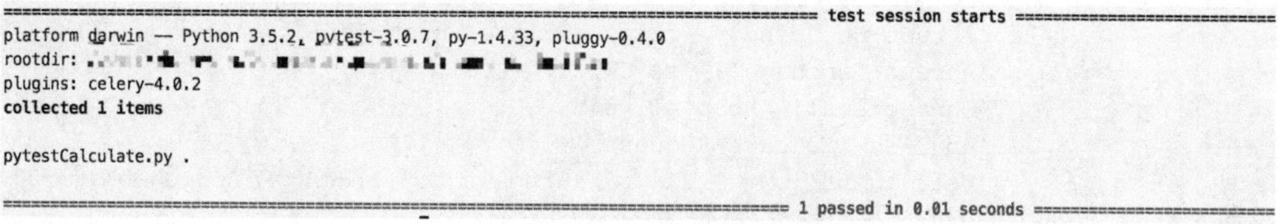

```
================================================= test session starts =========================
platform darwin — Python 3.5.2, pytest-3.0.7, py-1.4.33, pluggy-0.4.0
rootdir: ...
plugins: celery-4.0.2
collected 1 items

pytestCalculate.py .


============================================ 1 passed in 0.01 seconds =========================
```

图 8-4　pytestCalculate 的测试结果

当需要编写多个测试示例的时候，可以将其放到一个测试类中：

```
def add(a, b):
  return a + b

def mul(a, b):
  return a * b

class TestClass():
  def test_add(self):
    assert add(2, 4) == 6

  def test_mul(self):
    assert mul(2,5) == 10
```

编写时需要遵循以下原则。

- 测试类以 Test 开头，并且不能带有 __init__ 方法。
- 测试函数以 test_ 开头。
- 断言使用基本的 assert 来实现。

我们仍然可以使用 pytestCalculate.py 命令来进行这个测试，输出结果会显示"2 passed in 0.03 seconds"。

当然，除了 unittest 和 pytest，Python 中的单元测试工具还有很多，有兴趣的读者可以自行了解。

8.3　使用 Python 爬虫测试网站

把 Python 单元测试的概念与网络爬虫结合起来，我们就可以实现简单的网站功能测试。我们不妨来测试一下论坛类网站（以用户发帖和回帖为主要内容的网站）。这里为了举例简单起见，我们从一个十分基础的功能单元切入：顶帖对网站内容排序的影响。也就是说，在众多页面中，被展示在前面的页面（页码较小）中的帖子的最后回复时间（日期）一定晚于后面页面中帖子的最后回复时间，而同一页面的帖子列表中，页面上方的帖子的最后回复时间（日期）也一定晚于下面的帖子。以著名的水木社区为例，我们的爬虫类见例 8-3。

【例 8-3】newsmth_pg.py，水木社区的爬虫。

```python
import requests, time
from lxml import html


class NewsmthCrawl():
    header_data = {'Accept': 'text/html,application/xhtml+xml,application/xml;q=0.9,
image/webp,*/*;q=0.8',
                   'Accept-Encoding': 'gzip, deflate, sdch, br',
                   'Accept-Language': 'zh-CN,zh;q=0.8',
                   'Connection': 'keep-alive',
                   'Upgrade-Insecure-Requests': '1',
                   'User-Agent': 'Mozilla/5.0 (Windows NT 6.1; WOW64) AppleWebKit/537.36
(KHTML, like Gecko) Chrome/36.0.1985.125 Safari/537.36',
                   }

    def set_startpage(self, startpagenum):
        self.start_pagenum = startpagenum

    def set_maxpage(self, maxpagenum):
        self.max_pagenum = maxpagenum

    def set_kws(self, kw_list):
        self.kws = kw_list

    def keywords_check(self, kws, str):
        if len(kws) == 0 or len(str) == 0:
            return False
        else:
            if any(kw in str for kw in kws):
                return True
            else:
                return False

    def get_all_items(self):
        res_list = []
        ses = requests.Session()

        raw_urls = ['http://www.newsmth.net/nForum/board/Joke?ajax&p={}'.
                    format(i) for i in range(self.start_pagenum, self.max_pagenum)]
        for url in raw_urls:
            resp = ses.get(url, headers=NewsmthCrawl.header_data)
            h1 = html.fromstring(resp.content)
            raw_xpath = '//*[@id="body"]/div[3]/table/tbody/tr'

            for one in h1.xpath(raw_xpath):
                tup = (one.xpath('./td[2]/a/text()')[0], 'http://www.newsmth.net' + one.xpath
('./td[2]/a/@href')[0],
                       one.xpath('./td[8]/a/text()')[0])
                res_list.append(tup)
```

```
        time.sleep(1.2)

    return res_list
```

这个爬虫类的核心方法是 get_all_items()，这个方法会返回一个列表，列表中的每个元素都是一个元组，元组中有三个元素：帖子的标题、帖子的链接、帖子的最后回复日期。我们对水木社区笑话版面进行抓取。另外，keywords_check()方法会接受两个参数，kws 和 str。它判断 kws 列表中是否存在某个关键词在 str 这个字符串中，并返回布尔值。不过在目前的 get_all_items()方法中还没有进行关键词检测，这个方法也没有在任何地方被调用。

对应的，我们编写一个测试类，存放在 test_newsmth.py 中，见例 8-4。

【例 8-4】test_newsmth.py，水木社区爬虫的测试。

```python
import datetime
from newsmth_pg import NewsmthCrawl

class TestClass():
  def test_lastreplydatesort(self):
    Nsc = NewsmthCrawl()
    Nsc.set_startpage(3)
    Nsc.set_maxpage(10)
    tup_list = Nsc.get_all_items()
    for i in range(1, len(tup_list)):
      dt_new = datetime.datetime.strptime(tup_list[i-1][-1], '%Y-%m-%d')
      dt_old = datetime.datetime.strptime(tup_list[i][-1], '%Y-%m-%d')
      assert dt_new >= dt_old
```

这个测试类只有一个测试方法，**test_lastreplydatesort** 的目标是获取所有"最后回复日期"，然后逐个比对。因为多个帖子可能会有同一个回复日期，所以在断言语句中是">="，而不是">"。另外，dt_new 和 dt_old 都是使用 strptime()方法构造的 datetime 对象。

我们继续执行 pytest test_newsmth.py 命令来进行测试，测试通过，如图 8-5 所示。

```
========================================= test session starts =========================================
platform darwin -- Python 3.5.2, pytest-3.0.7, py-1.4.33, pluggy-0.4.0
rootdir: ............................................., inifile:
plugins: celery-4.0.2
collected 1 items

test_newsmth.py .

====================================== 1 passed in 10.26 seconds ======================================
```

图 8-5　pytest 测试水木社区爬虫的结果

8.4　使用 Selenium 测试

虽然我们使用 Python 单元测试能够对网站的内容进行一定程度的测试，但是对于测试页面功能，尤其是涉及 JavaScript 时，简单的爬虫就多少显得有点黔驴技穷了。十分幸运的是，我们有 Selenium 这个工具。与 Python 单元测试不同的是，Selenium 并不要求单元测试必须是一个测试方法，另外，测试通过也不会有什么提示。我们之前已经介绍过 Selenium，必须强调的是，Selenium 测试可以在 Windows、Linux 和 macOS 上的 Internet Explorer、Mozilla 和 Firefox 等浏览器中运行，能够覆盖如此多的平台正是 Selenium 的一个突出优点。不同于普通的 Python 测试，Selenium 测试可以从终端用户的角度来测试网站。而且，通过在不同平台的不同浏览器中进行测试，也更容易使我们发现浏览器的兼容性方面的问题。

8.4.1　Selenium 测试常用的网站交互

Selenium 进行网站测试的基础就是自动化浏览器与网站的交互，包括页面操作、数据交互等。我们之前曾对 Selenium 的基本使用方法做过简单的说明，有了网站交互（而不是典型爬虫避开浏览器界面的策略），我们就能够完成很多测试工作，如找出异常表单、HTML 排版错误、页面交互问题。

一般我们开始页面交互的第一步都是定位元素，即使用 find_element(s)_by_*系列方法。对于一个给定的元素（最好已经定位到了这个元素），Selenium 能够执行的操作有很多，包括单击（click()方法）、双击（double_click()方法）、用键盘输入（send_keys()方法）、清除输入（clear()，方法）等。我们甚至可以模拟浏览器的前进或后退，如使用 driver.forward()和 driver.back()，或者是访问网站弹出的对话框，如使用 driver.switch_to_alert()。

Selenium 中的动作链（Action Chain）也是一个十分方便的设计。我们可以用它来完成多个动作，其效果与对一个元素显式执行多个操作是一致的。例 8-5 是一个 Selenium 登录豆瓣网的例子。

【例 8-5】Selenium 登录豆瓣网。

```python
from selenium import webdriver
from selenium.webdriver import ActionChains

path_of_chromedriver = 'your path of chrome driver'
driver = webdriver.Chrome(path_of_chromedriver)
driver.get('https://www.douban.com/login')
email_field = driver.find_element_by_id('email')
pw_field = driver.find_element_by_id('password')
submit_button = driver.find_element_by_name('login')

email_field.send_keys('youremail@mail.com')
pw_field.send_keys('yourpassword')
submit_button.click()
```

将最后三行代码改写为：

```python
actions = ActionChains(driver).\
  click(email_field).send_keys('youremail@mail.com') \
  .click(pw_field).send_keys('yourpassword').click(submit_button)

actions.perform()
```

效果会是完全一致的。第一种方式在两个字段上调用 send_keys()方法，然后单击"登录"按钮。第二种方式则使用一个动作链来单击每个字段并填写信息，最后登录（不要忘了在最后使用 perform()方法执行这些操作）。实际上，不仅是使用 Webdriver 自带的方法进行交互，我们还使用了十分强大 execute_script()方法：

```python
last_height = driver.execute_script("return document.body.scrollHeight")
while True:
  # 向下拉动至底部
  driver.execute_script("window.scrollTo(0, document.body.scrollHeight);")
  new_height = driver.execute_script("return document.body.scrollHeight")
```

```
    if new_height == last_height:
        break
    last_height = new_height
```

上面的代码就是一个使用 JavaScript 脚本来进行页面交互的例子，其实现的功能是不断下拉到页面底端（浏览器右侧的滚动条）。

最后，如果你使用 PhantomJS 等无界面浏览器来进行测试，就会发现 Selenium 的截屏保存是一个十分友好的功能。以下代码都能够完成截屏动作：

```
driver.save_screenshot('screenshot-douban.jpg')
driver.get_screenshot_as_file('screenshot-douban.png')
```

截屏的意义至少在于，当你搞不清楚测试问题所在时，看看当时的网站实时页面总是一个不错的选择。

8.4.2　结合 Selenium 进行单元测试

Selenium 可以轻而易举地获取网站的相关信息，而单元测试可以评估这些信息是否满足测试条件，因此，结合 Selenium 进行单元测试就成了十分自然的选择。下面的示例对维基百科进行测试，在搜索文本框输入"Wikipedia"关键词，检测查找结果。如果没有查询结果，则测试不通过，见例 8-6。

【例 8-6】TestWikipedia.py，一个使用 Selenium 测试维基百科的程序。

```python
import unittest,time
from selenium import webdriver
from selenium.webdriver.common.keys import Keys

class TestWikipedia(unittest.TestCase):
    path_of_chromedriver = 'your path of chromedriver'

    def setUp(self):
        self.driver = webdriver.Chrome(executable_path=TestWikipedia.path_of_chrome driver)

    def test_search_in_python_org(self):
        driver = self.driver
        driver.get("https://en.wikipedia.org/wiki/Main_Page")
        self.assertIn("Wikipedia", driver.title)
        elem = driver.find_element_by_name("search")
        elem.send_keys('Wikipedia')
        elem.send_keys(Keys.RETURN)
        time.sleep(3)
        assert "no results" not in driver.page_source

    def tearDown(self):
        print("Wikipedia test done.")
        self.driver.close()

if __name__ == "__main__":
    unittest.main()
```

在上面的代码中，测试类继承自 unittest.TestCase，继承 TestCase 类是告诉 unittest 模块，该类是一个测试用例。在 setUp()方法中，我们创建了 Chrome WebDriver 的一个实例，下面一行使用 assertIn()方法判断在页面标题中是否包含"Wikipedia"：

```
self.assertIn("Wikipedia", driver.title)
```

使用 find_element_by_name()方法寻找到搜索文本框后，发送 keys 输入，这和使用键盘输入 keys 是同样的效果。另外，一些特殊的按键可以通过导入 selenium.webdriver.common.keys 的 Keys 类来输入（正如代码开头那样）。之后检测网页中是否存在 "no results" 这个字符串，整个测试类的逻辑基本就是这样。

然后我们这次在 IDE 中运行这个测试程序，可见维基百科网站通过了这次测试（见图 8-6）。对于 "Wikipedia" 这个关键字，是不会查询不到结果的。

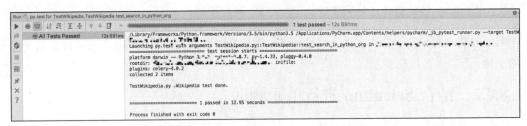

图 8-6　IDE 运行 TestWikipedia.py 的结果

当然，如果我们把搜索内容改为其他的 "冷门" 关键字，我们的测试可能就无法通过了。如果我们搜索 "CANNOTSEARCH" 理应不会有什么结果的关键字，测试结果如图 8-7 所示。

图 8-7　更改搜索关键字后的测试结果

不夸张地说，任何网站（当然也包括我们自己创建管理的网站）的内容都可以使用 Selenium 进行单元测试。正如我们所看到的那样，测试代码的编写也并不复杂。

8.5　本章小结

本章我们重点讨论了 Python 单元测试的概念和方法，然后介绍了使用 Selenium 做网站测试的思路。我们使用了一个维基百科的例子来说明测试的具体编写，Selenium 测试能做的远远不止这一点。Selenium 为我们提供的种种操作（主要以 WebDriver 的各种类方法来体现），使我们能够完成很多不同的测试。在这个角度上，网络爬虫与网站测试之间似乎也没有什么太大的区别了。另外，本章提到了两个 Python 单元测试模块：unittest 和 pytest，有兴趣的读者还可以继续了解 PyUnit、nose 等其他模块。

第9章
更强大的爬虫

本章我们将试图让爬虫程序变得更为强大，介绍主流的爬虫框架，并通过网站反爬虫策略和分布式爬虫等几个方面进行讨论。

9.1　爬虫框架

9.1.1　Scrapy 简介

按照官方的说法，Scrapy 是一个为了抓取网站数据，提取结构性数据而编写的应用框架。可以应用在包括数据挖掘、信息处理或存储历史数据等各种程序中。Scrapy 最初是为网页抓取而设计的，可以应用在获取 API 返回的数据或者通用的网络爬虫开发中。作为一个爬虫框架，我们可以根据需求十分方便地使用 Scrapy 编写出自己的爬虫程序。毕竟我们要从使用 requests（或者 urllib）访问 URL 开始编写，把网页解析、元素定位等功能一行一行地写进去，再编写爬虫的循环抓取策略和数据处理机制等其他功能。这些过程执行下来，工作量也是不小的。使用特定的框架可以帮助我们更高效地定制爬虫程序。在各种 Python 爬虫框架中，Scrapy 因为合理的设计，简便的用法和十分丰富的资料等优点脱颖而出，成为比较流行的爬虫框架选择，我们在这里对它进行比较详细的介绍。当然，深入了解一个 Python 库相关知识的最好方式就是去查看它的官网或官方文档，读者可以随时访问并查看最新的消息。

作为可能是最流行的 Python 爬虫框架，掌握 Scrapy 爬虫编写是我们在爬虫开发中迈出的重要一步。当然，Python 爬虫框架有很多，相关资料也内容庞杂。

从构件上看，Scrapy 这个爬虫框架主要由以下组件组成。

- 引擎（Engine）：用于处理整个系统的数据流处理，触发事务，是框架的核心。
- 调度器（Scheduler）：用于接受引擎发送的请求，将请求放入队列中，并在引擎再次请求的时候返回。它决定下一个要抓取的网址，同时担负着网址去重这一重要工作。
- 下载器（Downloader）：用于下载网页内容，并将网页内容返回给爬虫。它的基础是 twisted，一个 Python 网络引擎框架。
- 爬虫（Spiders）：用于从特定的网页中提取自己需要的信息，即 Scrapy 中所谓的实体（Item）；也可以从中提取链接，让 Scrapy 继续抓取下一个页面。
- 管道（Pipeline）：负责处理爬虫从网页中抽取的实体，主要的功能是持久化信息、验证实体的有效性、清洗信息等。当页面被爬虫解析后，将被发送到管道，并经过特定的程序来处理数据。

● 下载器中间件（Downloader Middlewares）：引擎和下载器之间的框架，它的主要工作是处理引擎与下载器之间的请求和响应。

● 爬虫中间件（Spider Middlewares）：引擎和爬虫之间的框架，它的主要工作是处理爬虫的响应输入和请求输出。

● 调度器中间件（Scheduler Middewares）：引擎和调度之间的中间件，从引擎发送到调度的请求和响应。

它们之间的关系如图 9-1 所示。

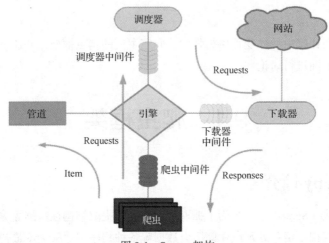

图 9-1　Scrapy 架构

具体地说，一个 Scrapy 爬虫的工作过程如下。

第 1 步，引擎打开一个网站，找到处理该网站的爬虫，并向该爬虫请求第一个要抓取的 URL。第 2 步，引擎从爬虫中获取到第一个要抓取的 URL 并在调度器中以 requests 调度。第 3 步，引擎向调度器请求下一个要抓取的 URL。第 4 步，调度器返回下一个要抓取的 URL 给引擎，引擎将 URL 通过下载器中间件转发给下载器。

一旦页面下载完毕，下载器会生成一个该页面的 Responses，并将其通过下载器中间件发送给引擎。引擎从下载器中接收到 Responses 并通过爬虫中间件发送给爬虫处理。之后爬虫处理 Responses 并返回抓取的 Item 及发送（跟进的）新的 Resquests 给引擎。引擎将抓取的 Item 传递给管道，将（爬虫返回的）Requests 传递给调度器。重复第 2 步开始的过程直到调度器中没有更多的 Requests，最终引擎关闭网站。

9.1.2　Scrapy 安装与入门

我们可以通过 pip 十分轻松地安装 Scrapy，为了安装 Scrapy 可能首先需要使用以下命令安装 lxml 库：

```
pip install lxml
```

如果已经安装 lxml 库，就可以直接安装 Scrapy：

```
pip install scrapy
```

我们在终端中执行命令（后面的网址可以是其他域名，如百度官网）：

```
scrapy shell www.douban.com
```

可以看到 Scrapy Shell 的反馈，如图 9-2 所示。

```
[s] Available Scrapy objects:
[s]   scrapy       scrapy module (contains scrapy.Request, scrapy.Selector, etc)
[s]   crawler      <scrapy.crawler.Crawler object at 0x1053c0b70>
[s]   item         {}
[s]   request      <GET http://www.douban.com>
[s]   response     <403 http://www.douban.com>
[s]   settings     <scrapy.settings.Settings object at 0x10633b358>
[s]   spider       <DefaultSpider 'default' at 0x106682ef0>
[s] Useful shortcuts:
[s]   fetch(url[, redirect=True]) Fetch URL and update local objects (by default, redirect
s are followed)
[s]   fetch(req)                  Fetch a scrapy.Request and update local objects
[s]   shelp()           Shell help (print this help)
[s]   view(response)    View response in a browser
```

图 9-2　Scrapy Shell 的反馈

使用 scrapy –v 可以查看目前安装的 Scrapy 的版本，如图 9-3 所示。

```
Scrapy 1.4.0 - no active project

Usage:
  scrapy <command> [options] [args]

Available commands:
  bench         Run quick benchmark test
  fetch         Fetch a URL using the Scrapy downloader
  genspider     Generate new spider using pre-defined templates
  runspider     Run a self-contained spider (without creating a project)
  settings      Get settings values
  shell         Interactive scraping console
  startproject  Create new project
  version       Print Scrapy version
  view          Open URL in browser, as seen by Scrapy

  [ more ]      More commands available when run from project directory

Use "scrapy <command> -h" to see more info about a command
```

图 9-3　查看 Scrapy 的版本

看到这些信息就说明我们已经安装成功。在 PyCharm IDE 中安装 Scrapy 也很简单，在 Preference→Project Interpreter 面板中单击“+”，在搜索文本框中搜索并单击“Install Package”即可。如果有多个 Python 环境，在 Project Interpreter 中选择一个即可。

如果我们尝试在 Windows 操作系统中安装 Scrapy，可能需要预先安装一些 Scrapy 依赖的库，首先是 Visual C++ Build Tools，在此过程中可能需要安装较新版本的.Net Framework。之后需要安装 pywin32，这里需要直接下载 EXE 文件安装。之后，我们还需要安装 twisted（如上文所述，twisted 是 Scrapy 的基础之一），使用 pip install twisted 命令即可。

当然，Scrapy 还可以使用 Conda 工具安装，这里就不赘述了。

为了在终端中创建一个 Scrapy 项目，我们首先进入自己想要存放的项目的目录下，也可以直接新建一个目录（文件夹）。这里我们在终端中使用命令创建一个新目录并进入：

```
mkdir newcrawler
cd newcrawler/
```

然后我们执行 Scrapy 框架的对应命令：

```
scrapy startproject newcrawler
```

我们会发现目录下多出了一个新的名为 newcrawler 的目录,查看这个目录的结构(见图 9-4),这是一个标准的 Scrapy 爬虫项目结构。

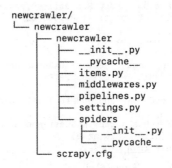

```
newcrawler/
└── newcrawler
    ├── newcrawler
    │   ├── __init__.py
    │   ├── __pycache__
    │   ├── items.py
    │   ├── middlewares.py
    │   ├── pipelines.py
    │   ├── settings.py
    │   └── spiders
    │       ├── __init__.py
    │       └── __pycache__
    └── scrapy.cfg
```

图 9-4　newcrawler 的目录结构

> **提示**　在 Linux 和 macOS 操作系统中可以使用 tree 命令来查看文件目录的树形结构。Linux 操作系统下执行命令 apt-get install tree 即可安装这个工具。macOS 下可以使用 homebrew 工具并执行 brew install tree 命令来安装。

其中 items.py 定义了爬虫的实体类,middlewares.py 是中间件文件,pipelines.py 是管道文件,spiders 文件夹下是具体的爬虫,scrapy.cfg 则是爬虫的配置文件。

使用 IDE 创建 Scrapy 项目的步骤几乎一模一样,在 PyCharm 中切换到 Terminal 面板(终端),执行上述各个命令即可。然后我们执行新建爬虫的命令:

```
scrapy genspider DoubanSpider douban.com
```

输出:

```
Created spider 'DoubanSpider' using template 'basic'
```

不难发现,genspider 命令就是创建一个名为 DoubanSpider 的新爬虫脚本,这个爬虫对应的域为 douban.com。在输出中我们发现了一个名为 basic 的模板,这其实是 Scrapy 的爬虫模板,包括 basic、crawl、csvfeed 以及 xmlfeed,后面我们会详细介绍。我们进入 DoubanSpider.py 中查看(见图 9-5)。

```python
# -*- coding: utf-8 -*-
import scrapy


class DoubanspiderSpider(scrapy.Spider):
    name = 'DoubanSpider'
    allowed_domains = ['douban.com']
    start_urls = ['http://douban.com/']

    def parse(self, response):
        pass
```

图 9-5　DoubanSpider

可见它继承了 scrapy.Spider 类,其中还有一些类属性和方法。name 用来标识爬虫。它在项目中是唯一的,每一个爬虫有一个独特的 name。parse()是一个处理 response 的方法,在 Scrapy 中,response 由每个 request 下载生成。作为 parse()方法的参数,response 是一个 TextResponse

的实例，其中保存了页面的内容。start_urls 列表是一个代替 start_requests()方法的捷径。start_requests()方法，顾名思义，其任务就是从 URL 生成 scrapy.Request 对象，作为爬虫的初始请求。我们之后会遇到的 Scrapy 爬虫基本都有着类似这样的结构。

进入 items.py 文件，我们应该会看到下面这样的内容：

```python
# -*- coding: utf-8 -*-

# Define here the models for your scraped items
#
# See documentation in:
# http://doc.scrapy.org/en/latest/topics/items.html

import scrapy


class NewcrawlerItem(scrapy.Item):
    # define the fields for your item here like:
    # name = scrapy.Field()
    pass
```

9.1.3　编写 Scrapy 爬虫

为了定制 Scrapy 爬虫，我们根据自己的需求定义不同的 Item。如，我们创建一个针对页面中所有正文文字的爬虫，将 Items.py 中的内容改写为：

```python
class TextItem(scrapy.Item):
    # 在这里为你的项定义字段
    text = scrapy.Field()
```

然后编写 DoubanSpider.py：

```python
# -*- coding: utf-8 -*-
import scrapy
from scrapy.selector import Selector
from ..items import TextItem


class DoubanspiderSpider(scrapy.Spider):
    name = 'DoubanSpider'
    allowed_domains = ['douban.com']
    start_urls = ['https://www.douban.com/']

    def parse(self, response):
        item = TextItem()
        h1text = response.xpath('//a/text()').extract()
        print("Text is"+''.join(h1text))
        item['text'] = h1text
        return item
```

 　　一个爬虫项目可以有多个不同的爬虫类，因为很多时候我们会想要在一组网页中收集不同类别的信息（如一个电影介绍网页的演员表、剧情简介、海报图片等），我们可以为它们设定独立的 Item 类，再用不同的爬虫进行抓取。

这个爬虫会先进入 start_urls 列表的页面（在这个例子中就是豆瓣网的首页），收集信息完毕后就会停止。response.xpath('//a/text()').extract()语句将从 response（其中保存着网页信息）中使用 xpath 语句抽取出所有 a 标签的文字内容。下一句会将它们逐一输出。

在运行这第一个简单的 Scrapy 爬虫之前，我们先查看 settings.py 文件，它应该是（部分内容）：

```
# Obey robots.txt rules
ROBOTSTXT_OBEY = True

# Configure maximum concurrent requests performed by Scrapy (default: 16)
#CONCURRENT_REQUESTS = 32

# Configure a delay for requests for the same website (default: 0)
# See http://scrapy.readthedocs.org/en/latest/topics/settings.html#download-delay
# See also autothrottle settings and docs
#DOWNLOAD_DELAY = 3
```

相信我们都很熟悉 ROBOTSTXT_OBEY。如果启用它，Scrapy 就会遵循 robots.txt 的内容。CONCURRENT_REQUESTS 设定了并发请求的最大值，在这里是被注释掉的，也就是说没有限制最大值。DOWNLOAD_DELAY 的值设定了下载器在下载同一个网站的每个页面时需要等待的时间。通过设置该选项，我们可以限制程序的抓取速度，减轻服务器压力。

另外一些 settings.py 中的重要设置如下。

- BOT_NAME：Scrapy 项目的 bot 名称，使用 startproject 命令创建项目时会自动命名。
- ITEM_PIPELINES：保存项目中启用的管道及其对应顺序，使用一个字典结构。字典默认为空，值一般设定在 0~1000。数字小代表优先级高。
- LOG_ENABLED：是否启用 logging，默认为 True。
- LOG_LEVEL：设定 log 的最低级别。
- USER_AGENT：默认的用户代理。

当我们运行 Scrapy 爬虫脚本后，往往会生成大量的程序调试信息，这对于观察程序的运行状态很有用。为了保持输出的简洁，我们可以设置 LOG_LEVEL。Python 中的 log 级别一般有 DEBUG、INFO、WARNING、ERROR、CRITICAL 等，随着其"严重性"逐渐增长，其包含的范围逐渐缩小。当我们把 LOG_LEVEL 设置为 ERROR 时，就只有 ERROR 和 CRITICAL 级别的日志会显示出来。日志不仅可以在终端显示，也可以用 Scrapy 命令行工具输出到文件中。

接着，我们把目光转向 USER_AGENT，为了让我们的爬虫看起来更像一个浏览器，这样的原生 USER_AGENT 就显得不合适了：

```
#USER_AGENT = 'newcrawler (+http://www.baidu.com)'
```

我们将 USER_AGENT 取消注释并编辑，结果如下：

```
USER_AGENT = 'Mozilla/5.0 (Windows NT 6.1; WOW64) AppleWebKit/537.36 (KHTML, like Gecko) Chrome/36.0.1985.125 Safari/537.36'
```

 为避免爬虫被网站屏蔽，抓取网站时我们经常要定义和修改 user-agent 值，将爬虫的对网站的访问"伪装"成正常的浏览器请求。关于如何处理网站的反爬虫机制，在后文中我们会继续讨论。

这些设置做完后，我们就可以开始运行这个爬虫了。运行爬虫的命令：

```
scrapy crawl spidername
```

其中 spidername 是爬虫的名称，即爬虫类中的 name 属性。

程序运行并抓取后，我们可以看到图 9-6 所示的输出，说明 Scrapy 成功进行了抓取。

除了简单的 scrapy.Spider，Scrapy 还提供了诸如 CrawlSpider、csvfeed 等爬虫模板，其中

CrawlSpider 是较为常用的。另外，Scrapy 的管道和中间件都支持扩展，配合爬虫类使用将取得很流畅的抓取和调试体验。

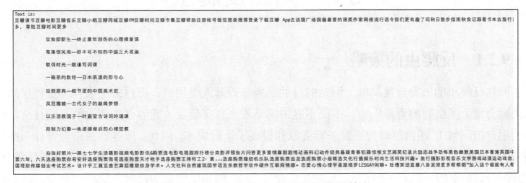

图 9-6　Scrapy 的 DoubanSpider 运行的输出

9.1.4　其他爬虫框架

Python 爬虫框架当然不止 Scrapy 一种，在其他诸多爬虫框架中，比较值得一提的是 PySpider、Portia 等。PySpider 拥有一个可视化的 Web 界面，可用来编写调试脚本，使得用户可以进行诸多其他操作，如执行或停止程序、监控执行状态、查看活动历史等。Portia 则是另外一款开源的可视化爬虫编写工具。Portia 也提供 Web UI（见图 9-7），我们只需要通过单击并标注页面上需要抓取的数据即可完成爬虫。

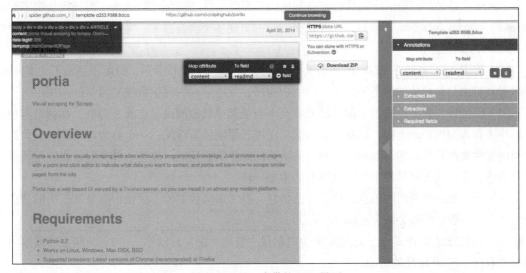

图 9-7　Portia 自带的 Web 界面

除了 Python，Java 也常用于爬虫的开发，比较常见的爬虫框架包括 Nutch、Heritrix、WebMagic、Gecco 等。爬虫框架流行的原因就在于开发者需要"多快好省"地完成一些任务，如爬虫的 URL 管理、线程池之类的模块，如果自己从零做起，势必需要一段时间的实验、调试和修改。爬虫框架将一些"底层"的事务预先做好，开发者只需要将注意力放在爬虫本身的业务逻辑和功能开发上。

9.2　网站反爬虫

9.2.1　反爬虫的策略

网站反爬虫的出发点很简单，网站的目的是服务普通人类用户，而过多的来自爬虫程序的访问无疑会增大不必要的资源压力，不仅不能为网站带来真实流量（能够创造商业效益或社会影响力的用户访问数），还白白浪费了服务器资源和提高了运行成本。因此，服务器总是会设计一些机制来"反爬虫"，与之相对，爬虫编写者们使用各种方式避开网站的反爬虫机制被称为"反反爬虫"（当然，从递归的角度看，还存在"反反反爬虫"等）。网站反爬虫的机制从简单到复杂，各不相同，基本思路就是要识别一个访问是来自真实用户还是来自编写的计算机程序（这么说其实有歧义，实际上真实用户的访问也是通过浏览器程序实现的）。因此，一个好的反爬虫机制的基本需求就是尽量多识别真正的爬虫程序，同时尽量少将普通用户访问误判为爬虫。识别爬虫后要做的事情就很简单了，根据其特征限制甚至禁止其对页面的访问即可。这也导致反爬虫机制本身的一个尴尬局面，那就是当反爬虫力度小的时候，往往会有漏网之鱼（爬虫）；但当反爬虫力度大的时候，却有可能损失真实用户的流量（误伤）。

从具体手段上看，反爬虫可以包括很多方式。

（1）识别 Request Headers。这是一种十分基础的反爬虫手段，主要是通过验证 headers 中的 User-Agent 信息来判定当前访问是否来自常见的界面浏览器。更复杂的 headers 验证则会要求验证 Referer、Accept-encoding 等信息，一些社交网络的页面甚至会根据某一特定的页面类别使用独特的 headers 字段要求。

（2）使用 Ajax 和动态加载，严格地说不是一种为反爬虫而生的手段。但由于使用了动态页面，如果对方爬虫只是简单的静态网页源代码解析程序，就能够起到保护数据和流量的作用。

（3）验证码，验证码机制（前文已经涉及）与反爬虫机制的出发点非常契合，那就是辨别计算机程序和人类用户的不同。因此验证码被广泛用于限制异常访问。一个典型场景是，当页面短时间内受到频次异常高的访问后，就在下一次访问时弹出验证码。作为一种具有普遍应用场景的安全措施，验证码无疑是整个反爬虫体系的重要一环。

（4）更改服务器返回的信息，通过加密信息、返回虚假数据等方式保护服务器返回的信息，避免被直接抓取，一般会配合 Ajax 使用。

（5）限制或封禁 IP 地址。这是反爬虫机制最主要的"触发后动作"，判定为爬虫后就限制甚至封禁来自当前 IP 地址的访问。

（6）修改网页或 URL 内容，尽量使网页或 URL 结构复杂化，甚至通过对普通用户隐藏某些元素和输入等方式来区别用户和爬虫。

（7）账号限制，即只有已登录的账号才能够访问网站数据。

从反反爬虫的角度出发，我们简单介绍几种避开网站反爬虫机制的方法，可以用来绕过一些普通的反爬虫系统。这些方法包括伪装 headers、使用代理 IP 地址、修改访问频率、动态拨号等。

从道德和法律的角度出发，我们应该坚持"友善"的爬虫，不仅需要考虑可能会对网站服务器造成的压力（如，我们应该至少设置一个不低于几百毫秒的访问间隔时间），更应该考虑我们对抓取的数据采取的态度。对于很多网站上的数据（尤其是UGC）而言，滥用这些数据可能会造成侵权。在尽量避免商业应用的时候，还应该关注网站本身对这些数据的声明。

9.2.2　伪装 headers

　　正因为 headers 信息是服务器用来识别访问的最基本手段，因此我们可以在这方面下点工夫。headers 定义了一个超文本传输协议事务中的操作参数，仅就在爬虫编写中常接触的 Request Headers 而言，一些常见的字段名和含义如表 9-1 所示。

表 9-1　　　　　　　　　　Request Headers 说明（部分）

常见字段名	含义
Accept	指定客户端能够接收的内容类型
Accept-Charset	浏览器可以接受的字符编码集
Accept-Encoding	浏览器可以支持的 Web 服务器返回内容压缩编码类型
Accept-Language	浏览器可接受的语言
Accept-Ranges	可以请求网页实体的一个或者多个子范围字段
Authorization	HTTP 授权的授权证书
Cache-Control	指定请求和响应遵循的缓存机制
Connection	是否需要持久连接
Cookie	Cookie 信息
Date	请求发送的日期和时间
Expect	请求特定的服务器行为
Host	指定请求的服务器主机的域名和端口号等
If-Unmodified-Since	只有当实体在指定时间之后未被修改才请求成功
Max-Forwards	限制信息通过代理和网关传送的时间
Pragma	用来包含实现特定的命令
Range	只请求实体的一部分，指定范围
Referer	先前网页的地址
TE	客户端愿意接受的传输编码，并通知服务器接受尾加头信息
Upgrade	向服务器指定某种传输协议以便服务器进行转换（如果支持）
User-Agent	User-Agent 的内容包含发出请求的用户信息，主要是浏览器信息
Via	通知中间网关或代理服务器地址，通信协议

　　Request Headers 信息太多，我们在表 9-1 中其实并未完全列出，较为常用的是 Accept、Accept-Encoding、Accept-Language、Connection、Host、Referrer 和 User-Agent，这些是我们最需要关注的字段。随手打开一个网页，观察 Chrome 开发者工具中显示的 Request Headers 信息，我们就能够大致理解上面的这些含义。如打开百度首页时，访问（GET）www.baidu.com 的 Request

Headers 信息如下：

```
    Accept:text/html,application/xhtml+xml,application/xml;q=0.9,image/webp,image/apng
,*/*;q=0.8
    Accept-Encoding: gzip, deflate, br
    Accept-Language: en,zh;q=0.9,zh-CN;q=0.8,zh-TW;q=0.7,ja;q=0.6
    Cache-Control: max-age=0
    Connection: keep-alive
    Cookie: XXX（此处略去）
    Host: www.baidu.com
    Referer: http://baidu.com/
    Upgrade-Insecure-Requests: 1
    User-Agent: Mozilla/5.0 (Macintosh; Intel Mac OS X 10_13_3) AppleWebKit/537.36 (KHTML,
like Gecko) Chrome/66.0.3359.181 Safari/537.36
```

使用 requests 就可以十分快速地自定义我们的 Request Headers 信息，而 requests 原始 GET 操作的 Request Headers 信息几乎等于正大光明地告诉网站"我是爬虫"。WhatIsMyBrowser 是一个能够提供浏览请求识别信息的站点，其中的 headers 信息查看页面十分实用，我们可通过这个页面来观察 requests 爬虫的原始 headers。当我们用 Chrome 访问这个页面，显示的信息如图 9-8 所示。

图 9-8　WhatIsMyBrowser 网页显示的信息

利用这个网页进行 Python 语句的编写，我们能够看到自己 requests 的原始信息，只需要简单的网页解析过程即可，见例 9-1。

【例 9-1】输出 requests 的原始信息。

```
import requests
from bs4 import BeautifulSoup

# 一个可以显示当前访问信息的网页
res = requests.get('https://www.whatismybrowser.com/detect/what-http-headers-is-my-
browser-sending')
bs = BeautifulSoup(res.text)
# 定位到网页中的信息元素
td_list = [one.text for one in bs.find('table',{'class':'table'}).findChildren()]
print(td_list[-1])
```

程序输出为 python-requests/2.18.4，如此"露骨"的 User-Agent 会被很多网站直接拒之门外。因此，我们需要利用 requests 提供的方法和参数来修改包括 User-Agent 在内的 headers。

下面的例子简单但直观，我们将参数更换为 Android 系统（移动端）Chrome 的 UA，然后利用这个参数通过 requests 来访问百度贴吧。将访问的网页内容保存在本地并打开，可以看到这是与 PC 端浏览器所呈现的页面完全不同的手机端页面，见例 9-2。

【例 9-2】更改 UA 以访问百度贴吧。

```
import requests
from bs4 import BeautifulSoup

header_data = {
  'User-Agent': 'Mozilla/5.0 (Linux; Android 4.0.4; Galaxy Nexus Build/IMM76B)
AppleWebKit/535.19 (KHTML, like Gecko) Chrome/18.0.1025.133 Mobile Safari/535.19',
  }

r = requests.get('https://tieba.baidu.com',headers=header_data)

bs = BeautifulSoup(r.content)
with open('h2.html', 'wb') as f:
  f.write(bs.prettify(encoding='utf8'))
```

在上面的代码中，我们通过 headers 加载了一个字典结构，其中的数据是 User-Agent 的键值对。运行程序，打开本地的 h2.html 文件，效果如图 9-9 所示。

图 9-9　本地文件显示的贴吧首页

这说明网站已经认为我们的程序是来自移动端的访问，从而提供了移动端页面的内容。这也给了我们一个灵感，很多时候 UA 信息将决定网站为你提供的具体页面内容和页面效果，准确地说，这些不同的布局样式将会为我们的抓取提供便利。因为当我们在手机浏览器上浏览很多网站时，它们提供的实际上是一个相当简洁、动态效果较少、关键内容却一个不漏的页面。因此如果有需要，可以将 UA 改为移动端浏览器，试试在目标网站上的效果，如果能够获得一个"轻量级"的页面，会简化我们的抓取。当然，除了 UA，其他 headers 中的字段也可以进行自定义并在 requests 请求中设置。

9.2.3　使用代理 IP 地址

大部分网站会根据 IP 地址来识别访问，因此，如果来自同一个 IP 地址的访问过多（如何判定"过多"也是个问题，一般是指在一段较短的时间内对同一个或同一组页面的访问次数较多），那么网站可能会据此限制或屏蔽访问。对付这种机制的手段就是使用代理 IP，代理 IP 可以通过各种 IP 平台甚至 IP 池服务来获得，这方面的资源在网络上非常多，一些开发者也维护着可以公开免费试用的代理 IP 服务（见图 9-10）。我们使用这些服务即可提供代理 IP 的 API，省去了自己寻找并解析代理 IP 地址的麻烦。

图 9-10　爬虫 IP 代理池

代理 IP 叫"代理 IP 服务器"，简称代理服务器，其目的就是帮助用户获取网络上的信息，类似于中转站的作用。代理服务器是介于客户端（浏览器等）和服务器之间的另一台"中介"服务器，它可访问目标网站。而用户需要通过代理服务器来获取最终所需要的网络信息。

在 requests 中使用代理 IP 的常见方式是使用方法中的 proxies 参数。例 9-3 是一个使用代理服务器访问 CSDN 的例子。

【例 9-3】使用代理服务器访问 CSDN。

```
# 增加访问量
import re, random, requests, logging
from lxml import html
from multiprocessing.dummy import Pool as ThreadPool

logging.basicConfig(level=logging.DEBUG)
```

```
    TIME_OUT = 6  # 超时时间
    count = 0
    proxies = []
    headers = {'Accept': 'text/html,application/xhtml+xml,application/xml;q=0.9,image/
webp,*/*;q=0.8',
               'Accept-Encoding': 'gzip, deflate, sdch, br',
               'Accept-Language': 'zh-CN,zh;q=0.8',
               'Connection': 'keep-alive',
               'Cache-Control': 'max-age=0',
               'Upgrade-Insecure-Requests': '1',
               'User-Agent': 'Mozilla/5.0 (Windows NT 6.1; WOW64) AppleWebKit/537.36 (KHTML,
like Gecko) '
                            'Chrome/36.0.1985.125 Safari/537.36',
               }


    def GetProxies():
        global proxies
        for p in range(1, 10):
            try:
                res = requests.get(PROXY_URL.format(p), headers = headers)
            except:
                logging.error('Visit failed')
                return
            ht = html.fromstring(res.text)
            raw_proxy_list = ht.xpath('//*[@class="layui-table"]/tbody/tr')
            for item in raw_proxy_list:
                proxies.append(
                    dict(
                        http='{}:{}'.format(
                            item.xpath('./td[1]/text()')[0].strip(),
item.xpath('./td[2]/text()')[0].strip())
                    )
                )
    # 获取文章列表
    def GetArticles(url):
        res = GetRequest(url, prox=None)
        html = res.content.decode('utf-8')
        rgx = '<li class="blog-unit">[ \n\t]*<a href="(.+?)"" target="_blank">'
        ptn = re.compile(rgx)
        blog_list = re.findall(ptn, str(html))
        return blog_list

    def GetRequest(url, prox):
        req = requests.get(url, headers=headers, proxies=prox, timeout=TIME_OUT)
        return req

    # 访问
    def VisitWithProxy(url):
        proxy = random.choice(proxies)  # 随机选择一个代理服务器
        GetRequest(url, proxy)

    # 多次访问
    def VisitLoop(url):
```

```
        for i in range(count):
            logging.debug('Visiting:\t{}\tfor {} times'.format(url, i))
            VisitWithProxy(url)


    if __name__ == '__main__':
        global count

        GetProxies()   # 获取代理 IP
        logging.debug('We got {} proxies'.format(len(proxies)))
        BlogUrl = input('Blog Address:').strip(' ')
        logging.debug('Gonna visit{}'.format(BlogUrl))
        try:
            count = int(input('Visiting Count:'))
        except ValueError:
            logging.error('Arg error!')
            quit()
        if count == 0 or count > 200:
            logging.error('Count illegal')
            quit()

        article_list = GetArticles(BlogUrl)
        if len(article_list) == 0:
            logging.error('No articles, eror!')
            quit()

        for each_link in article_list:
            if not 'https://blog.csdn.net' in each_link:
                each_link = 'https://blog.csdn.net' + each_link
            article_list.append(each_link)
        # 多线程
        pool = ThreadPool(int(len(article_list) / 4))
        results = pool.map(VisitLoop, article_list)
        pool.close()
        pool.join()
        logging.DEBUG('Task Done')
```

在这段代码中，我们通过 requests.get()方法提供的 proxies 参数使用了代理 IP，其他大多数语句都在执行访问网页、解析网页、抓取元素（文本）的任务。保险起见，我们还为访问设置了伪装的浏览器 headers 数据，其中包括 UA 和 Accept-Encoding 等主要字段。

另外，程序中还使用了 multiprocessing.dummy 模块，multiprocessing.dummy 这个子模块是为多线程设计，其所在的 multiprocessing 库主要实现多进程，它们的 API 是相似的，dummy 子模块可以看作对 threading 的一个包装。使用它们实现多进程或多线程的最简单方法如下：

```
from multiprocessing import Pool as ProcessPool
from multiprocessing.dummy import Pool as ThreadPool
# 使用 multiprocessing 实现多进程/多线程

def f(x): # 将被执行的函数
    return x * x


if __name__ == '__main__':
    with ProcessPool(5) as p: # 进程池
```

```
    print(p.map(f, [1, 2, 3]))
with ThreadPool(5) as p: # 线程池
    print(p.map(f, [1, 2, 3]))
```

使用这样的更换不同代理 IP 的程序，就会让网站误以为收到了不同的请求，从而达到 "刷访问量" 的效果，但其背后的技术原理是与躲避反爬虫机制有关的。也就是说，通过伪装不同 IP 地址的方式让网站无法 "记住" 和 "识别" 我们的程序，从而避免被封禁。

9.2.4　修改访问频率

对于避免反爬虫，其实我们的粗暴有效的手段就是直接降低对目标网站的访问量和访问频次。某种意义上说，没有不喜欢被访问的网站，只有不喜欢被不必要的大量访问打扰的网站。有一些网站可能会阻止用户过快地访问页面或提交数据（如表单数据），因此，如果以一个比普通用户快很多的速度（"速度" 一般指频率）访问网站，尤其是访问一些特定的页面，有可能被反爬虫机制认定为异常活动。从根本的 "不打扰" 的原则出发，我们认为有效的反反爬虫方法是降低访问频率，如在代码中加入 time.sleep(2) 这种暂停语句。虽然这是一种非常笨拙的方法，但如果目标是实现一个不被网站发现我们是非人类用户的爬虫，这有可能是最有效的方法。

另外一种策略是，在保持高访问频次和大访问量的同时，尽量模拟人类用户的访问规律，减少机械性的迭代式抓取，这可以通过设置随机抓取间隔时间等方式来实现。机械性的间隔时间（如每次访问都间隔 0.5s）很容易被判定为爬虫，但具有一定随机性的间隔时间（比如本次间隔 0.2s，下一次间隔 1.6s）能够起到一定的作用。另外，结合禁用 Cookie 等方式可以避免网站 "认出" 我们的访问，服务器将无法通过 Cookie 信息判断爬虫是否已经访问过页面。

大型商业网站往往能够承受很高频率的访问，一些用户流量不大的非营利性网站（试想我们打算去某大学某学院的新闻页列表中进行抓取）则不会将短时间内的高频率访问视为理所应当。无论如何，结合更换 IP 地址和设置合适的抓取间隔时间两种方式，对于我们的反反爬虫而言都是至关重要的。更换 IP 地址其实不一定需要代理服务器这一种手段，对于直接在开发者的计算机上运行和调试的爬虫程序而言，通过断线重连的方式也能够获得不同的 IP 地址。如果计算机接入的网络服务类似校园网和 ADSL（非对称数字用户线路宽带接入），就可以实现断线重连的拨号换 IP 地址。

最后要提到的是，反爬虫的目标不仅在于保护网站不被大量非必要访问占用资源，也在于保护一些对于网站可能有特殊意义的数据。如果在编写爬虫程序时，我们为了与反爬虫机制做斗争而必须花大量时间分析网页中对数据的隐藏和保护（简单的例子是，页面把本可以写在一个 <p></p> 中的数值信息分散在一个 <div></div> 的多个部分中），那么在抓取数据时更应该谨慎考虑。网站使用认真的反爬虫机制，只能说明它们的确非常讨厌那些 "慕名而来" 的爬虫。

9.3　多进程与分布式

9.3.1　多进程编程与爬虫抓取

在前文的代理 IP 抓取示例中，我们已经使用了多线程抓取的机制。对于 Python 而言，多线程提高效率的效果不太好（这与 Python 的语言设计有关，感兴趣的读者可自行了解"全局解释器锁"的相关概念），因此多进程是我们主要使用的性能提升手段。在这里通过一个简单的例子来说明这一点，我们的目标网页是豆瓣网某图书的短评页面，访问该图书的 15 页短评，通过程序开始和结束的时间差来衡量爬虫速度，见例 9-4。

【例 9-4】单进程与多进程抓取网页的对比。

```python
import requests
import datetime
import multiprocessing as mp

def crawl(url, data): # 访问
  text = requests.get(url=url, params=data).text
  return text

def func(page): # 执行抓取
  url = "https://book.douban.com/subject/4117922/comments/hot"
  data = {
    "p": page
  }
  text = crawl(url, data)
  print("Crawling : page No.{}".format(page))

if __name__ == '__main__':

  start = datetime.datetime.now()
  start_page = 1
  end_page = 15

  # 多进程抓取
  # pages = [i for i in range(start_page, end_page)]
  # p = mp.Pool()
  # p.map_async(func, pages)
  # p.close()
  # p.join()


  # 单进程抓取
  page = start_page

  for page in range(start_page, end_page):
    url = "https://book.douban.com/subject/4117922/comments/hot"
    # get 参数
    data = {
      "p": page
    }
    content = crawl(url, data)
    print("Crawling : page No.{}".format(page))

  end = datetime.datetime.now()
  print("Time\t: ", end - start)
```

当使用单进程抓取时，输出：

```
Time：0:00:07.660898
```

当更改代码注释，使用多进程抓取时，输出：

```
Time:  0:00:02.134787
```

可见，多进程的方案与单进程的存在很大的速度差异，当我们把目标设定为访问 50 页内容时，这一差异就更加明显了：

```
Time:  0:00:26.655972（单进程）
Time:  0:00:05.402101（多进程）
```

当访问页码数增加到 50 时，单进程耗时从 7s 增长到 26s 余，而多进程方案从 2s 增长到 5s 余，在速度上优势很大。为了更精确地进行速度对比，还可以在 localhost（127.0.0.1）上进行访问测试，最终对比效果与之类似。使用多进程抓取时的关键是维护抓取任务的队列，对于不复杂的任务，通过 Python 自带的进程同步消息队列（如 multiprocessing 中的 Queue 模块等）来实现即可。

以上就是简单的多进程抓取与单进程抓取的一个对比。另外，在提高抓取性能方面，还可以引入异步机制（可通过 Python 中的 asyncio 库、aiohttp 库等实现）。这种方式利用了异步的原理，使得程序不必等待 HTTP 请求完成再执行后续任务。在大批量网页抓取中，这种异步的方式对于爬虫性能尤为重要。例 9-5 是一个简单的示例。

【例 9-5】使用 aiohttp 访问网页进行抓取的基本模板。

```python
import aiohttp
import asyncio
# 通过 async 实现单线程并发 I/O
async def fetch(session, url):
  # 类似 requests.get
  async with session.get(url) as response:
    return await response.text()


# 使用 aiohttp 访问网页的例子
async def main():
  # 类似 requests 中的 Session 对象
  async with aiohttp.ClientSession() as session:
    html = await fetch(session, ' http://baike.baidu.com')
    print(html)


loop = asyncio.get_event_loop()
loop.run_until_complete(main())
```

9.3.2　分布式爬虫

最后我们简单介绍分布式爬虫，这是个非常"热门"的概念。其实要实现分布式爬虫，用"把大象关进冰箱"的观点来看，只需要三步：拥有能够部署程序的服务器集群；拥有一个爬虫程序；拥有一个在这些服务器中进行分发的任务队列。分布式爬虫的优点在这三个步骤中体现，最主要的优点是能够通过多个 IP（服务器）进行访问，以及能够通过多台服务器同时运行来提高抓取速率。从这个角度上看，其实分布式爬虫就是一种更高级别的多进程爬虫（从一台服务器中运行多个进程发展到多台服务器运行多个进程），因此，只要维护好分布式队列，那么爬虫在速度上的提高也是必然的。

　　分布式爬虫主要涉及网页去重、任务队列管理等问题。但其实并不复杂，毕竟我们不需要"白手起家"，可以使用一些现成的"轮子"，包括各种爬虫扩展库等，而一些流行的框架如 Scrapy，本身就提供分布式爬虫功能。一种经典的分布式爬虫方案是通过 scrapy-redis 库对目标 URL 进行去重和调度，用 MongoDB 作为底层存储，同时使用 Redis 实现分布式任务队列。

9.4　本章小结

　　本章我们突破传统 requests 爬虫的思路，以 Scrapy 为例介绍了爬虫框架，并对反爬虫机制做了一些深入讨论，最后在提高抓取性能上介绍了一些比较实用的方法，其中分布式爬虫是大型爬虫项目的基础，有兴趣的读者可以参考相关资料做深入的阅读。

第 10 章
实战：购物网站评论抓取

在线购物平台已经成为人们生活中不可或缺的一部分，很难想象离开了这些网购平台我们的生活会缺失多少便利。无论是对于普通消费者还是商家，商品评论都是十分有用的信息，消费者可以根据他人的评论衡量商品的质量，而商家也可以根据评论调整生产与商业策略。下面以在线购物平台京东为例，讲解如何抓取特定商品的评论信息。由于网站更新频率很快，因此这里涉及的一些细节可能与读者阅读时有所不同，但只要遵循大体框架，就能实现自己需要的爬虫。

10.1　查看网络数据

首先进入京东首页，选择一个感兴趣的商品页面。这里以书籍《解忧杂货店》的页面为例，在浏览器中查看，如图 10-1 所示。

图 10-1　京东商品页面

单击"评价"，进入商品评价页面，可以查看以一页页的文字形式所呈现的评价内容。如果想要编写程序把这些评价内容抓取下来，就应该先考虑这次使用什么手段和工具。在之前的小说内容抓取中使用了 Selenium 浏览器自动化的方式，通过加载每一章节对应页面的内容来抓取，对于商品评论而言，这个策略看起来应该还是没问题的，毕竟 Selenium 的特色就是可以执行对页面的交互。不过，这次不妨从更深层的角度思考，仅以简单的 requests 来搞定这个任务。

一般来说，在线购物平台的页面中会大量使用 Ajax，因为这样做就可以实现网页数据局部刷新，避免了加载整个页面的负担，商品评论内容变动频繁、时常刷新，更需要大量使用 Ajax。我们可以尝试先直接使用 requests 请求页面并使用 lxml 的 xpath 定位来抓取一条评论。先使用 Chrome 的开发者模式检查元素并获得其 XPath，如图 10-2 所示。

图 10-2　Chrome 检查评论内容

然后可以用几行代码检查一下是否能直接用 requests 请求页面并获得这条评论。代码如下（别忘了在 .py 文件开头使用 import 导入相关的包）：

```python
if __name__ == '__main__':
    xpath_raw = '//*[@id="comment-0"]/div[1]/div[2]/div/div[2]/div[1]/text()[1]'
    url = input("输入商品链接：")
    response = requests.get(url)
    ht1 = lxml.html.fromstring(response.text)
    print(ht1.xpath(xpath_raw))
```

输入商品链接 "https://item.jd.com/11452840.html#comment" 后，果不其然，获得的结果是 "[]"，换句话说，这个简单的策略并不能抓取到评论内容。保险起见，来观察一下 requests 请求到的页面内容，在代码最后加上两行：

```python
with open('jd_item.html','w') as fp:
    fp.write(response.text)
```

这样就可以把 response 的 text 内容直接写入 jd_item.html 文件，再次运行后，使用编辑器打开文件，找到商品评论区域，只看到了几个大大的 "加载中"：

```html
...
<div id="comment-0" class="mc ui-switchable-panel comments-table">
    <div class="loading-style1"><b></b>加载中，请稍候...</div>
</div>
<div id="comment-1" class="mc none ui-switchable-panel comments-table">
    <div class="loading-style1"><b></b>加载中，请稍候...</div>
```

```
</div>
<div id="comment-2" class="mc none ui-switchable-panel comments-table">
    <div class="loading-style1"><b></b>加载中，请稍候...</div>
</div>
<div id="comment-3" class="mc none ui-switchable-panel comments-table">
    <div class="loading-style1"><b></b>加载中，请稍候...</div>
</div>
<div id="comment-4" class="mc none ui-switchable-panel comments-table">
    <div class="loading-style1"><b></b>加载中，请稍候...</div>
</div>
...
```

看来商品评论属于动态内容，直接请求 HTML 页面是抓取不到的，只能另寻他法。之前提到，可以使用 Chrome 的 Network 工具来查看与网站的数据交互，所谓的数据交互，当然也包括 Ajax 内容。

首先单击页面中的"评价"，之后打开 Network 工具。鉴于我们并不关心 JS 数据之外的其他繁杂信息，为了保持简洁，可以使用过滤器工具并选中 JS 选项。不过，可能会有读者发现这时并没有在显示结果中看到对应的信息条目，这样的情况可能是因为在 Network 工具开始记录信息之前评论数据就已经加载完毕。碰到这样的情况，直接单击"下一页"查看第 2 页的商品评论即可，这时可以直观地看到有一条 JS 数据加载信息被展示出来，如图 10-3 所示。

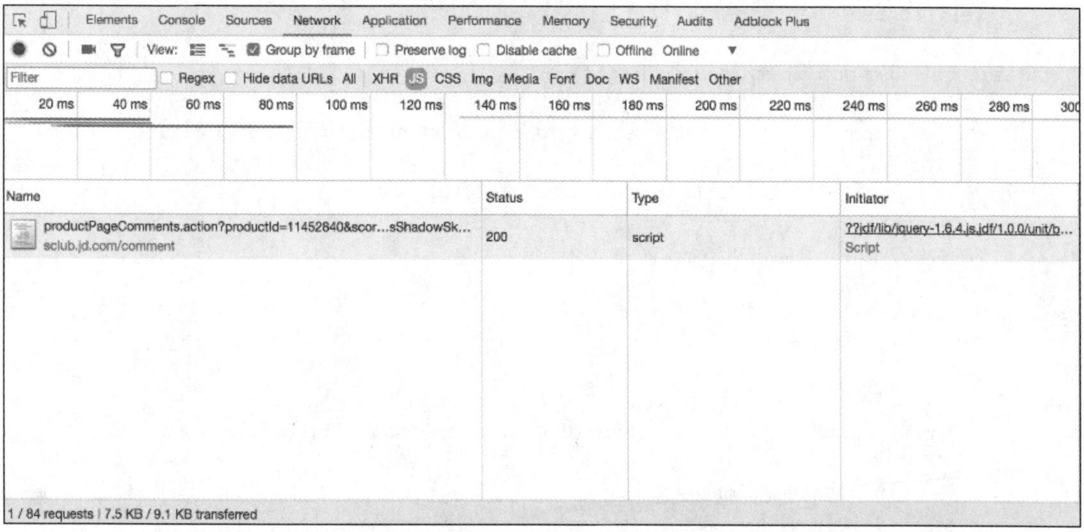

图 10-3　Network 工具查看 JS 请求信息

单击这条记录，在它的"Headers"选项卡中便是有关其请求的具体信息，可以看到它请求的 URL 为：https://sclub.jd.com/comment/productPageComments.action?productId=11452840&score=0&sortType=3&page=1&pageSize=10&isShadowSku=0&callback=fetchJSON_comment98vv110378。

状态为 200（即请求成功，没有任何问题）。在右侧的 Preview 选项卡中可以预览其中所包含的评论信息。不妨分析一下这个 URL 地址，显然，"？"之后的内容都是参数，访问这个 API 会使得对应的后台函数返回相关的 JSON 数据。其中 productId 的值正好就是商品页面 URL 中的编号，可见这是一个确定商品的 ID 值，在接下来的爬虫编写中，只需要更改对应的参数即可。

10.2　编写爬虫

动手写爬虫之前可以先设想一下 .py 脚本的结构，方便起见，使用一个类作为商品评论页面的抽象表示，其属性应该包括商品页面的链接和所有抓取到的评论文本（作为一个字符串）。为了输出和调试的方便，还应该加入 log 日志功能，同时编写一个类方法 get_comment_from_item_url 作为访问数据并抓取的主体，同时还应该有一个类方法用来处理抓取到的数据，称之为 content_process（意为"内容处理"），在本例中，可以将评论信息中的几项关键内容（如评论文字、日期时间、用户名、用户客户端等）保存到 csv 文件中以备日后查看和使用。出于以上考虑，爬虫类可以编写为下面的伪代码：

```
class JDComment():
  _itemurl = ''

  def __init__(self, url):
    self._itemurl = url
    logging.basicConfig(
      level=logging.INFO,
    )
    self.content_sentences = ''

  def get_comment_from_item_url(self):

    comment_json_url = 'https://sclub.jd.com/comment/productPageComments.action'
    p_data = {
      'callback': 'fetchJSON_comment98vv110378',
      'score': 0,
      'sortType': 3,
      'page': 0,
      'pageSize': 10,
      'isShadowSku': 0,
    }

    p_data['productId'] = self.item_id_extracter_from_url(self._itemurl)

    ses = requests.session()

    while True:
      response = ses.get(comment_json_url, params=p_data)
      logging.info('-' * 10 + 'Next page!' + '-' * 10)
      if response.ok:
        r_text = response.text
        r_text = r_text[r_text.find('({') + 1:)
        r_text = r_text[:r_text.find(');'])
        js1 = json.loads(r_text)

        for comment in js1['comments']:
          logging.info('{}\t{}\t{}\t{}'.format(comment['content'],
comment['referenceTime'],comment['nickname'], comment['user ClientShow']))

        self.content_process(comment)
```

```
                self.content_sentences+=comment['content']
            else:
              logging.error('Status NOT OK')
              break

            p_data['page'] += 1
            if p_data['page'] > 50:
              logging.warning('We have reached at 50th page')
              break

    def item_id_extracter_from_url(self, url):
      item_id = 0

      prefix = 'item.jd.com/'
      index = str(url).find(prefix)
      if index != -1:
        item_id = url[index + len(prefix): url.find('.html')]

      if item_id != 0:
        return item_id

    def content_process(self, comment):
      with open('jd-comments-res.csv','a') as csvfile:
        writer = csv.writer(csvfile,delimiter=',')
        writer.writerow([comment['content'],comment['referenceTime'],
                  comment['nickname'],comment['userClientShow']])
```

在上面的代码中，使用 requests.session 保存会话信息，这样会比单纯的 requests.get 更接近一个真实的浏览器，当然，还应该定制 User-Agent 信息，不过由于此爬虫规模不大，被 ban（封禁）的可能性很低，所以不妨先专注于其他具体功能。

```
logging.basicConfig(
    level=logging.INFO,
  )
```

上面代码设置了日志功能并将级别设为 INFO，如果想要把日志输出到文件而不是控制台，可以在 level 下面加一行 "filename='app.log'," 这样日志就会被保存到 "app.log" 这个文件之中。

p_data 是将要在 requests 请求中发送的参数（params），这正是之前的 URL 分析中得到的结果。以后只需要更改 page 的值，其他参数保持不变。

```
p_data['productId'] = self.item_id_extracter_from_url(self._itemurl)
```

上面代码为 p_data（本身是一个 Python 字典结构）新插入了一项，键为'productId'，值为 item_id_extracter_from_url 方法的返回值。item_id_extracter_from_url 方法接受商品页面的 URL（注意，不是请求商品评论的 URL）并抽取出其中的 productId。而_itemurl（即商品页面 URL）在 JDComment 类的实例创建时被赋值。

```
response = ses.get(comment_json_url, params=p_data)
```

上面行代码会向 comment_json_url 请求评论信息的 JSON 数据，接下来有一个 while 循环，当页码数突破一个上限（这里为 50）时停止循环。在循环中会对请求到的 fetchJSON 数据做一点点处理，将它转化成可编码为 JSON 的文本并使用：

```
js1 = json.loads(r_text)
```

上面代码会创建一个名为 js1 的 JSON 对象，然后我们就可以用类似于字典结构的操作来获取其中的信息了。在每次 for 循环中，不仅在 log 中输出一些信息，还使用：

```
self.content_process(comment)
```

上面代码调用 content_process 方法来对每条 comment 信息进行操作，具体就是将其保存到 CSV 文件中。

```
self.content_sentences+=comment['content']
```

上面代码则会把每条文字评论加入当前的 content_sentences 中，这个字符串中存放所有文字评论。不过，在正式运行爬虫之前，不妨再多想一步。对于频繁的 JSON 数据请求，最好能够保持一个随机的时间间隔，这样不易被反爬虫机制（如果有的话）ban 掉，写一个 random_sleep 函数来实现这一点，每次请求结束后调用该函数。另外，使用页码最大值来中断爬虫的做法不可取，抓取的评论信息中有日期信息，可以使用一个日期检查函数来共同控制循环抓取的结束——当评论的日期已经早于设定的日期或者页码已经超出最大限制时，就立刻停止抓取。在变量 content_sentences 中存放着所有评论的文字内容，可以使用简单的自然语言处理技术分析其中的一些信息，比如抓取关键词。实现这些功能后，最终爬虫就完成了。代码如下所示：

```python
import requests, json, time, logging, random, csv, lxml.html, jieba.analyse
from pprint import pprint
from datetime import datetime


# 京东评论 JS
class JDComment():
  _itemurl = ''

  def __init__(self, url, page):
    self._itemurl = url
    self._checkdate = None
    logging.basicConfig(
      # filename='app.log',
      level=logging.INFO,
    )
    self.content_sentences = ''
    self.max_page = page

  def go_on_check(self, date, page):
    go_on = self.date_check(date) and page <= self.max_page
    return go_on

  def set_checkdate(self, date):
    self._checkdate = datetime.strptime(date, '%Y-%m-%d')

  def get_comment_from_item_url(self):

    comment_json_url = 'https://sclub.jd.com/comment/productPageComments.action'
    p_data = {
      'callback': 'fetchJSON_comment98vv242411',
      'score': 0,
      'sortType': 3,
      'page': 0,
      'pageSize': 10,
      'isShadowSku': 0,
    }

    p_data['productId'] = self.item_id_extracter_from_url(self._itemurl)
```

```
        ses = requests.session()

        go_on = True
        while go_on:
            response = ses.get(comment_json_url, params=p_data)
            logging.info('-' * 10 + 'Next page!' + '-' * 10)
            if response.ok:

                r_text = response.text
                r_text = r_text[r_text.find('({') + 1:]
                r_text = r_text[:r_text.find(');')]
                js1 = json.loads(r_text)

                for comment in js1['comments']:
                    go_on = self.go_on_check(comment['referenceTime'], p_data['page'])
                    logging.info('{}\t{}\t{}\t{}'.format(comment['content'],
comment['referenceTime'],
                                                          comment['nickname'],
comment['userClientShow']))

                    self.content_process(comment)
                    self.content_sentences += comment['content']

            else:
                logging.error('Status NOT OK')
                break

            p_data['page'] += 1
            self.random_sleep()  # delay

    def item_id_extracter_from_url(self, url):
        item_id = 0

        prefix = 'item.jd.com/'
        index = str(url).find(prefix)
        if index != -1:
            item_id = url[index + len(prefix): url.find('.html')]

        if item_id != 0:
            return item_id

    def date_check(self, date_here):
        if self._checkdate is None:
            logging.warning('You have not set the checkdate')
            return True
        else:
            dt_tocheck = datetime.strptime(date_here, '%Y-%m-%d %H:%M:%S')
            if dt_tocheck > self._checkdate:
                return True
            else:
                logging.error('Date overflow')
                return False

    def content_process(self, comment):
```

```
        with open('jd-comments-res.csv', 'a') as csvfile:
          writer = csv.writer(csvfile, delimiter=',')
          writer.writerow([comment['content'], comment['referenceTime'],
                          comment['nickname'], comment['userClientShow']])

    def random_sleep(self, gap=1.0):
      # gap = 1.0
      bias = random.randint(-20, 20)
      gap += float(bias) / 100
      time.sleep(gap)

    def get_keywords(self):
      content = self.content_sentences
      kws = jieba.analyse.extract_tags(content, topK=20)
      return kws


if __name__ == '__main__':

  url = input("输入商品链接: ")
  date_str = input("输入限定日期: ")
  page_num = int(input("输入最大爬取页数: "))
  jd1 = JDComment(url, page_num)
  jd1.set_checkdate(date_str)
  print(jd1.get_comment_from_item_url())
  print(jd1.get_keywords())
```

在该爬虫中使用的模块包括 requests、json、time、logging、random、csv、lxml.html、jieba.analyse、datetime 等。接下来打开另外一个商品页面来测试爬虫的可用性，URL 为 http://item.jd.com/1027746845.html（这是书籍《白夜行》的页面），运行爬虫，效果如图 10-4 所示。

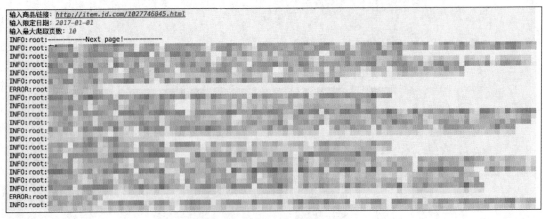

图 10-4　运行 JDComment 爬虫

"ERROR:root:Date overflow" 信息说明由于日期限制爬虫自动停止了，在后续的输出中可以看到评论关键词信息如下：['京东', '正版', '不错', '好评', '快递', '本书', '包装', '超快', '东野', '速度', '质量', '价钱', '物流', '便宜', '喜欢', '白夜', '满意', '好看', '很快', '很棒']。

同时，在爬虫目录下也生成了"jd-comments-res.csv"文件，说明爬虫运行成功。使用软件打开 CSV 文件，可以看到抓取到的所有评论及相关信息，以后如果还需要这些内容进行进一步的分析，就不需要再运行爬虫了。当然，对于大规模的数据分析要求而言，保存结果到数据库中可能是更好的选择。

10.3　本章小结

本章我们使用了 requests 模块展示如何分析并获取购物网站后台 JSON 数据，同时对爬虫程序中用到的功能及其对应的模块做了一些简单的讨论，本章中出现的 Python 库大多都是爬虫编写时的常用工具，Python 学习中掌握这些常用模块的基本用法还是很有必要的。

第 11 章
实战：爬虫数据的深入分析与数据处理

本章我们将提供一个利用机器学习进行影评数据分析的案例，并结合分析结果实现为用户推荐电影。数据分析是信息时代的一个基础而又重要的工作，面对飞速增长的数据，如何从这些数据中挖掘到更有价值的信息成为一个重要的研究方向。机器学习在各个领域的应用也逐渐成熟，并已成为数据分析和人工智能的重要工具。而数据分析和挖掘的一个很重要的应用领域就是推荐。推荐渐渐影响着我们的日常生活，从饮食到住宿、从购物到娱乐，都可以看到不同类型的推荐服务。本章就是利用机器学习，从影评数据的分析开始，实现电影推荐，展示数据分析的整个过程。

一般来说，数据分析可以简单划分为几个步骤：明确目标、数据准备、数据分析等。在本章的实战中，这些步骤都会有所体现。

11.1 明确目标与数据准备

目标往往是根据实际的研究或者业务需要提出的，可以分为阶段性目标和总目标。而数据准备就是根据目标的要求，收集、清洗和整理所需要的数据。在实际操作时，有时候明确目标和数据准备并没有严格的时间界限。如，我们在建立分析目标时，数据已经有所积累，而所确定的目标往往会基于当前已有的数据进行制定或细化。如果数据不够充分或无法完全满足需求，则需要对数据进行补充、整理。

11.1.1 明确目标

本案例的目标相对来说比较明确，就是最终根据用户对不同电影的评分情况实现新的电影推荐。而要实现这个目标，就可能要包括"找出和某用户有类似观影爱好的用户""找出和某一个电影有相似观众群的电影"等阶段性目标。为了完成这些目标，接下来要做的就是准备分析所需要的数据。

11.1.2 数据准备

在进行数据采集时，需要根据实际的业务环境来采用不同的方式，如使用爬虫、对接数据库、使用接口等。有时候，在进行监督学习时需要对采集的数据进行手动标记。

根据实现目标，本案例需要的是用户对电影的评分数据，所以可以使用爬虫获取豆瓣电影的评分数据。注意，用户信息相关的数据需要进行脱敏处理。本案例使用的是开源的数据，而且爬虫不是本章的重点，所以在此不再进行说明。不过爬虫的代码仅供参考，因为爬虫并不是一劳永逸的工作，需要根据实际网站的变化进行修改。

获取的数据有两个文件：包含加密的用户 ID、电影 ID、用户评分文件 ratings.csv，包含电影 ID 和电影名称的电影信息文件 movies.csv。本案例的数据较为简单，所以基本上可以省去特征方面的复杂处理过程。

> 在实际操作中，如果获取的数据质量无法保证，就需要对数据进行清洗，包括数据格式的统一、缺失数据的补充等。在数据清洗完成后还需要对数据进行整理，如根据业务逻辑分类、去除冗余数据等。在数据整理完成之后需要选择合适的特征，而特征的选择也会根据后续的分析而变化。关于特征的选择有一个专门的研究方向，就是特征工程，这是数据分析过程中很重要而且耗时的部分。

11.1.3　工具选择

在实现目标之前，我们需要对数据进行统计分析，从而了解数据的分布情况，以及数据的质量是否能够支撑我们完成目标。而适合来完成这个工作的一个工具就是 pandas。

pandas 是一个强大的分析结构化数据的工具集，它的使用基础是 NumPy（提供高性能的矩阵运算），用于数据挖掘和数据分析，同时提供数据清洗功能。pandas 的主要数据结构是 Series（一维数据）与 DataFrame（二维数据），这两种数据结构足以处理金融学、统计学、社会学、工程学等领域里的大多数典型案例。本案例使用的是二维数据，所以更多操作是与 DataFrame 相关的。DataFrame 是 pandas 中的一个表格型的数据结构，包含一组有序的列，每列数据可以是不同的类型（数值、字符串、布尔值等），DataFrame 既有行索引也有列索引，可以被看作由 Series 组成的字典。

开发工具可考虑尝试 Jupyter Notebook。Jupyter Notebook（此前被称为 IPython Notebook）是一个交互式笔记本，支持运行 40 多种编程语言。Jupyter Notebook 的本质是一个 Web 应用程序，用于创建和共享程序文档，支持实时代码、数学方程、可视化以及 Markdown。由于其灵活交互的优势，所以很适合探索性质的开发工作。其安装和使用比较简单，这里就不做详细介绍了，而是推荐更方便的使用方式，就是使用 VS Code 开发工具，可以直接支持 Jupyter Notebook，不需要手动启动服务，界面如图 11-1 所示。

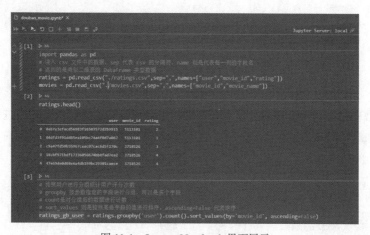

图 11-1　Jupyter Notebook 界面展示

11.2　初步分析

准备好环境和数据之后需要先对数据进行初步的分析，一方面可以了解数据的构成，另一方面可以判断数据的质量。数据的初步分析往往是统计性的、多角度的，有很大的尝试性。然后根据结果进行深入的挖掘，得到更有价值的数据。对于当前的数据，我们可以分别从用户和电影两个角度入手。而在进入初步分析之前，需要先导入基础的用户评分数据和电影信息数据：

```
import pandas as pd
# 读入 csv 文件中的数据，sep 代表 csv 的分隔符，name 则是代表每一列的字段名
# 返回的是 DataFrame 类型数据
ratings = pd.read_csv("./ratings.csv",sep=",",names=["user","movie_id","rating"])
movies = pd.read_csv("./movies.csv",sep=",",names=["movie_id","movie_name"])
```

11.2.1　用户角度分析

首先可以先使用 pandas 的 head() 函数来看 rating 数据的结构：

```
# head 是 DataFrame 的成员函数，用于返回前 n 行数据，n 是参数，代表选择的行数，默认是 5
ratings.head()
```

输入如下：

```
      user                              movie_id rating
0     0ab7e3efacd56983f16503572d2b9915  5113101  2
1     84dfd3f91dd85ea105bc74a4f0d7a067  5113101  1
2     c9a47fd59b55967ceac07cac6d5f270c  3718526  3
3     18cbf971bdf17336056674bb8fad7ea2  3718526  4
4     47e69de0d68e6a4db159bc29301caece  3718526  4
```

可以看到，用户 ID 是长度一致的字符串（实际是经过 MD5 处理的字符串），影片 ID 是数字，所以在之后的分析过程中影片 ID 可能会被当作数字来进行运算。如果想知道一共有多少条数据，可以查看 rating.shape，此例输出的(1048575, 3)代表一共有将近 105 万条数据，3 则是对应上面提到的 3 列。

然后我们可以看一下用户的评论情况，如数据中一共有多少人参与评论，每个人评论的次数：

```
# 按照用户进行分组统计用户评分次数
# groupby 按参数指定的字段进行分组，可以是多个字段
# count 是对分组后的数据进行计数
# sort_values 则是按照某些字段的值进行排序，ascending=False 代表逆序
ratings_gb_user = ratings.groupby('user').count().sort_values(by='movie_id', ascending=False)
```

由 ratings 数据可知，每个用户可以对多部影片进行评分，因此可以按用户进行分组，然后使用 count()函数来统计数量。而为了查看方便，可以先对分组计数后的数据进行排序，再使用 head()函数查看排序后的情况：

```
ratings_gb_user.head()
# 以下为输出
user                               movie_id    rating
535e6f7ef1626bedd166e4dfa49bc0b4   1149        1149
425889580eb67241e5ebcd9f9ae8a465   1083        1083
```

```
3917c1b1b030c6d249e1a798b3154c43          1062        1062
b076f6c5d5aa95d016a9597ee96d4600          864         864
b05ae0036abc8f113d7e491f502a7fa8          844         844
```

可以看出评分最多的用户 ID 是 535e6f7ef1626bedd166e4dfa49bc0b4，一共评论了 1149 次。这里 movie_id 和 ratings 的数据是相同的，由于其计数规则是一致的，因此属于冗余数据。但是因为 head() 函数能看到的数据太少，所以可以使用 describe() 函数来查看统计信息：

```
ratings_gb_user.describe()
# 以下为输出
           movie_id              rating
count      273826.000000         273826.000000
mean       3.829348              3.829348
std        14.087626             14.087626
min        1.000000              1.000000
25%        1.000000              1.000000
50%        1.000000              1.000000
75%        3.000000              3.000000
max        1149.000000           1149.000000
```

从输出的信息中可以看出，一共有 273826 个用户参与评分，用户评分的平均次数是 3.829348 次。标准差是 14.087626，该值是比较大的。而从最大值、最小值和中位数可以看出，大部分用户对影片的评分次数很少。

如果想更直观地看数据的分布情况，则可以查看直方图：

```
# hist()函数用户绘制直方图，参数可以包含字段名称
ratings_gb_user.movie_id.hist(bins=50)
```

用户评分次数直方图如图 11-2 所示。

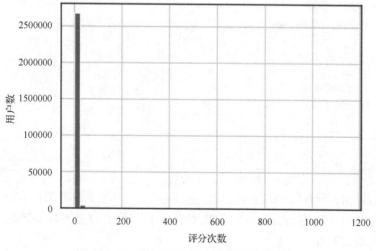

图 11-2　用户评分次数直方图

从图中可以看出大部分用户评分次数很少，大于 100 的数据基本上看不到。而如果想看某一个区间的数据就可以使用 range 参数，如想看评分次数在 1~10 的用户分布情况：

```
# range 代表需要显示的横坐标的取值范围
ratings_gb_user.movie_id.hist(bins=50,range=[1,10])
```

某一区间的用户评分次数直方图如图 11-3 所示。

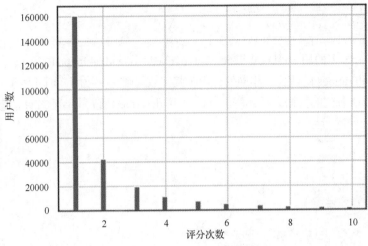

图 11-3　某一区间的用户评分次数直方图

可以看到，无论是整体还是局部，评论次数多的用户越来越少，而且结合之前的分析，大部分用户（75%）的评分次数都是小于 4 次的。这基本符合我们的认知。

除了从评论次数上进行统计，我们也可以从评分值进行统计：

```
# 按照用户进行分组统计用户评分值
# groupby 按参数指定的字段进行分组，可以是多个字段
# count 是对分组后的数据进行计数
# sort_values 则是按照某些字段的值进行排序，ascending=False 代表逆序
user_rating = ratings.groupby('user').mean().sort_values(by='rating', ascending=False)
```

查看评分值的统计数据：

```
user_rating.rating.describe()
# 以下为输出
count    273826.000000
mean          3.439616
std           1.081518
min           1.000000
25%           3.000000
50%           3.500000
75%           4.000000
max           5.000000
Name: rating, dtype: float64
```

从数据可以看出，所有用户的评分的均值是 3.439616，而且大部分用户（75%）的评分在 4 分左右，所以整体的评分还是比较高的。这说明用户对电影的态度并不是很苛刻，或者收集的数据中影片的总体质量不错。

然后我们可以将评分次数和评分值结合，从二维的角度进行观察：

```
# 按照用户进行分组统计用户评分次数与评分值
# groupby 按参数指定的字段进行分组，可以是多个字段
# count 是对分组后的数据进行计数
# sort_values 则是按照某些字段的值进行排序，ascending=False 代表逆序
user_rating = ratings.groupby('user').mean().sort_values(by='rating', ascending=False)
# 修改字段名
```

```
ratings_gb_user = ratings_gb_user.rename(columns={'movie_id_x':'movie_id', 'rating_y':
'rating'})
# 画散点图，可以指定 x 轴和 y 轴
ratings_gb_user.plot(x='movie_id', y='rating', kind='scatter')
```

通过 DataFrame 的 plot()函数，我们可以得到用户评分次数与评分值散点图，如图 11-4 所示。

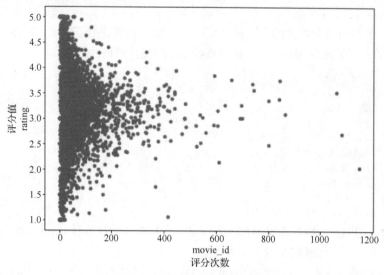

图 11-4　用户评分次数与评分值散点图

从图 11-4 中我们可以看到，分布基本上呈"＞"形状，表示大部分用户都是评分较少，但中间分数偏多。

11.2.2　电影角度分析

接下来，我们可以用相似的办法，从电影的角度来看数据的分布情况，如每一部电影被评分的次数：

```
# 按照电影进行分组统计电影被评分次数
# groupby 按参数指定的字段进行分组，可以是多个字段
# count 是对分组后的数据进行计数
# sort_values 则是按照某些字段的值进行排序，ascending=False 代表逆序
ratings_gb_movie = ratings.groupby('movie_id').count().sort_values(by='user', ascending=
False)
```

要获取每一部电影的被评分次数就需要对影片的 ID 进行分组和计数，但是为了提高数据的可观性，可以通过关联操作将影片的名称显示出来：

```
# merge()函数是类似数据库的关联操作
# how 参数代表关联的方式，如 inner 代表内关联，left 代表左关联，right 代表有关联
# on 是关联时使用的键名，由于 ratings 和 movies 对应的电影的字段名是一样的，因此可以写一个，如果
不一样则需要使用 left_on 和 right_on 参数
ratings_gb_movie = pd.merge(ratings_gb_movie,movies, how='left', on='movie_id')
```

通过 pandas 的 merge()函数，我们可以很容易做到数据的关联操作。我们可以看现在的数据结构：

```
ratings_gb_movie.head()
# 以下为输出
```

```
     movie_id      user     rating    movie_name
0    3077412       320      320       寻龙诀
1    1292052       318      318       肖申克的救赎
2    25723907      317      317       捉妖记
3    1291561       317      317       千与千寻
4    2133323       316      316       白日梦想家
```

可以看到，被评分次数最多的电影就是《寻龙诀》，一共被评分 320 次。同样，user 和 rating 的数据是一致的，属于冗余数据。然后我们来看详细的统计数据：

```
ratings_gb_movie.user.describe()
# 以下为输出
count    22847.000000
mean        45.895522
std         61.683860
min          1.000000
25%          4.000000
50%         17.000000
75%         71.000000
max        320.000000
```

可以看到，一共有 22847 部电影被用户评分，平均被评分次数接近 46，大部分影片（75%）被评分在 71 次左右。下面我们来看一下直方图：

```
# range 代表需要显示
ratings_gb_user.movie_id.hist(bins=50)
```

电影被评分次数直方图输出如图 11-5 所示。

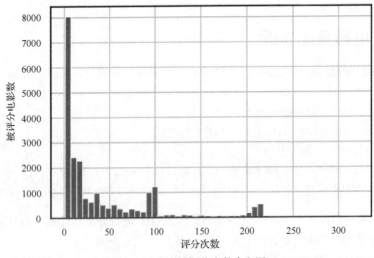

图 11-5 电影被评分次数直方图

从直方图中我们可以看到，评分次数小于 80 次的电影数量随着评分次数增加而减少，评分次数在 100 次和 200 次左右的电影数量却有异常的增加。从统计数据中可以看到分布的标准差也比较大，可以知道其实数据质量并不是太高，但整体上的趋势还是基本符合常识。

接下来同样要对评分值进行观察：

```
# 按照用户进行分组统计用户评分值
# groupby 按参数指定的字段进行分组，可以是多个字段
```

```
# count 是对分组后的数据进行计数
# sort_values 则是按照某些字段的值进行排序，ascending=False 代表逆序
movie_rating = ratings.groupby('movie_id').mean().sort_values(by='rating', ascending=
False)
movie_rating.describe()
# 以下为输出
count    22847.000000
mean         3.225343
std          0.786019
min          1.000000
25%          2.800000
50%          3.333333
75%          3.764022
max          5.000000
```

从数据可以看出所有电影的平均分和中位数很接近，都在 3 附近，说明整体的分布比较均匀。
然后我们可以将评分次数和评分值进行结合并观察：

```
# merge 函数是类似数据库的关联操作
# how 参数代表关联的方式，如 inner 代表内关联，left 代表左关联，right 代表右关联
# on 是关联时使用的键名
ratings_gb_movie = pd.merge(ratings_gb_movie, movie_rating, how='left', on=
'movie_id')
ratings_gb_movie.head()
# 以下是输出
   movie_id     user    rating_x    movie_name        rating_y
0  3077412      320     320         寻龙诀             3.506250
1  1292052      318     318         肖申克的救赎         4.672956
2  25723907     317     317         捉妖记             3.192429
3  1291561      317     317         千与千寻           4.542587
4  2133323      316     316         白日梦想家          3.990506
```

从数据可以看出，有些电影，如《寻龙诀》，本身被评分的次数很多，但是综合评分并不高，
这也符合实际的情况。使用 plot() 方法输出的散点图如图 11-6 所示。

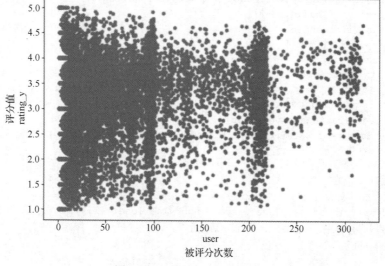

图 11-6　电影被评分次数散点图

可以看到，总体上数据还是呈 ">" 分布，但是在评分次数在 100～200 和 200～300 出现了比较分散的情况，和之前的直方图是较对应的，这也许也是一种特殊现象。而是否是一种规律就需要更多的数据来分析和研究。

 当前的分析结果也可以有较多用途，如做一个观众评分排行榜或者电影评分排行榜等，结合电影标签就可以做用户的兴趣分析。

11.3　电影推荐

在对数据有足够的认知之后，我们需要继续完成我们的目标，也就是根据当前数据给用户推荐其没有看过的但是很有可能会喜欢的影片。推荐算法大致可以分为三类：协同过滤推荐算法、基于内容的推荐算法以及基于知识的推荐算法。其中协同过滤推荐算法是诞生较早且较为典型的算法，它通过挖掘用户历史行为数据，发现用户的喜好，基于不同的喜好对用户进行群组划分并向用户推荐品位相似的商品或内容。

协同过滤推荐算法分为两类，分别是基于用户的协同过滤推荐算法（User-based CollaboratIve Filtering）和基于物品的协同过滤推荐算法（Item-based Collaborative Filtering）。基于用户的协同过滤推荐算法是通过用户的历史行为数据发现用户对商品或内容的喜欢（如商品购买、收藏、内容评论或分享），并对这些喜好进行度量和打分。根据不同用户对相同商品或内容的态度和喜好程度计算用户之间的关系，然后在有相同喜好的用户间进行商品或内容推荐。其中比较重要的就是距离的计算，可以使用余弦相似性、Jaccard 来实现。本案例整体的实现思路就是：使用余弦相似性构建邻近性矩阵；然后使用 KNN 算法从邻近性矩阵中找到与某用户临近的用户，并将这些临近用户评分过的影片作为备选；接着将邻近性的值的权重作为推荐的得分；相同的分数可以累加；最后排除该用户已经评分过的影片。具体的代码如下：

```
# 根据余弦相似性建立邻近性矩阵
ratings_pivot=ratings.pivot('user','movie_id','rating')
ratings_pivot.fillna(value=0)
m,n=ratings_pivot.shape
userdist=np.zeros([m,m])
for i in range(m):
    for j in range(m):
        userdist[i,j]=np.dot(ratings_pivot.iloc[i,],ratings_pivot.iloc[j,]) \
        /np.sqrt(np.dot(ratings_pivot.iloc[i,],ratings_pivot.iloc[i,])\
        *np.dot(ratings_pivot.iloc[j,],ratings_pivot.iloc[j,]))
proximity_matrix=pd.DataFrame(userdist,index=list(ratings_pivot.index),columns=list
(ratings_pivot.index))

# 找到临近的 k 个值
def find_user_knn(user, proximity_matrix=proximity_matrix, k=10):
    nhbrs=userdistdf.sort(user,ascending=False)[user][1:k+1]
    #在一列中降序排序，除去第一个（自己）后为近邻
    return nhbrs

# 获取推荐电影的列表
```

```
    def recommend_movie(user, ratings_pivot=ratings_pivot, proximity_matrix=proximity_
matrix):
        nhbrs=find_user_knn(user, proximity_matrix=proximity_matrix, k=10)
        recommendlist={}
        for nhbrid in nhbrs.index:
            ratings_nhbr=ratings[ratings['user']==nhbrid]
            for movie_id in ratings_nhbr['movie_id']:
                if movie_id not in recommendlist:
                    recommendlist[movie_id]=nhbrs[nhbrid]
                else:
                    recommendlist[movie_id]=recommendlist[movie_id]+nhbrs[nhbrid]
    # 去除用户已经评分过的电影
    ratings_user =ratings[ratings['user']==user]
        for movie_id in ratings_user['movie_id']:
            if movie_id in recommendlist:
                recommendlist.pop(movie_id)
    output=pd.Series(recommendlist)
    recommendlistdf=pd.DataFrame(output, columns=['score'])
    recommendlistdf.index.names=['movie_id']
    return recommendlistdf.sort('score',ascending=False)
```

　　　　建立邻近性矩阵是很消耗内存的操作。如果执行过程中出现内存错误，则需要换用内存更大的服务器来运行，或者对数据进行采样处理，从而减少计算量。

　　【试一试】代码中给出的是基于用户的协同过滤推荐算法，可以试着写出基于影片的协同过滤推荐算法，然后对比算法的优良性。

11.4　本章小结

　　本章我们通过一个影评数据分析以及电影推荐的案例，介绍了数据分析的一般过程。数据分析其实是一个比较综合性的内容，其中很多步骤都可以单独作为一个研究方向，如特征工程。而数据分析是一个循环递进的，需要在不断的尝试中进行改进的过程。本章的案例涉及的工具和算法只是极少的一部分，想要更好地对数据进行分析，就需要掌握更多的工具和算法，然后借助这些工具和算法进行不同角度、不同方式的探索。希望这也是这个案例带给读者的启示。

第12章
实战：抓取商品价格信息

本章将学习一个抓取商品历史价格的案例。目前，各大电商平台存在着同一商品价格不一的现象。

商品历史价格爬虫可以获取同一商品在各个平台的历史价格，并通过历史价格预测出近期可能的降价空间。

12.1 抓取商品历史价格

电子商务的普及产生了大量的网上商店。用户在网上消费的时候，如果要购买一个产品，往往会选择价格最低的那个网上商店进行购买，由此产生了比价（Price Comparision）网站。比价网站为消费者在网上找到最便宜、价格最合理的商品提供了极大的便利。

12.1.1 网页分析

目前互联网中，电商网站众多，如果对每一个网站都单独编写爬虫无疑是烦琐的，工作量很大，所以本案例选择对比价网站进行抓取。在这里选取慢慢买购物比价网为目标网站，抓取需要的商品的历史价格数据。如果搜索关键字 iPhone 11，会显示当前价格和它在哪个电商平台销售等信息。慢慢买购物比价网页面，如图 12-1 所示。

图 12-1　慢慢买购物比价网页面

单击当前价格旁边的折线图标，可以进入历史价格页面，页面中会显示本商品自上架以来的价格数据折线图。慢慢买购物比价网历史价格页面截图，如图 12-2 所示。

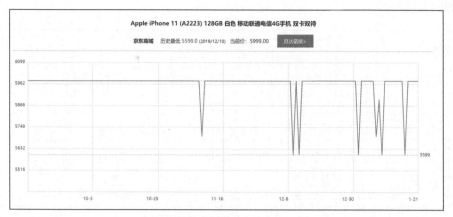

图 12-2　慢慢买购物比价网历史价格页面截图

然后分析如何构造请求，多搜索几个关键字可以发现规律。第一步请求的 URL 格式如下：

```
http://s.manmanbuy.com/Default.aspx?key="关键字"&btnSearch=%CB%D1%CB%F7
```

其中关键字英文、数字不变，空格转换为加号，其他的字符要进行 URL 编码，中文使用的是 GB2312 编码。

使用"url"进行参数传递经常会传递一些中文名（或含有特殊字符）的参数或 URL 地址，在后台处理时会发生转换错误。这些特殊符号在 URL 中是不能直接传递的，如果要在 URL 中传递这些特殊符号，就要使用它们的编码格式。编码格式：%加字符的 ASCII，即一个百分号"%"，后面跟对应字符的 ASCII（十六进制）值。如空格的编码是"%20"。具体 ASCII 值可以查阅 URL 编码表。中文通常使用 GB2312 编码或者 UTF-8 编码进行转义。

接下来分析如何定位正文元素，使用开发者模式来查看元素，发现可以使用 listpricespan 这个 class 的值来定位查询历史价格的 URL。慢慢买购物比价网搜索页面的 HTML 结构，如图 12-3 所示。

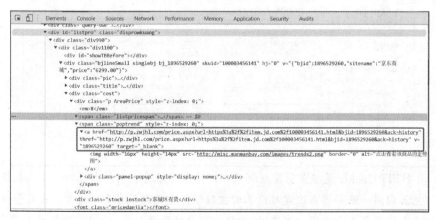

图 12-3　慢慢买购物比价网搜索页面的 HTML 结构

最后构造对历史价格页面的请求，在页面空白处，单击鼠标右键查看网页源代码，可以看到历史价格数据，使用 text/javascript 这个 type 的值来定位日期和对应的价格。历史价格页面源代码截图，如图 12-4 所示。

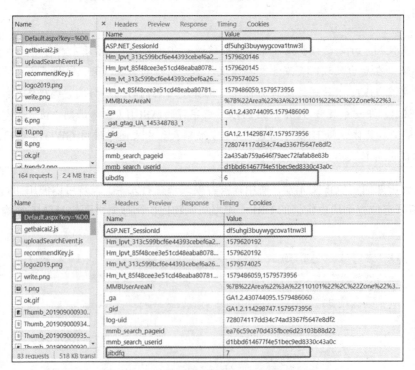

图 12-4 历史价格页面源代码截图

此外，在多次发送请求后无法正常访问慢慢买购物比价网的页面，推测请求行为触发了网站的反爬虫机制。经过多次尝试找到正常用浏览器访问时 Cookies 的规律。一段时间内，ASP.NET_SessionId 不变，uibdfq 每次自增 1。相邻两次请求 Cookies 截图如图 12-5 所示。

图 12-5 相邻两次请求 Cookies 截图

提示 HTTP Cookie 是服务器发送到用户浏览器并保存在用户本地的一小块数据，它会在浏览器向同一服务器再次发起请求时被携带并发送到服务器。通常，它用于告知服务器这两个请求是否来自同一浏览器，如保持用户的登录状态。Cookie 使基于无状态的 HTTP

记录稳定的状态信息成为可能。Cookie 主要用于以下三个方面：会话状态管理、个性化设置、浏览器行为跟踪。有些网站为了反爬虫还会设置一些 Cookie 验证，如果你的请求不包含它们，则会被拒绝访问。

12.1.2　编写爬虫

【例 12-1】PriceSpider.py 关键代码段，获取历史价格爬虫。

```
# -*- coding:UTF-8 -*-
#生成请求
import time
import requests
import urllib
#处理请求获得的网页
import re
from bs4 import BeautifulSoup
#处理数据
import numpy
import pandas as pd
import matplotlib.pyplot as plt


# 本次会话使用过多就重新请求一下主页，获取新的 Cookie
if(len(current_app.sessionId) == 0 or current_app.uibdfq>50 or int(time.time())-current_app.lasttime>600):
    current_app.lasttime = int(time.time())
    print('refresh')
    # 请求主页
    item = 'http://s.manmanbuy.com/'
    headers = {
        'Host': 's.manmanbuy.com',
        'User-Agent': 'Mozilla/5.0 (iPhone; CPU iPhone OS 10_3_3 like Mac OS X)
AppleWebKit/603.3.8 (KHTML, like Gecko) Mobile/14G60 mmbWebBrowse',
        'Accept-Encoding': 'gzip',
        'Connection': 'keep-alive',
    }
    s = requests.session()
    s.headers.update(headers)
    r = s.get(item)
    current_app.sessionId = r.cookies['ASP.NET_SessionId']   #更新 ASP.NET_SessionId
    current_app.uibdfq = 2
    current_app.usersearcherid = r.cookies['usersearcherid']
```

上述代码段是为了避免触发慢慢买购物比价网的反爬虫机制。当本次会话已使用超过 50 次请求，或者已闲置超过 10mins，则重新请求开启一个会话，获取新的 SessionId，并将 uibdfq 置为初始值 2。

```
st = request.args.get('key')
st = st.encode('gb2312')    #将汉字以 GB2312 转义
s = urllib.parse.quote(st)   #将空格等字符转义
return crawler.test2._Search(s)

def _Search(para):   #para 是转为 GB2312 编码的搜索字符串
```

```
            p4title = re.compile(r'>.*?<')  #为识别商品标题而写的正则表达式，如果用.+?无法匹配到
><，且会得到一些不需要的格式信息
            result = []
            count = 0
            item = 'http://s.manmanbuy.com/Default.aspx?key='+para+'&btnSearch=%CB%D1
%CB%F7'  #电商平台数据都可以获取
            headers = {
                    'Host': 's.manmanbuy.com','Cookie':'ASP.NET_SessionId='+current_app.
                    sessionId+';usersearcherid='+current_app.usersearcherid+'; uibdfq='
                    +str(current_app.uibdfq),
                'User-Agent': 'Mozilla/5.0 (iPhone; CPU iPhone OS 10_3_3 like Mac OS X)
AppleWebKit/603.3.8 (KHTML, like Gecko) Mobile/14G60 mmbWebBrowse',
                    'Accept-Encoding': 'gzip',
                    'Connection': 'keep-alive',
                    'Referer': 'http: // www.manmanbuy.com /',
                }
        s = requests.session()
        s.encoding = 'utf-8'
        s.headers.update(headers)
        try:
            r = s.get(item,timeout=15)  #获取网页
        except Exception:
            print('异常')
        if r.status_code != requests.codes.ok:
            print('状态码不对')
        print('rescookie:'+str(r.cookies))
        soup = BeautifulSoup(r.text, 'html.parser')  #用 BeautifulSoup 解析网页
        all_poptrend = soup.find_all(class_='bjlineSmall')
        count = 0
        for item in all_poptrend:
            if count > 15:
                    break
            js1 = json.loads(item['v'])  #js1 用于获取 bjlineSmall 标签中的 JSON 对象
形式数据
            item_sitename = js1['sitename']  #商品来自哪个电商平台
            item_price = js1['price']  #商品当前价格
            item_img = item.div.a.img['src']  #商品图标地址
            name1 = item.find("div", class_="title").div.a
            item_name = ""  #商品标题
            for ti in p4title.findall(str(name1)):
                    item_name = item_name + ti  #拼接商品标题
            item_name = item_name.replace('<', '')  #去除商品标题中的多余符号
            item_name = item_name.replace('>', '')
            item_name = item_name.replace(' ', '')
            item_url = item.find("span", class_="poptrend").a['href']  #比价地址
            item_json = {"name": item_name, "img": item_img,
                    "price": item_price, "sitename": item_sitename,
                    "url": item_url}
            result.append(item_json)
            count = count + 1


        return json.dumps(result)
```

用上述代码段可获取某商品在各个电商平台的基本信息和历史价格页面地址。对于页面的解析用到了正则表达式（re 模块）和 BeautifulSoup。BeautifulSoup 提供一些简单的、Python 式的函数来处理导航、搜索、修改分析树等。它是一个工具箱，通过解析文档为用户提供需要抓取的数据。因为简单，所以不需要多少代码就可以写出一个完整的应用程序。使用 BeautifulSoup 可自动将输入文档转换为 Unicode 编码，输出文档转换为 UTF-8 编码。BeautifulSoup 的基本用法如表 12-1 所示，掌握了这些基本规则，大部分情况下都能方便地解析网页。

表 12-1　　　　　　　　　　　BeautifulSoup 的基本用法

基本方法	描述
soup.title	获取 html 的 title 标签的信息
soup.a	获取 html 的第一个 a 标签的信息
soup.a.name	获取 a 标签的名字
soup.a.parent.name	获取 a 标签的父标签（上一级标签）的名字
soup.a.attrs	获取 a 标签的所有属性
soup.a.attrs['class']	通过字典的方式获取 a 标签的 class 属性
soup.find_all('a')	查找所有 a 标签
soup.find('a')	查找第一个 a 标签

使用上述代码段获取历史价格页面地址，构造新的请求，并用 BeautifulSoup 配合正则表达式获取历史价格数据：

```python
def _Showhistory(url):
    p4chart = re.compile(r'\[.+?]') #为识别表格信息而写的正则表达式
    headers = {
        'Host': 'p.zwjhl.com',
        'Content-Type': 'application/x-www-form-urlencoded; charset=utf-8',
        'Proxy-Connection': 'close',
        'Cookie':'Hm_lvt_2792237093e35cdfc41782cbfecb60e9=1555943880,1555947001,
1555999274,1556526004; Hm_lpvt_2792237093e35cdfc41782cbfecb60e9=1556526004',
        'User-Agent': 'ozilla/5.0 (Windows NT 10.0; Win64; x64) AppleWebKit/537.36
(KHTML, like Gecko) Chrome/72.0.3626.109 Safari/537.36',
        'Accept-Encoding': 'gzip',
        'Referer': 'http://p.zwjhl.com/price.aspx ',
        'Connection': 'keep-alive',
        }

    s = requests.session()
    s.headers.update(headers)
    #请求历史价格页面
    try:
        r = s.get(url,timeout=5)
    except Exception:
        print('异常!')
    if r.status_code != requests.codes.ok:
        print('错误状态码!')

    s.encoding = 'utf-8'#声明为 UTF-8 编码
    soup = BeautifulSoup(r.text,'html.parser')
```

```
chart_data = soup.body.find("script",type = "text/javascript")
all_data = p4chart.findall(str(chart_data))
lowest_price = 200000000.00 #代表一个极大的数
now_price = 0 #代表当前价格

result_beforedump = []  #在转为json格式前的结果
price_data = []  #接收价格数据，用于拟合曲线
date_data = []  #每个价格对应的相对日期
avg_price = 0    #平均价格
avg_index = 0    #索引
date_base = date.max
#利用正则表达式获取日期数据和价格数据
for item in all_data:
    result = re.search(r'\((.+?),(.+?),(.+?)\),(.+?)\]',str(item)) #获取每一条的结果
    item_year = str(int(result.group(1)) + int(result.group(2))//12) #12月其实是
来年1月
    item_month = str(int(result.group(2))%12+1)   #月份与实际差1,注意结果为13月是来
年1月
    item_day = result.group(3)
    if date_base.year == 9999:  #等于0001说明是第一个日期
        date_base = date_base.replace(int(item_year),int(item_month),int(item_
day))

    today = date_base.replace(int(item_year),int(item_month),int(item_day))
    delta = today - date_base
    date_data.append(delta.days+1)
    item_price = float(result.group(4))
    price_data.append(item_price) #将价格加入数组
    item_json = {"year": item_year, "month": item_month,
                 "price": item_price, "day": item_day
                }
    result_beforedump.append(item_json)
    avg_price = avg_index/(avg_index+1)*avg_price + item_price/(avg_index+1)
    avg_index = avg_index + 1
#清洗数据，去除价格过高或过低的错误数据
ii = 0
while(ii < (len(price_data))):
    if price_data[ii] >1.3*avg_price or price_data[ii]<0.7*avg_price:
        price_data.pop(ii)
        date_data.pop(ii)
        result_beforedump.pop(ii)
    else:
        ii = ii+1
    if(ii >= len(price_data)-1):
        break
#清洗数据后找最低价格
for i in range(len(price_data)):
    if price_data[i] < lowest_price:
        lowest_price = price_data[i]
    now_price = price_data[i]
forcast_price = lowest_price
```

```
#数据点过多，对抓取的数据进行等间距抽样
    while(len(price_data)>20):
        i = 1
        while(i < len(price_data)):
            price_data.pop(i)
            date_data.pop(i)
            result_beforedump.pop(i)
            i = i+1
            if (i >= len(price_data) - 1):
                break
#应用 NumPy 库的最小二乘法拟合价格曲线，简单预测未来价格走势
    poly = numpy.polyfit(date_data,price_data,4)  #拟合多项式
    der = numpy.polyder(poly)
    val = numpy.polyval(poly,date_data)
    plt.plot(date_data,price_data,lw = 1)
    plt.plot(date_data,val,lw = 2)
#返回 JSON 格式数据
    dict = {'now_price': now_price,
            'lowest_price': lowest_price,
            'forcast_price': forcast_price,
            'result': result_beforedump}

    result_js = json.dumps(dict)
    return result_js
```

　　正则表达式描述了一种字符串匹配的模式，可以用来检查一个串是否含有某种子串、将匹配的子串替换或者从某个串中取出符合某个条件的子串等。如：pytho+n，可以匹配 python、pythoon、pythooon 等，"+"代表前面的字符必须至少出现一次（1 次或多次）；pytho*n，可以匹配 pythn、python、pythooon 等，"*"代表字符可以不出现，也可以出现一次或者多次（0 次、1 次或多次）。

　　更多的正则表达式特殊字符用法如表 12-2 所示，掌握了这些基本规则，再配合 BeautifulSoup 使用，在大部分情况下都能满足爬虫编码中的需求。

表 12-2　　　　　　　　　　　　　　正则表达式特殊字符用法

特殊字符	描述
$	匹配输入字符串的结尾位置。如果设置了 RegExp 对象的 Multiline 属性，则 "$" 也匹配 "\n" 或 "\r"。要匹配 "$"，请使用 "\$"
( )	标记一个子表达式的开始和结束位置。子表达式可以获取供以后使用。要匹配这些字符，请使用 "\(" 和 "\)"
*	匹配前面的子表达式零次或多次。要匹配 "*"，请使用 "*"
+	匹配前面的子表达式一次或多次。要匹配 "+"，请使用 "\+"
.	匹配除换行符 \n 之外的任何单字符。要匹配 "."，请使用 "\."
[	标记一个方括号表达式的开始。要匹配 "["，请使用 "\["
?	匹配前面的子表达式零次或一次，或指明一个非贪婪限定符。要匹配 "?"，请使用 "\?"
\	将下一个字符标记为或特殊字符、或原义字符、或向后引用、或八进制转义符。如，"\n" 匹配 "\"，序列 "\\" 匹配 "\"，而 "\(" 则匹配 "("
^	匹配输入字符串的开始位置，除非在方括号表达式中使用，当该字符在方括号表达式中使用时，表示不接受该方括号表达式中的字符集合。要匹配 "^"，请使用 "\^"

此外，不仅可以利用上述代码段获取商品历史价格数据，还可以利用 NumPy 库对未来价格走势进行简单预测。NumPy 通常与 SciPy（Scientific Python）和 Matplotlib 一起使用，这种组合广泛用于替代 MATLAB，可作一个强大的科学计算环境，有助于读者通过 Python 学习数据科学或者机器学习。本章使用 NumPy 库提供的最小二乘法曲线拟合方法，预测未来价格走势。

最小二乘法（又称最小平方法）是一种数学优化技术。它通过最小化误差的平方和寻找数据的最佳函数匹配。以一次函数举例，设直线表达式为 $\hat{y} = \hat{k}x + b$，当 $\sum_{i=1}^{m}(y_i - \hat{y}_i)^2$ 和 $\sum_{i=1}^{m}(y_i - \hat{k}x_i - b)^2$ 取得最小时求得 $\hat{k}$ 和 b 的值并将其作为拟合直线的参数。对高次的函数也可用类似的方法。

12.1.3 运行结果

运行脚本，可以得到商品历史价格数据，下文中的运行结果截图均来自微信小程序 EasyPrice 比价助手，EasyPrice 比价助手将数据在小程序端进行可视化，其数据均来自上文中的 Python 爬虫脚本。EasyPrice 比价助手搜索页、EasyPrice 比价助手历史价格页如图 12-6 和图 12-7 所示。

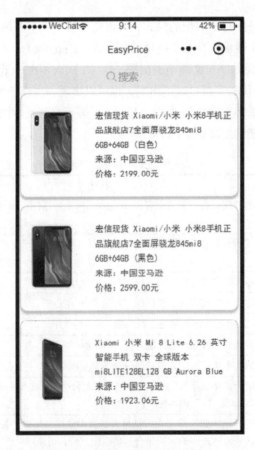

图 12-6　EasyPrice 比价助手搜索页

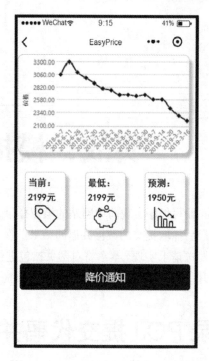

图 12-7　EasyPrice 比价助手历史价格页

12.2　本章小结

　　本章通过一个抓取商品历史价格的案例，介绍了常见的爬虫脚本编写思路和简单的反爬虫方法。本章中出现的 Python 库大多都是爬虫编写时的常用工具，利用 requests、urllib 构造请求，然后结合正则表达式和 BeautifulSoup 库可以应对绝大部分静态网页抓取需求。本章还介绍了常见的数据处理库如 NumPy、pandas 的实例，它们的用途十分广泛，不止用于爬虫脚本中。此外，本章爬虫脚本抓取到的数据都封装为 JSON 数据格式，这也是软件开发中前、后端进行数据交互的常用方式。

第 13 章

实战：模拟登录爬虫

在本章中，将实践用 Python 编写程序实现简单网站的模拟登录，然后保持登录后的网页会话，在会话中模拟网页表单提交，最后抓取提交的数据并返回结果。在 HTTP 网页中，如登录、提交和上传等操作一般通过向网页发送请求实现。本章将对网页抓包进行分析，判断请求操作的类型，进而用 Python 的 requests 库构建一个网页请求，模拟实际的网页提交。

13.1 模拟登录 POJ 提交代码并抓取评测结果

POJ 是老牌的供 ACM 主办的国际大学生程序设计竞赛（International Collegiate Programming Contest，ICPC）选手在线提交源代码进行评测的练习平台。由于提交源代码后需要跳转至网站的评测状态页面，寻找用户提交源代码的评测结果，操作相对麻烦，因此本案例将通过编写模拟登录网站，并通过表单提交的方式上传评测用代码，提交之后发送请求，获取评测结果输出。

13.1.1 网页请求分类

HTTP 网页中最常见的请求提交方式有 GET 和 POST。

1. GET

GET 通常用于获取服务器数据。GET 会在网页 URL 后面直接拼接参数即查询字符串，格式一般形如："index.php?userName= &password="。

GET 提交方式的特点如下。

- 只能以文本的形式传递参数。
- 传递的数据量较小。
- 安全性较低，传递的参数会直接显示在地址栏。
- GET 请求的速度相对更快。

2. POST

POST 即发送、提交，可以向指定的资源提交要被处理的数据。如果使用表单方式进行提交，表单的 method 必须设置为 POST。

POST 提交方式的特点如下。

- 适用于密码等安全性要求高或提交数据量较大的场合，使用 POST 提交数据相对使用 GET 安全性更高（但需要注意的是抓包软件能抓到 POST 请求的内容，可以视安全性需要进行必要的加密）。

- 传递数据量大，请求对数据长度没有要求。
- 请求不会被缓存，也不会保留在浏览器的历史记录中。

13.1.2　网页分析

为分析登录的请求方式，在登录界面，务必在输入账号密码前打开浏览器的开发者模式，找到"Network"标签，再登录。此时开发者模式下会显示单击登录后的各种请求，找到"login"，如图 13-1 所示，容易分析得出登录时的请求方式是 POST。

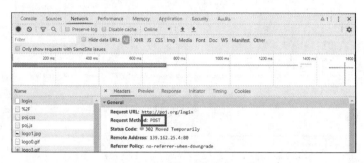

图 13-1　登录时抓包的请求结果

下拉页面，如图 13-2 所示，可以看到 POST 发送的内容，有 4 个参数，前两个是用户的 ID 和密码，后两个参数固定，在编写爬虫程序时注意 POST 内容的参数值。

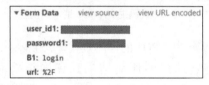

图 13-2　登录时 POST 请求的内容

因为只看 POST 请求返回结果并不能判断是否成功登录，所以需要分析网页验证是否登录成功。一种方法是访问代码提交界面，如果未登录，会弹出登录对话框提示登录，网页元素分析则查看用于 POST 请求的"form"（表格）处的操作是"login"（登录）还是"submit"（提交）。如图 13-3 和图 13-4 所示，对比分析得出登录状态不同时 HTML 文本不同。

图 13-3　登录未成功的情况

分析代码提交页面，与登录时同理，提前打开开发者界面，单击提交后抓包，如图 13-5 所示。POST 请求的内容中，参数分别代表提交 ID、提交所用语言在可选语言列表中的下标（如 4 代表

C++语言，5 代表 C 语言）、源代码以及固定参数，注意源代码采用 base64 编码，这属于 HTTP 网页中常见的表单提交方式和内容加密方式。

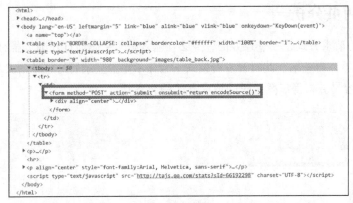

图 13-4　登录成功的情况

图 13-5　代码提交 POST 请求的内容

　　最后是获取评测结果。在实际中，POJ 的评测量大，公屏评测结果刷新很快，只能通过手动输入用户 ID 的方式查看特定用户的评测结果，评测结果显示界面的 URL 的格式为 "poj.org/status?problem_id=&user_id= &result=&language="，可看出是采用 GET 请求方式，如图 13-6 所示。分析网页元素，发现一条评测结果位于网页 HTML 文本\<tbody\>节点的\<tr\>子节点，获取最新结果只需要访问第一个子节点，遍历其\<td\>子节点可获取具体评测结果。

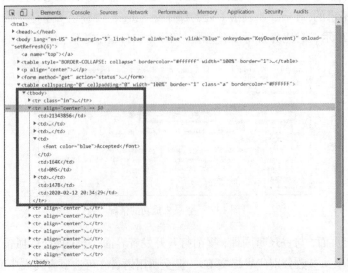

图 13-6　GET 请求方式的评测结果表格网页元素分析

13.1.3　编写爬虫

按以上分析网页和操作的思路，可以编写爬虫如下。

主函数部分用于创建访问会话。将验证登录、提交代码、获取评测结果的函数的接口放在主函数：

```
if __name__ == '__main__':
    user_name =
    logindata = {'user_id1': ,
                 'password1':,
                 'B1': 'login',
                 'url': '%2F'}
    # 登录 POST 请求提交的数据
    session = requests.session()
    login_req = session.post('http://poj.org/login', data=logindata)

    '''
    requests 创建会话并登录，保持登录的会话状态
    if login_req.status_code != 200: 注意检验状态码
        exit(1)
    '''

    if loginCheck(session):
        print('Welcome! %s\n' % user_name)
    else:
        exit(1)
    # 函数返回 bool 值，判断登录是否成功，并提示，否则停止执行

    problem_id, language = input().split()
    # 从标准输入或其他方式获取题目 ID 和语言

    submitdata = createSubmit(problem_id, language)
    submit_req = session.post('http://poj.org/submit', data=submitdata)
    sleep(2)
    '''
    createSubmit() 函数传入读入的 ID 和程序语言，得到类似 logindata 的 POST 提交表单
    最好 "提交" 源代码后，程序 sleep 暂停等待评测
    '''

    querydata = {'problem_id':'','user_id':'','result':'','language':''}
    query_req = requests.get('http://poj.org/status', params=querydata)
    info = getResult(query_req)
    printResult(info)
    '''
    向状态查询网站发送 GET 请求查询，querydata 记录查询参数
    '''
    session.close()
```

requests.session()是爬虫中经常用到的方法，在会话过程中自动保持 Cookies，不需要自己维护 Cookies 的内容，网站第一次请求时通过一个 URL 获取 Cookies，然后在第二次请求的时候校验第一次请求时获取到的 Cookies。requests 的 Session 可以做到在同一个 Session 实例发出的所有

请求都保持同一个 Cookies，相当于在浏览器不同标签页打开同一个网站的内容都，使用同一个 cookie。这样就可以很方便地处理登录时的 Cookies 问题。

会话对象（Session）是 Requests 的高级特性，除了上述这个用法，Requests 的高级用法还包括请求与响应对象、准备的请求（Prepared Request）、SSL 证书验证、客户端证书、CA 证书、响应体内容工作流、保持活动状态（持久连接）、流式上传、块编码请求、POST 多个分块编码的文件、事件挂钩、自定义身份验证、流式请求、代理、SOCKS、合规性、编码方式、HTTP 动词、定制动词、响应头链接字段、传输适配器、阻塞和非阻塞、Header 排序等。

各个函数的实现如下。

登录检查函数：

```python
def loginCheck(session):

    '''
    函数说明：检查请求登录后是否成功
    Parameters: session: 当前会话
    Returns: bool 值，成功 True，失败 False
    '''
    r = session.get('http://poj.org/submit?problem_id=1000')
    sleep(1)

    if r.status_code != 200:
        return False
    # 网络连接失败

    soup = BeautifulSoup(r.content, 'html.parser')
    # BeautifulSoup 库对 GET 返回内容解析 HTML 结构
    if soup.form['action'] == 'login':
        return False
    elif soup.form['action'] == 'submit':
        return true
    # 查看 form 节点的 action 参数
```

创建提交 POST 请求的参数，以及对代码进行 Base64 编码：

```python
def createSubmit(problem_id, language):

    '''
    函数说明：创建提交 POST 请求用的参数字典
    Parameters: problem_id: 题目 ID, language: 提交用语言
    Returns: submitdata: POST 请求参数
    '''
    submitdata = {'problem_id': '1000', 'language': 0,
                  'source': '', 'submit': 'Submit', 'encoded': 1}
    language_map = {'G++': 0, 'GCC': 1, 'Java': 2,
                    'Pascal': 3, 'C++': 4, 'C': 5, 'Fortran': 6}
    submitdata['problem_id'], submitdata['language'] = problem_id, language_map[language]
    # 对 submitdata 初始化，给出编程语言在可选语言中的序号
```

```
    file_path = tkinter.filedialog.askopenfilename()
print('File %s selected, ready to submit!' % file_path)
    # 这里应用 tkinter 库调用文件选择框选中要提交的代码并获取路径

    code_file = open(file_path, 'r')
submitdata['source'] = base64encode(code_file.read())
    # 将代码文件以文本形式读取并进行 Base64 编码

    return submitdata

def base64encode(code):
    return str(base64.b64encode(code.encode()).decode())
    # 文本 code 需要先编码成字节形式，之后进行 base64 编码，再从字节形式编码成字符形式
```

Base64 已经成为网络上常见的传输 8bit 字节代码的编码方式之一，基于 64 个可打印字符（小写字母 a～z、大写字母 A～Z、数字 0-9、符号"+""/"）来表示二进制数据，用于将所有字符转换为可打印的 ASCII 字符进行参数传输以免出现乱码并且易于进行签名或加密，提高数据传输的安全性。Base64 的编码规则如下。

（1）将需要进行编码的字符串每三个字节分为一组，每个字节占 8bit，那么共有 24 个二进制位。

（2）将每 24 个二进制位每 6 个分为一组，共分为 4 组。

（3）在每个有 6 个二进制位的组前面添加两个 0，每组由 6 个变为 8 个二进制位，总共 32 个二进制位，即四个字节，所以转换后的字符串理论上要比原来的长 1/3。

（4）根据 Base64 编码对照表，将每个 8bit 的字节转换为对应的 ASCII 可打印字符。

Python 自带 Base64 库，可以使用库函数对字符串进行 Base64 编码和解码。

在提交完成之后获取评测结果，最后输出：

```
def getResult(req):
    '''
    函数说明：从 GET 请求返回的结果获取提交评测结果
    Parameters: req: requests.get()函数发送请求后的返回
    Returns: info: 网页元素中抓取的评测结果列表
    '''
    soup = BeautifulSoup(req.content, 'html.parser')
    for tr in soup.find_all('tr'):
        if tr.get('align') != None:
            if tr['align'] == 'center':
                score_table = tr
                break
    '''
    由网页分析，评测结果位于网页中参数 align="center"的<tr>节点，
    由于是最新结果只需获取第一个符合条件的 tr 节点即可
    '''
    info = score_table.find_all('td')
    # tr 节点的所有 td 子节点的字符串对象即评测结果的每一项参数
    return info

def printResult(info):
    printLs = ['Run ID', 'User Name', 'Problem ID', 'Result',
```

```
                          'Memory', 'RunTime', 'Language', 'Length', 'Submit Time']
    # 评测结果的各项参数

    for i in range(len(info)):
        if info[i].string != None:
        # 注意 POJ 中如果提交未能通过（Accept），评测结果不显示空间和时间使用
            print("%s:%s" % (printLs[i], info[i].string))
```

13.1.4 运行结果

如图 13-7 所示，输入问题 ID 和语言，在文件选择框中选择源代码文件后，会自动提交并返回运行结果。

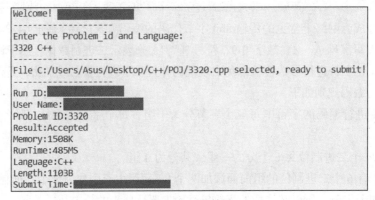

图 13-7 运行结果

13.2 本章小结

本章通过模拟网站登录并提交数据获取返回结果，介绍了 requests 库，使用库函数发送 GET 和 POST 请求，并以请求实现模拟登录提交等操作。然后通过 requests 库的高级特性 session() 维持会话，在爬虫实例中保持登录时的 Cookies 以维持登录状态，并使用 BeautifulSoup 库结合网页抓包分析、解析、获取 HTML 节点中需要的内容。本章的库、网页抓包分析元素、了解 Base64 编码在 HTTP 数据传输中的运用等都是爬虫的基础。

第14章
实战：音乐评论内容的抓取与分析

本章将通过抓取网易云音乐的评论内容，进行词云分析来研究用户对音乐的看法和评价。读者在案例的实践爬虫编写过程中，应熟悉 Python 的 json 库的使用方法，了解功能强大的中文分词库 jieba 和生成词云的 wordcloud 库。

14.1　jieba 库

jieba 是 Python 的第三库中文分词处理库，支持将文本中的中英文词汇进行切分以用于文本分析。它支持三种分词模式。

- 精确模式。试图将句子最精确地切开，适合文本分析。
- 全模式。把句子中所有的可以成词的词语都扫描出来，速度非常快，但是不能解决歧义问题。
- 搜索引擎模式。在精确模式的基础上，对长词再次切分，提高召回率，适合用于搜索引擎分词。

jieba.cut()方法接受两个输入参数：第一个参数为需要分词的字符串；第二个参数 cut_all 参数用于控制是否采用全模式。

jieba.cut_for_search()传入一个需要进行分词的字符串，适用于搜索引擎构建索引的分词。注意：待分词的字符串可以是 GBK 字符串、UTF-8 字符串或者 Unicode 字符串。

jieba.cut()和 jieba.cut_for_search()方法返回的结构都是一个可迭代的 generator，可以使用 for 循环来获取分词后得到的每一个词语，也可以用 list(jieba.cut(...))将其转化为列表形式。

jieba 库支持用户补充自定义词典，以便扩展 jieba 词库，以保证更高的分词正确率。其方法为 jieba.load_userdict(file_path)。file_path 即自定义词典的存储路径，自定义词典为 TXT 格式，一个词的信息占一行。每一行分三部分，第一部分为词语，第二部分为词频（即该词语在文本中出现的频率，导入后在分词时，遇到自定义的新词，根据词频，一部分进行切分，一部分不切分，词频越高，该新词被切分的概率越大），第三部分为词性（可省略），用空格隔开。

14.2　wordcloud 库

wordcloud 库通过语句 wc = WordCloud().generate(text)创建 WordCloud 类的实例，处理文本生

成词云。默认处理每个单词被空格分隔的英文文本。若单词间无空格，可以通过 jieba 库进行分词，将每个单词用空格分隔，让 wordcloud 库能够处理英文文本。在实例化处理文本时，可以传入控制参数使词云呈现不同的效果。

下面列举一些常用的可选参数。

- font_path：string，传入显示词云的字体所在路径，注意如果对中文文本生成词云，必须自行设置中文字体路径，否则词云无法显示中文汉字。
- width：int (default=400)，设置词云宽度，默认 400 像素。
- height：int (default=200)，设置词云高度，默认 200 像素。
- mask：numpy 数组或 None (default=None)。如果参数为空，则默认使用二维遮罩绘制词云。如果参数非空，设置的宽度、高度值将被忽略，遮罩形状被 mask 取代。除全白（#FFFFFF）的部分不会绘制，其余部分会绘制。
- scale：float (default=1)，按照比例放大画布。
- min_font_size：int (default=4)，显示词云的最小的字体大小。
- max_font_size：int or None (default=None)，显示词云的最大的字体大小。
- max_words：number (default=200)，词云显示的词最大个数。
- stopwords：字符串集合或 None，传入停用词汇。如果为空，则使用内置的 STOPWORDS。
- background_color：string (default="black")，词云背景颜色，默认黑色。

生成的词云的展示方法有两种，一种是实例对象的 to_image() 函数创建新的图像再用 show() 函数展示词云，另一种是用 Matplotlib 库的 imshow() 函数展示。可用 to_file() 函数保存，或者用 save() 函数保存 to_image() 函数创建的图像。

14.3 抓取音乐的评论内容

14.3.1 网页分析

为抓取网易云音乐的评论内容，本案例将提供思路简单的处理方式。网易云音乐一般会提供 API，通过 JSON 对象返回开发者请求的内容。获取歌曲评论的 API 格式需要+歌曲 ID，一般使用 JSON 对象显示的评论条数有限，为了获得更多的评论，需要加上单条 JSON 加载评论条数（Limit）和偏移量（Offset）这两个参数，然后发送 GET 请求，如图 14-1 所示。使用 JSON 对象会显示评论内容和评论总数，基于以上参数可以"间隔"地发送请求以获得全部评论内容，即可编写爬虫。

图 14-1 网页分析 JSON 对象内容

14.3.2　编写爬虫

抓取网易云音乐中歌曲的评论的爬虫如下：

```
import requests
import json
from time import sleep
import time
import wordcloud
import re
import numpy as np
import PIL .Image as image
import jieba


def getStopList():
    # 获取停用词表，这里给出的是网易云常用的部分停用词，也可以从本地读取文件
    stopList = ['不要', '个人', '这里', '有些', '完全',
                '头像', '搜索', '还是', '那里', '看到',
                '不到', '回复', '歌手', '虽然', '网易云',
                '怎么', '曲子', '这首', '歌单', '不过',
                '专辑', '有人', '一位', '我', '哪个',
                '就让', '只有', '这么', '没有', '所以',
                '别人', '听歌', '一直', '应该', '很多',
                '那个', '果然', '然后', '你', '不用',
                '真的', '有点', '不是', 'id', '大家',
                '为何', '只是', '自己', '当时', '歌曲',
                '果然', '这个', '之后', '他们', '有没有',
                '相关', '里面', '的话', '不会', '哪里',
                '无法', '而且', '我们', '就是', '可能',
                '因为', '已经', '最后', '一点', '竟然',
                '不可', '用户', '很', '找到', '系列',
                '歌词', '一首', '还有', '其实', '是',
                '现在', '听到', '一首歌', '为什么', '翻译',
                '一样', '这首歌', '封面', '网易', '真是',
                '出来', '你们', '评论', '什么', '时候',
                '不应该', '说明', '一段', '过来', '了解',
                '这样', '东西', '想起', '需要', '作者',
                '知道', '这些', '果然']
    return stopList

if __name__ == '__main__':
    song_id = input()
    # 读取要分析词云的歌曲网易云 ID

    header = {
        'user-agent': 'Mozilla/5.0 (Windows NT 10.0; Win64; x64) AppleWebKit/537.36 (
KHTML, like Gecko) Chrome/80.0.3987.116 Safari/537.36'}
```

```python
# 考虑到网易云的反爬虫措施，一般需要发送请求时加 header 才行
url = 'http://music.163.com/api/v1/resource/comments/R_SO_4_%s' % song_id
# 获取评论内容的 API 的 URL


    query = {'limit': '100', 'offset': ''}
limit = 200
# 发送 GET 请求的参数，每条 JSON 对象的 limit 自行设定，这里考虑到歌曲热度的不同，设为 200


r = requests.get(url, headers=header)
total = json.loads(r.content)['total']
# 由网页分析，先获取该歌曲的评论总数


offset = 0
commentStr = ""
# 定义偏移量和用于文本分析的字符串，每次将评论内容加在字符串中


while offset < total:
    query['offset'] = offset
    req = requests.get(url, headers=header, params=query)
    comment = json.loads(req.content)['comments']
    # 由网页分析，评论内容均存储在 JSON 对象 comments 键值的子数组中
    for i in range(len(comment)):
        commentStr += comment[i]['content']
    offset += limit
    sleep(1)
# 一般需要多次获取内容时可以让程序适当暂停，避免访问过于频繁


pat = re.compile(
    u"([^\u4e00-\u9fa5\u0030-\u0039\u0041-\u005a\u0061-\u007a\u3040-\u31FF])")
commentStr = re.sub(pat, "", commentStr)
# 采用正则表达式，给文本去除不必要的字符，


commentStr = ' '.join(jieba.cut(commentStr, cut_all=False))
# jieba 库分词后，得到 generator 迭代器，可以用 join()方法直接获取用于制作词云的文本


stopList = getStopList()
# 获取停用词表


img_path = ""
Mask = np.array(image.open(img_path))
# 如果需要用自定义遮罩，可将图像转换成 numpy 数组


Font_path = ""
Wcloud = wordcloud.WordCloud(
    mask=Mask,
    font_path=Font_path,
    stopwords=set(stopList)).generate(commentStr)
# 传入参数与文本生成词云


image_produce = Wcloud.to_image()
image_produce.show()
save_path = "%s.png" % song_id
```

```
image_produce.save(save_path)
# 将生成的词云展示并保存
```

使用正则表达式可处理用于分析的文本。在文本分析中，为了提高准确率和避免程序产生 bug，需要预先去除一些不必要的字符，如标点符号和非文字的表情等特殊字符。这些都会对文本分析造成干扰，通常采用 re.sub(pat, "", Str)去除，pat 为预先写入的正则表达式，将需去除的字符替换为空字符。下面将提供一些正则表达式的思路。

- re.compile('\t|\n|\.|-|:|;|\)|\(|\?|（｜）|\\"|\u3000')，用于去除标点符号和空格等。
- 利用正则表达式特性，[^**]表示不匹配字符集中的任何一个字符，我们可以反选需要的字符集，除了基本的[a-zA-Z0-9]匹配。如果采取 Unicode 编码方式，汉字的 Unicode 范围为 \u4e00-\u9fa5，数字的 Unicode 范围为\u0030-\u0039，大写字母的 Unicode 范围为\u0041-\u005a，小写字母的 unicode 范围为\u0061-\u007a，韩文的 Unicode 范围为\uAC00-\uD7AF，日文的 Unicode 范围为\u3040-\u31FF。根据文本分析的需要保留需要的字符。

14.3.3 运行结果

【例 14-1】分析民谣歌手赵雷的代表单曲《成都》（歌曲 ID：436514312），评论有 40 多万条，关键词云分析结果如图 14-2 所示。

图 14-2 单曲《成都》关键词云分析结果

【例 14-2】分析歌手费玉清的单曲《一剪梅》（歌曲 ID：82932），评论有 7 万多条，采用自定义遮罩，关键词云分析结果如图 14-3 所示。

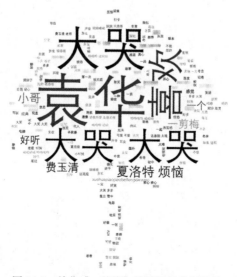

图 14-3 单曲《一剪梅》关键词云分析结果

14.4　本章小结

通过本章，读者可进一步熟悉 JSON 在爬虫中强大的功能。通过将爬虫结果进行数据分析，理解网络爬虫与数据分析和数据科学的紧密联系，同时掌握使用 Python 的 jieba 库进行中文文本分析。用 wordcloud 库制作过滤大量的文本信息的词云，从而形成"关键词云层"或"关键词渲染"，并使网络文本中出现频率较高的"关键词"形成视觉上突出的、网络时代新媒体的展示形式。

第 **15** 章
实战：异步爬虫程序实践

本章将提供一个新浪新闻客户端的案例。非官方发布的客户端，是没有新浪新闻数据库的访问权限的。因此需要将新闻抓取到本地，以便用户查询。本章首先进行项目分析，介绍爬虫的基本框架，以整体认知程序。接下来分部分介绍各模块的具体功能和实现，最终构成一个完整的客户端软件。

15.1　项目分析

本章展示的爬虫主要由页面下载器、URL 管理器、页面解析器以及数据库 4 个部分组成。在抓取一个页面时，URL 管理器需要首先向页面下载器提供一个链接。页面下载完成后，页面解析器随即开始对页面进行解析。如果解析成功，则将解析得到的新闻内容插入数据库保存起来。这就是该爬虫的基本工作原理，如图 15-1 所示。在本案例中，数据的最终呈现形式是一个客户端，也就是应用程序。但是由于应用程序和爬虫之间仅通过数据库交换信息，因此可以将应用程序看作对数据库的一个封装与展示。

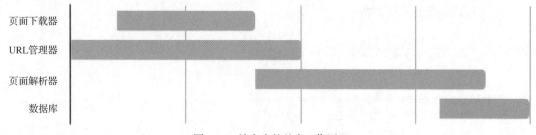

图 15-1　该爬虫的基本工作原理

15.2　数据存储

为了方便后文的说明，本节首先介绍创建数据库的方法。数据库是一个长期存储在计算机内的、有组织的、可共享的数据集合。因此当数据的信息量超过计算机的内存容量时，数据库可以保证这些信息被合理地存储在硬盘中，而不必担心信息丢失。从另一个方面来看，数据库对数据的增删改查都进行了充分的优化与封装，所以合理地使用数据库不仅可以加快程序的运行速度，还可以减轻编程人员的压力。

目前广泛使用的数据库是关系数据库。这种数据库把数据以一张二维表的形式进行存储，类似 Excel 的展示方式。常见的关系数据库管理软件有 MySQL、SQL Server 以及 SQLite 等，本节选用的是 SQLite。SQLite 是一个轻量级的数据库管理软件，也是 Python 自带的数据库之一。不同于其他一些大型的数据库，SQLite 不需要专门的进程提供支持，它以模块的形式嵌入应用程序执行操作。这样的嵌入式工作方式使得 SQLite 获得了更快的处理速度和更高的灵活度。

SQLite 支持结构化查询语言（Structured Query Language，SQL）的大部分标准。尽管 SQL 的语法十分简洁，但是将其嵌入 Python 代码还是很烦琐的。这是因为编程人员时常要在两种语言之间进行转换，有时还要考虑 SQL 语句处理失败的情况。不过 ORM 的出现扭转了这一局面。简单来说，ORM 是一项将 Python 映射到 SQL 的技术，因此编程人员只需要 Python 就可以操纵数据库。在众多的 ORM 框架中，最出名的恐怕要属 SQLAlchemy 了。以下代码（以下简称代码 A）展示了如何使用 SQLAlchemy 来建立 SQLite 数据库及其链接。

```python
import os
from sqlalchemy import create_engine
from sqlalchemy.ext.declarative import declarative_base
from sqlalchemy import Column, Integer, String, DateTime
from sqlalchemy.orm import sessionmaker


Base = declarative_base()


class News(Base):
    """NEWS table template"""
    __tablename__ = 'NEWS'

    _id = Column(Integer, primary_key=True)
    title = Column(String, nullable=False)
    published_time = Column(DateTime, nullable=False)
    author = Column(String)

    __mapper_args__ = {
        'order_by': published_time.desc(),
        }

    def __repr__(self):
        return f"<News({self._id}, {self.title})>"


__pwd = os.getcwd()
_engine = create_engine(f'sqlite:///{__pwd}/news.db')
session = sessionmaker(bind=_engine)()

if __name__ == '__main__':
    Base.metadata.create_all(_engine)
```

可以看到，代码 A 首先定义了一个 Base 的子类 News，这个过程被称为声明（Declaration）。News 是 Python 类型，与之对应的是一个名为 NEWS 的二维表。这个二维表中声明了 4 个字段，分别是主键_id、标题 title、发布时间（published_time）以及作者 author。这些信息都被保存在 Base.metadata 中。

```
>>> db.Base.metadata.tables
immutabledict({'NEWS': Table(
   'NEWS', MetaData(bind=None),
   Column('_id', Integer(), table=<NEWS>, primary_key=True, nullable=False),
   Column('title', String(), table=<NEWS>, nullable=False),
   Column('published_time', DateTime(), table=<NEWS>, nullable=False),
   Column('author', String(), table=<NEWS>), schema=None
   )})
```

桥接 Python 和 SQLite 的核心是数据库引擎 _engine，代码 A 创建了一个用于操纵 news.db 数据库文件的引擎实例。指向数据库文件的路径和 URL 具有类似的格式，因此不难猜测，路径中的 sqlite 也是一种协议的名称。事实上 sqlite:// 规定了数据库引擎需要通过 Python 内置的 sqlite3 模块来执行翻译得到的 SQL 语句。

与其他数据库不同，SQLite 可以创建不依赖于文件的内存数据库，如下代码所示。在多进程环境中，使用这样的内存数据库可以避免频繁地读写文件。与此同时，通过定期将内存数据库写回文件，可以保证数据的持久化存储。

```
_engine = create_engine(f'sqlite:///:memory:')
```

值得指出的是，代码 A 中并没有显式地定义 News 类的构造函数。在这种情况下，SQLAlchemy 提供了一个默认的构造函数。从使用上看，这个默认的构造函数类似于如下代码所示的构造函数，也就是说 News 必须通过关键字参数进行定义。由于 News 在构造后不会立即被插入数据库，因此数据库定义的完整性约束检查也不会在此时启动。

```
def __init__(self, **kwargs):
    self._id = kwargs['_id']
    self.title = kwargs['title']
    self.published_time = kwargs['published_time']
    self.author = kwargs['author']
    # ...
```

15.3　页面下载器

所谓页面下载器，实际上是一个被封装在 URL 类中的 fetch()函数。如下代码所示，URL 类是一个针对链接的自定义封装类。类中包含两个属性，分别是链接地址 url 和过期时间 __expire。设置过期时间主要是为了给那些因为网络问题或服务器内部故障导致暂时下载失败的链接一些额外的机会。这样设计有利于增强爬虫的健壮性，使其不易被网络等外部条件影响性能。

```
class URL:
    """URL with expiration time"""
    def __init__(self, url, expire=3):
        self.url = url
        self.__expire = expire
        assert(self.is_alive)

    def is_alive(self):
        return self.__expire > 0

    def fetch(self):
```

```
"""Download the corresponding html"""
if self.is_alive():
    self.__expire -= 1
else:
    raise RuntimeError("URL is no longer alive")

print(f"Fetching url '{self.url}'")
try:
    resp = urllib.request.urlopen(self.url, timeout=5)
except urllib.error.HTTPError as e:
    print(e.code)
    if e.code < 500:
        self.__expire = 0
    return
except urllib.error.URLError as e:
    print(e.reason)
    self.__expire = 0
    return
except:
    print("Unexpected error when requesting url")
    return

try:
    content = resp.read()
    charset = chardet.detect(content)['encoding']
    soup = BeautifulSoup(content.decode(charset), 'lxml')
    print("Fetching succeeded")
    return soup
except:
    print("Unable to predict charset")
    self.__expire = 0
    return
```

接下来讲解 fetch()函数的设计细节。从上述代码中可以看到，整个函数被空行分成了三部分，分别负责刷新过期时间、请求页面以及解码页面。第一部分的功能比较单一：如果当前 URL 没有过期，则刷新过期时间；否则触发运行时异常。从这里可以看出，一旦一个页面过期之后就不能再次被请求。这样的防御性设计有助于在 fetch()函数被错误调用时尽快定位到漏洞，而不会陷入"深不见底"的调用栈中。

15.3.1　网络请求

fetch()函数的第二部分使用了 urllib 执行网络请求。urllib 是 Python 中最早出现的网络模块，同时也是 Python 中用于网络请求的标准库。随着互联网技术的革新，网络模块也在不断升级，出现了侧重 HTTP 的 urllib2 和更加强大的第三方模块 urllib3。在 Python 3.x 中，urllib2 被并入 urllib，这使 urllib 在处理 HTTP 请求时更加得心应手。本节使用的 urllib 模块中主要包括构造请求（request）、异常处理（error）、链接处理（parse）以及机器人协议解析（robotparse）4 个子模块，下面将简要进行介绍。

request 模块用于定义和发起网络请求。使用 request.urlopen()方法可以对特定的 URL 发起 GET 请求，请求最长等待 5s。实际应用中，常常会用到 POST 等其他的请求方法，这时就需要构造一个 urllib.Request 对象来替代前面使用的 URL。本节不会出现 GET 方式之外的请求，有兴趣的读者可以自行深入学习。

error 模块包含 URLError、HTTPError 以及 ContentTooShortError 三个子类。每当 urllib 无法处理一个网络请求时，它会抛出一个 URLError，因此这个错误类型包含的内容最宽泛。HTTPError 是来自 urllib2 的异常类，它表示一个网络请求被执行并返回，但是返回页面的状态码暗示请求没有被成功处理。error 模块将 HTTPError 设计为 URLError 的一个子类，因此需要首先捕获 HTTPError 类型的异常，然后捕获 URLError 类型的异常。ContentTooShortError 常出现在下载文件的情况中，这里就不赘述了。

状态码是 HTTP 中用以表示服务器响应状态的一组三位数，RFC 2616 规范中定义了每个状态码的具体含义。状态码可以根据其最高位数字进行分组，同属一组的状态码有类似的含义。如，常见的 404 属于 4xx 状态码，它们表示请求方错误。其他状态码包括 1xx（临时响应）、2xx（成功）、3xx（重定向）以及 5xx（服务器错误）。我们通常将 1xx 和 2xx 状态码视为成功，而将 3xx 及以上的状态码视为错误，这一分类也是触发 HTTPError 的标准。代码中将 3xx 状态码和 4xx 状态码对应的 URL 直接设为过期，是因为这样的 URL 在很长一段时间内几乎不会改变状态；而 5xx 状态码可能是由于服务器的暂时性错误引发的，因此需要给这样的 URL 一定次数的机会重试。

parse 模块的作用是解析和生成 URL，如下代码所示。可以看出，urlparse 和 urlunparse 是两个互逆的操作。在 urlparse 的解析结果中，属性 netloc 可以用于判断 URL 所属的网站。由于本章的爬虫只适用于抓取新浪新闻，因此存储和请求指向新浪新闻网站以外的链接是没有意义的。通过判断链接的 netloc 是否属于新浪新闻网站的子域名，可以很方便地实现筛选站外链接的操作。

```
>>> url = 'http://www.baidu.com/path/to/index.html?query1=value1'
>>> parse_result = urllib.parse.urlparse(url)
>>> parse_result
ParseResult(scheme='http',  netloc='www.baidu.com',  path='/path/to/index.html',
params='', query='query1=value1', fragment='')
>>> urllib.parse.urlunparse(parse_result)
'http://www.baidu.com/path/to/index.html?query1=value1'
```

robotparse 模块主要用于解析网站提供的机器人协议。作为非商用的小型爬虫，这里不必关心其具体用法。不过有必要指出，机器人协议是大型爬虫设计中十分重要的一环，违反这一协议可能会引起法律上的纠纷。机器人协议一般存储在网站根目录的 robots.txt 文件中，新浪新闻网的机器人协议如下代码所示。可以看出，新浪新闻限制抓取 wap 目录、iframe 目录以及 temp 目录。

```
User-agent: *
Disallow: /wap/
Disallow: /iframe/
Disallow: /temp/
```

15.3.2　页面解码

fetch()函数的第三部分对第二部分得到的 resp 对象进行解码，从而得到其对应的 HTML 文件。在网络请求的过程中 HTML 文件会被编码，并以字节流的形式进行传输。但是传输到本地之后，由于缺乏编码的信息，我们是没办法对其进行解码的。对于这个问题，常见的做法是使用第三方模块 chardet 猜测文件编码，如下代码所示。如果 chardet 预测出正确的文件编码，就可以顺利地对 content 进行解码，解码后的 HTML 文件内容用于创建一个 BeautifulSoup 对象。目前可以简单地将这个对象看作对 HTML 文件的一层封装，后文将详细介绍 BeautifulSoup 对象的使用方法。

```
>>> chardet.detect(resp.read())
{'encoding': 'ascii', 'confidence': 1.0, 'language': ''}
```

15.4　生产者—消费者模型

如果将页面下载器看作 URL 管理器的一部分，而将数据库作为页面解析器的一部分，那么整个爬虫的处理流程就是一个生产者—消费者模型。URL 管理器将下载好的页面放入页面队列，页面解析器从队列中获取页面进行解析。由于页面的下载和数据库操作都是 I/O 型操作，因此将其并行化可以在一定程度上加快爬虫执行。事实上，网络请求所需的时间是远大于数据库操作的，所以页面解析的过程可以在网络请求被阻塞的间隙完成，无须消耗更多的时间。这就是异步爬虫的基本思路。

本节使用一个第三方模块 gevent 来实现异步爬虫。gevent 是一个基于协程的异步网络模块，其基本思想是在当前协程被 I/O 操作阻塞时，自动切换到其他协程运行。为了实现这一功能，gevent 需要在所有与 IO 相关的模块被导入前打好补丁，如下代码所示。补丁的本质是用 gevent 中定义的一系列支持协程的对象去替代 Python 内置的对象。举例来说，Python 中内置的时间模块有一个 time.sleep() 方法，但调用这个方法会使整个线程陷入阻塞；而补丁的作用就是用其中的 gevent.sleep() 方法来替代 time.sleep() 方法，使阻塞的范围被限制在单个协程中，其他协程还可以正常执行。

```
from gevent import monkey; monkey.patch_all(thread=False)
```

　　协程是线程中一个更小的可执行单元。一个线程中可以存在多个协程，但是某一时刻只能有一个协程处于运行状态。从这个角度来看，协程与线程之间的关系十分类似线程与进程之间的关系。但与进程和线程不同的是，协程的调度是非抢占式的，因此协程切换仅发生在一个协程主动放弃执行权的时候。这意味着协程访问共享数据不需要加锁，因此具有比线程更快的切换速度和执行速度。

15.4.1　调度器

在生产者—消费者模型中，调度器的作用主要是初始化共享数据并启动协程，如下代码所示。前面已经提到，生产者生产的商品是一个 BeautifulSoup 类型的页面，因此这里的共享数据指的就是一个页面队列。在多线程程序设计中，常常会遇到消费者线程获得执行权而队列为空，或者生产者线程获得执行权而队列已满的情况，这些问题在协程中同样存在。为此，gevent 提供了一个异步队列（Queue）类型供协程使用。

```
def control(n=10000):
    soups = gevent.queue.Queue(maxsize=5)
    producer = gevent.spawn(
        produce, soups=soups,
        base_url='https://news.sina.com.cn',
```

```
    n_product=n,
    )
consumer = gevent.spawn(consume, soups=soups)
gevent.joinall([producer, consumer])
```

通过 gevent.spawn 可以创建协程。上述代码中创建了 producer 和 consumer 两个协程，其中使用到的 produce 和 consume 回调将会在后文中定义。协程创建完成后，控制器执行 gevent.joinall 陷入阻塞态。只有当生产者和消费者协程都执行完毕后，控制器才会从阻塞态中恢复并退出。

15.4.2 消费者

本例中，消费者协程所对应的功能是页面解析，这就需要首先考察新浪新闻的 HTML 源文件格式。通过开发者模式可以看到，新闻的正文被存储在一个 ID 为 article 的 div 元素中，如图 15-2 所示。

图 15-2 新闻正文元素

除了正文之外，我们还需要新闻的标题和发布时间等信息。这些字段可以用类似的方法从页面中获取，但另一种更好的做法是直接从页面头部获取元信息，如图 15-3 所示。通过观察可以发现，属性值为 og:title、article:published_time 以及 article:author 的 meta 标签包含了我们需要的信息。

图 15-3 中可以看到一组属性值由 og 开头的 meta 标签。og 是 Open Graph 通信协议的缩写。这一协议于 2010 年提出，旨在扩展社交网络的信息来源。如果一个页面遵守了 og 协议，则说明它同意被社交网络引用。og:type 是 og 协议中规定的众多标签属性之一，其意义在于帮助社交网络将页面放置在正确的分区。如新浪新闻页面的 og:type 属性取值均为 news，因此社交网络会将这些页面放在其新闻专栏中，以获得最大的关注度。本例将使用这一属性判断一个页面是否可被抓取。

图 15-3　新闻页面元信息

　　接下来定义消费者协程的主函数，代码如下所示。consume()函数中首先定义了一个 meta()子函数，用于获取页面的元信息。函数中用到的 BeautifulSoup.find()是一个经常被用来搜索页面标签的函数，它的功能是找到并返回第一个满足条件的标签。与之类似的另一个函数是BeautifulSoup.find_all()，这个函数会将所有满足条件的标签作为一个列表返回给用户。除了 find"家族"的搜索方法，BeautifulSoup 还支持我们使用 CSS 选择器进行搜索，下面代码中使用的BeautifulSoup.select_one 就是这样的搜索方法之一。对于熟悉 CSS 选择器的用户来说，这种方法是十分便捷的。

```python
import hashlib

from pybloom import ScalableBloomFilter as Filter


def consume(soups: gevent.queue.Queue):
    """Consumer coroutine"""
    def meta(soup: BeautifulSoup, property_name: str) -> 'content':
        """Fetch the content of meta tag with specific property"""
        tag = soup.find('meta', attrs={'property': property_name})
        if tag is None: return None
        return tag.get('content')

    filter = Filter(initial_capacity=10000)
    while True:
        soup = soups.get()
        if soup is None: return

        print("Consuming soup")
        if meta(soup, 'og:type') != 'news': continue
```

```
title = meta(soup, 'og:title')
md5 = hashlib.md5(title.encode('utf-8')).hexdigest()
if md5 in filter: continue
filter.add(md5)

published_time = meta(soup, 'article:published_time')
author = meta(soup, 'article:author')
news = db.News(
    title=title,
    published_time=datetime.strptime(
        published_time[:-6],
        '%Y-%m-%dT%H:%M:%S',
        ),
    author=author,
    )
db.session.add(news)
db.session.commit()

article = soup.select_one('#article')
content = '\r\n'.join([p.get_text() for p in article.find_all('p')])
with open(f'./news/{news._id}.txt', 'w', encoding='utf-8') as f:
    f.write(content)
```

上述代码实现的另一个主要功能是 md5 去重，其意义在于防止存储重复的新闻。一般来说，实现去重的思路是创建某个数据结构用来保存所有已抓取的新闻。对于待判重的新闻，首先在数据结构中检索其是否存在，若不存在则将其插入数据结构保存。无论使用数据库还是 Python 内置的集合对象作为上述的数据结构，其占用的空间大小通常都会随着新闻数量的增加而线性增长。由于每则新闻都需要判重，当新闻数量增大到一定程度时，仅判重这一操作就会占用爬虫大量的时间。

因此本节选择的数据结构是布隆过滤器，这是一个常用于大数据领域的概率型数据结构。相比传统的集合、字典等数据结构，布隆过滤器最大的特点是占用空间少，运行速度快。但是布隆过滤器的缺点在于它是概率型的，也就是说它的运行结果不一定正确。布隆过滤器可以保证的是，如果一个元素曾被插入其中，则下次对同一元素判重时一定会返回真值。但在某些情况下，原本不在布隆过滤器中的元素也会被误判为存在。在本案例中，这意味着有些新闻可能被错误地判为重复新闻而没有被存储，但不会出现已存储的新闻出现重复的现象。幸运的是，布隆过滤器可以通过调整运算方式来降低错误率。本例中使用的是错误率为千分之一的布隆过滤器，这样得到的结果是可以被接受的。

md5 算法是一种信息摘要算法，常用于比对信息传输前后的一致性。信息摘要算法是哈希算法的一个子类，一般具有计算便捷、不易冲突等特点。本案例中使用 md5 算法主要是为了避免存储中文字符时可能带来的一系列问题。代码中首先使用 md5 算法将新闻的中文标题映射成为一个32 位十六进制数，而后将这个数字作为字符串输入布隆过滤器去重，从而达到筛选重复新闻的目的。和布隆过滤器类似，md5 算法也不能保证哈希冲突一定不会发生。但是与布隆过滤器的错误率相比，md5 算法造成冲突的概率基本可以忽略不计。

15.4.3　生产者

生产者也就是 URL 管理器，即用于生产页面的协程，其中保存了全部已访问和未访问的 URL。

当生产者第一次开始工作时，只有一个未访问的 URL，即新浪首页。生产者通过调用页面下载器来访问新浪首页，并将下载得到的页面放入页面队列。这时消费者已经可以开始工作了，但是由于生产者没有主动让出执行权，因此消费者还处于等待执行的阶段。随后，消费者开始对新浪首页进行解析，并将页面中出现的全部超链接加入未访问 URL 所在的队列以待处理。周而复始，没有被访问过的 URL 会依次得到访问，从而进一步扩充未访问 URL 队列的容量。上述广度优先搜索的过程如下所示。

```python
def produce(soups, base_url, n_product):
    queue = [URL(base_url)]
    visited = Filter(initial_capacity=10000)
    visited.add(base_url)
    for _ in range(n_product):
        while True:
            url = queue.pop(0)
            soup = url.fetch()
            if soup is not None: break
            if url.is_alive():
                queue.append(url)
        soups.put(soup)
        hrefs = [
            anchor.attrs['href']
            for anchor in soup.select('a[href]')
            ]
        for href in hrefs:
            if href in visited:
                continue
            netloc = urllib.parse.urlparse(href).netloc
            if netloc.endswith('news.sina.com.cn'):
                queue.append(URL(href))
                visited.add(href)
    soups.put(None)
```

当用作超链接时，URL 标签的 href 属性指定了跳转链接，也就是需要抓取的 URL。但是在网页设计中，URL 标签常常被用于实现超链接以外的功能，如按钮等，因此 HTML 文件中可能会存在一些省略 href 属性的 URL 标签。要过滤掉这些标签，可以首先使用 BeautifulSoup.find_all()方法找到所有 URL 标签，再通过列表推导式删去那些没有 href 属性的元素。上述代码使用了一种更加简洁的方法：通过 a[href]这一 CSS 选择器直接筛选出全部带有 href 属性的 URL 标签。

应当指出的是，上述代码的最后一行向页面队列插入了一个 None。这个元素并没有实际的含义，仅是生产者与消费者的一个约定：当生产者结束生产后，会保证页面队列的最后一个页面是 None；而当消费者消费到一个 None 元素时，也就知道自身的工作应该结束了。

15.5 客户端界面设计

界面设计是本案例的最后一个部分，其功能是将数据库中存储的信息向用户展示出来。作为一个新闻客户端，其界面必须具备的功能包括：关键词搜索、展示新闻信息、查看新闻详情等。

基于这个思路，本节将客户端分为首页、搜索结果页以及新闻详情页三个页面，并分别实现。

15.5.1　首页

首页是客户端启动后呈现给用户的第一页，主要的功能是让用户了解近期新闻的综合情况，因此可以根据所有数据库中的新闻标题制作词云。词云是一种对文本信息的可视化方式，可以帮助用户快速提取出新闻要点。生成词云的过程如下所示：

```python
class HomePage(Page):

    # 隐藏实现细节

    def gen_cloud(self):
        """Generate word cloud"""
        frequencies = {}
        for title in db.session.query(db.News.title).all():
            for word in jieba.cut(title[0]):
                frequencies[word] = frequencies.get(word, 0) + 1
        cloud = WordCloud(
            font_path='./simhei.ttf',
            width=300, height=150,
            background_color='white',
            )
        cloud.generate_from_frequencies(frequencies)
        cloud.to_file('./wordcloud.png')
```

提示　　Tk 是一个基于 TCL 的图形化框架。在 Python 中，为了实现对 Tk 的封装，开发人员开发了 TkInter 标准库。本节三个页面均使用 TkInter 进行图形化界面的实现，但在说明时只保留了核心的业务代码，有兴趣的读者可以自行尝试补全 TkInter 的代码。

为了制作词云，需要使用一个第三方模块 wordcloud。输入一段文字后，wordcloud 将自动按空格分词，并统计不同词语的出现频率。在绘制词云时，wordcloud 可以自动调整词语的排布，使出现频率更高的词语被安排在更明显的位置，并以更大的字号显示。尽管其功能十分强大，但 wordcloud 适应的是英语的写作习惯，中文词语间是不会预先用空格分隔的。为了获得中文的分词信息，需要用到第三方模块 jieba。这个模块会根据内置的概率模型对中文句子里的分词方式进行预测，通常具有较高的准确率。

15.5.2　搜索结果页

搜索结果页会按照用户输入的关键词在数据库中进行检索，并展示检索结果。当用户输入多个以空格分隔的关键词时，程序需要返回所有在标题中同时包含全部关键词的新闻。使用 SQL 实现这一功能的代码如下所示：

```sql
SELECT * FROM NEWS
WHERE title LIKE '%kwd1%'
AND title LIKE '%kwd2%';
```

其中 LIKE 表示对字段进行模糊匹配，而目标字符串中的百分号则类似正则表达式中的星号，可以匹配任意长度的字符串。为了在 Python 中实现相同的功能，需要首先创建一个查询对象，代码如下所示。初始状态下，query 对象包含了 News 列表中的全部元组。为了实现检索功能，需要分条将 LIKE 条件传入 filter()方法中。最后通过调用 all()方法获取符合条件的全部元组并用于展示即可。由于代码中已经通过 __mapper_args__ 定义了元组的排序方式，因此这里返回的 News 列表将会自动按新闻的发布时间倒序排列，也就是将最新的新闻放在页面的最顶端显示。

```python
class NewsList(tk.Frame):

    # 隐藏实现细节

    def __init__(self, master, text):
        super().__init__(master)
        query = db.session.query(db.News)
        if text:
            query = query.filter(*[
                db.News.title.like(f'%{kwd}%')
                for kwd in text.split()
                ])
        self._list = query.all()
```

和其他大部分高级语言一样，Python 支持定义变长参数和关键字参数。在定义可以接收变长参数的函数时，我们总是使用*args 来指代被传入的变长参数，其中 args 可以作为一个列表在函数体内被访问。与之类似，Python 同样支持在函数调用时通过"*"对列表进行解包，使列表中的元素依次作为参数传入。当 filter()方法接收到多个参数时，传入的所有条件会通过_and()函数被连接起来。因此 filter()方法实际上默认了条件之间的合取关系，这一特点符合我们对搜索功能的期待。

15.5.3　新闻详情页

新闻详情页的功能较为单一，只负责展示某条新闻的主体。需要说明的是，下面代码中定义的 onclick_NewsSummary()方法并不是 TkInter 的语法要求，而是自定义类 NewsSummary 的回调方法，读者不必过度纠结。

```python
class DetailPage(Page):
    """Display news detail"""
    def __init__(self, master, news):
        super().__init__(master)
        self._title = news.title
        NewsSummary(self, news).pack(pady=40, anchor='s')
        content = tk.scrolledtext.ScrolledText(
            master=self,
            font='宋体 14',
            relief='flat',
            padx=40,
            )
        content.pack(side='right')
        with open(f'./news/{news._id}.txt', 'r', encoding='utf-8') as f:
            content.insert('end', f.read())
        content['state'] = 'disabled'

    def title(self):
        return self._title
```

```
def onclick_NewsSummary(self, _):
    pass
```

15.5.4　主窗口和运行效果

下面的代码中定义的 App 类型继承了 tkinter.Tk，因此成为了本例中的主窗口类型。在 App 类的初始化函数中，创建了一个空的页面栈和一个返回按钮。每当一个页面需要跳转到另一个页面时，总是需要调用 App.goto()方法来确保当前页面被压入页面栈。而当页面通过返回按钮返回上一页时，则需要调用 App.navigate_back 方法来销毁当前页面，同时弹出并加载页面栈的栈顶元素。这样就实现了客户端界面的基本框架。

```python
class App(tk.Tk):
    """Main window"""
    def _at_home(self):
        return len(self.stack) == 0

    def _load_page(self, page):
        self.current_page = page
        self.current_page.pack(expand='yes', fill='both')
        self.title(self.current_page.title())

    def __init__(self):
        super().__init__()
        self.tk_setPalette(background='white')
        self.option_add('*Font', '宋体 12')
        self.geometry(f'960x540')
        self._go_back_button = tk.Button(
            master=self,
            text="< 返回",
            command=self.navigate_back,
            font='宋体 10',
            )
        self._go_back_button.place(relx=0, rely=0)
        self.stack = []
        self._load_page(HomePage(self))

    def goto(self, page, *args, **kwargs):
        assert issubclass(page, Page)
        self.current_page.pack_forget()
        self.stack.append(self.current_page)
        self._load_page(page(self, *args, **kwargs))
        self._go_back_button.tkraise()

    def navigate_back(self):
        self.current_page.destroy()
        self._load_page(self.stack.pop())
        if self._at_home():
            self.current_page.tkraise()


if __name__ == '__main__':
    App().mainloop()
```

程序的运行效果如图 15-4、图 15-5 以及图 15-6 所示。

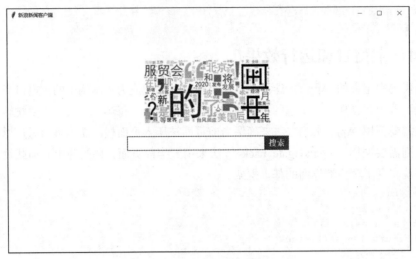

图 15-4　首页运行效果

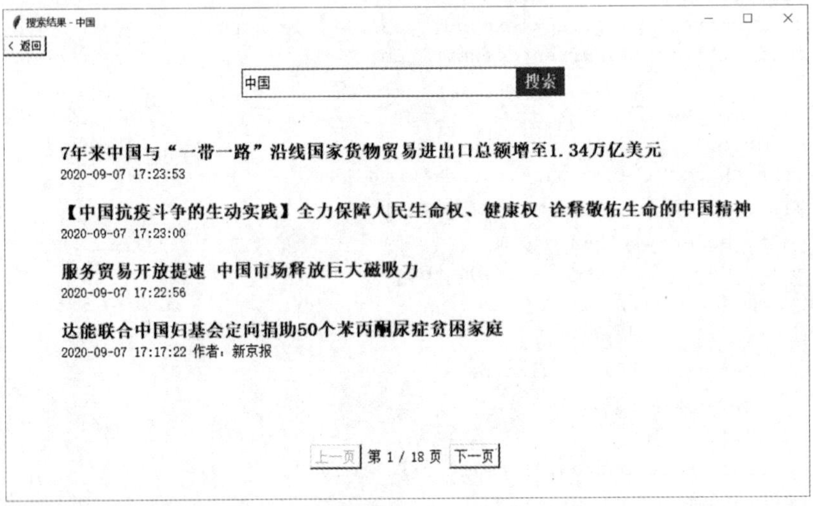

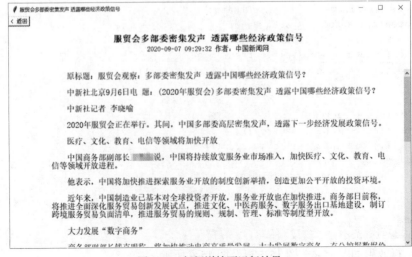

图 15-5　搜索结果页运行效果

图 15-6　新闻详情页运行效果

15.6 本章小结

　　本章以新浪新闻客户端为例，介绍了异步新闻爬虫的设计与实现方法。宏观来看，本章项目的核心是一个基于协程实现的生产者—消费者模型。作为生产者，URL 管理器和页面下载器使用 urllib 构造网络请求，并将请求得到的页面加入异步队列。而作为消费者，页面解析器会使用 BeautifulSoup 对页面进行解析，并将解析结果插入 SQLite 数据库保存。爬虫运行结束后，一个基于 TkInter 实现的用户界面会被启动，用于展示抓取到的全部新闻。爬虫涉及软件工程和计算机科学中的多种技术，如数据结构、数据存储、网络通信等。本章介绍的 urllib 与 BeautifulSoup 模块均为爬虫设计中常用的工具，这里建议读者通过不断地实践熟练运用。如果希望加深对异步爬虫的理解，还需要掌握 gevent 模块的使用方法。其他模块如 SQLAlchemy 和 pybloom 等，虽然不是爬虫的必用模块，但在很多情况下可以为爬虫的设计与实现提供便利。